GEOLOGIA E GEOTECNIA BÁSICA
PARA ENGENHARIA CIVIL

Blucher

Rudney C. Queiroz

GEOLOGIA E GEOTECNIA BÁSICA PARA ENGENHARIA CIVIL

Geologia e Geotecnia Básica para Engenharia Civil
© 2016 Rudney C. Queiroz
Editora Edgard Blücher Ltda.

Objetivando a divulgação do conhecimento técnico e a cultura nas áreas de geologia de engenharia e geotecnia, o autor e a editora se empenharam com todos os esforços nas citações adequadas, dando os devidos créditos aos detentores dos direitos autorais de quaisquer materiais utilizados na realização deste livro e comprometem-se a incluir os devidos créditos e corrigir possíveis falhas em edições subsequentes.

Blucher

Rua Pedroso Alvarenga, 1245, 4° andar
04531-934 – São Paulo – SP – Brasil
Tel 55 11 3078-5366
contato@blucher.com.br
www.blucher.com.br

Segundo Novo Acordo Ortográfico, conforme 5. ed. do *Vocabulário Ortográfico da Língua Portuguesa*, Academia Brasileira de Letras, março de 2009.

É proibida a reprodução total ou parcial por quaisquer meios sem autorização escrita da Editora.

Todos os direitos reservados pela Editora Edgard Blücher Ltda.

FICHA CATALOGRÁFICA

Queiroz, Rudney C.
    Geologia e geotecnia básica para engenharia civil / Rudney C. Queiroz. -- São Paulo: Blucher, 2016.

Bibliografia
ISBN 978-85-212-0956-0

1. Geologia de engenharia   2. Geotecnia
3. Engenharia Civil   I. Título.

15.0997   CDD 624.151

Índice para catálogo sistemático:
1. Geologia de engenharia

Dedicatória

À minha esposa, Elaine, e à minha filha, Marcela, com amor.

À memória de meus pais, Fernando C. Queiroz e Hilda Zamboni Queiroz, dedico.

Conteúdo

AGRADECIMENTOS   **11**

PREFÁCIO   **13**

INTRODUÇÃO   **17**
A engenharia civil e a geologia de engenharia   17

1. NOÇÕES DE GEOLOGIA GERAL E APLICADA   **21**

1.1 O tempo geológico   22

1.2 A estrutura da Terra   24

1.3 Principais minerais formadores das rochas   27

1.4 Rochas   31

1.5 Movimentos tectônicos   112

2. ESTUDOS DE RECONHECIMENTO DO SUBSOLO   **129**

2.1 Investigação do subsolo   129

2.2 Métodos de investigação ... 130

2.3 Sondagens em rochas ... 154

3. NOÇÕES DE MECÂNICA DOS SOLOS ... 161

3.1 Classificação dos solos ... 162

3.2 Resistência ao cisalhamento dos solos: conceitos básicos ... 174

3.3 Compactação dos solos ... 183

3.4 Adensamento dos solos ... 188

4. NOÇÕES DE MECÂNICA DAS ROCHAS ... 195

4.1 Algumas propriedades mecânicas das rochas ... 196

4.2 Principais tipos de rupturas em maciços rochosos ... 206

4.3 Classificação de maciços rochosos ... 211

5. ÁGUA SUPERFICIAL E SUBTERRÂNEA ... 221

5.1 Água superficial ... 221

5.2 Água subterrânea ... 238

6. MOVIMENTOS DE MASSAS E ESTRUTURAS DE CONTENÇÃO ... 269

6.1 Classificação dos movimentos de massas ... 270

6.2 Análise da estabilidade de taludes ... 278

6.3 Nomenclatura de taludes ... 280

6.4 Principais métodos analíticos para cálculo da estabilidade de taludes ... 281

6.5 Métodos observacionais para análise da estabilidade de taludes ... 294

6.6 Estabilização de taludes ... 302

7. NOÇÕES SOBRE BARRAGENS ... 329

7.1 Geotecnia de barragens ... 332

8. NOÇÕES SOBRE TÚNEIS — 353

8.1 Geologia e geotecnia de túneis — 354

8.2 Seções dos túneis — 359

8.3 Tensões nos túneis — 360

9. CARACTERÍSTICAS TECNOLÓGICAS DE ROCHAS PARA A CONSTRUÇÃO CIVIL — 369

9.1 Resistência mecânica — 370

9.2 Resistência pontual — 372

9.3 Massa específica das partículas e massa específica unitária — 372

9.4 Material pulverulento — 373

9.5 Resistência ao impacto — 373

9.6 Resistência à abrasão — 375

9.7 Absorção de água — 376

9.8 Forma das partículas — 377

9.9 Resistência ao esmagamento — 377

9.10 Resistência à flexão — 378

9.11 Resistência ao desgaste — 379

9.12 Variação volumétrica em decorrência da temperatura — 380

9.13 Equivalente de areia — 381

9.14 Apresentação dos resultados dos ensaios — 383

10. NOÇÕES SOBRE GEOSSINTÉTICOS NA ENGENHARIA CIVIL — 385

10.1 Principais tipos e definições — 387

10.2 Instalação — 387

10.3 Geotêxteis — 387

10.4 Geogrelhas — 389

10.5 Geossintéticos em ferrovias — 392

10.6 Estruturas de contenção em solo reforçado 394

10.7 Geomantas 394

10.8 Geomembranas 396

10.9 Geocompostos para drenagem 397

10.10 Biomantas 398

REFERÊNCIAS **401**

Agradecimentos

A preparação e a edição de um livro nunca são feitas de forma isolada. Este livro é o resultado de pouco mais de três décadas de experiência do autor como professor de engenharia civil e de mais de vinte anos como professor das disciplinas Geologia Básica e Aplicada I e II e Geologia de Engenharia, teoria e laboratório, na graduação em engenharia civil, além de outras disciplinas das áreas de geotecnia e de estradas, em nível de graduação e pós-graduação na Universidade Estadual Paulista (Unesp), *campus* de Bauru, onde se aposentou em 2011. Atualmente, leciona nessas áreas no curso de engenharia civil das Faculdades Integradas de Araraquara (FIAR), em Araraquara.

Inicialmente foi preparada, para os alunos das disciplinas Geologia Básica e Aplicada I e II e Geologia de Engenharia, uma apostila que continha a parte teórica e a prática de laboratório. Ao longo do tempo, a partir de sugestões de profissionais da área e das necessidades dos estudantes que utilizavam a apostila, chegou-se à proposta de transformar esse material em livro didático, com o objetivo de contribuir ao ensino e à divulgação da geologia de engenharia e da geotecnia.

O autor não poderia deixar de agradecer àqueles que contribuíram para a concretização deste trabalho. Agradece em especial ao engenheiro civil Lavoisier Machado, da Maccaferri América Latina, pelo incentivo e pela cessão com autorização de fotos e figuras presentes nos capítulos sobre estruturas de contenção e geossintéticos; ao engenheiro civil Petrúcio José dos Santos Júnior, também da Maccaferri, pela gentileza e pelas sugestões na formulação do décimo capítulo, sobre geossintéticos; e à Christensen-Roder do Brasil, pela gentileza em ceder e autorizar o uso de imagens e tabelas de coroas diamantadas para perfuração em rochas.

Agradece ainda aos estudantes de engenharia civil que, durante todos esses anos, vêm utilizando este material didático e também aos demais colegas e amigos que direta ou indiretamente apoiaram a realização deste livro.

Prefácio

Prefaciar um livro traz grande satisfação, certa responsabilidade e, acima de tudo, dificuldade de desempenhar essa tarefa de maneira simples e objetiva.

Conheci o Prof. Rudney quando foi meu aluno da disciplina de Mecânica dos Solos e Fundações, na Faculdade de Engenharia Civil de Araraquara, no ano de 1979. Seu interesse por essa área de conhecimento já podia ser notado pelo seu desempenho nas disciplinas. Posteriormente, após sua graduação naquela escola, acompanhei, ainda que distante, sua carreira profissional sempre ligada à docência nas disciplinas de Engenharia de Solos ou, mais especificamente, de Geologia aplicada à atividade do engenheiro civil.

O autor preparou apostilas que foram sendo revisadas e ampliadas, ao longo de vários anos de docência, e que culminaram nesta obra, que agora prefacio. O livro resulta de sua atuação como professor de disciplinas relacionadas à geologia de engenharia.

Ao analisar o livro, é fundamental ter em mente a finalidade para a qual foi produzido e a quem se destina. Embora voltado, em princípio, aos estudantes de engenharia civil do curso da Universidade Estadual Paulista (Unesp), de Bauru, será muito útil ao profissional que milita na engenharia civil, especialmente pela maneira simples com que os vários capítulos são apresentados. Desse modo, considero este texto perfeitamente ajustado e adequado às necessidades do estudante de engenharia civil. Ele atenderá plenamente aos objetivos para os quais foi preparado.

Em seus dez capítulos, são abordados diversos aspectos da atividade do engenheiro civil relacionada à geologia de engenharia. No capítulo inicial é apresentada, por meio de um aspecto histórico, a ligação entre geologia, engenharia civil e geologia de engenharia. Verifica-se que não há como separar a atividade de engenharia civil da geotecnia, pois todas as obras de engenharia civil são construídas sobre os solos, no interior das massas de solo ou até mesmo com solos, como é o caso dos aterros. Para destacar essa ligação, são abordadas noções de geologia geral e aplicada. O segundo capítulo trata do reconhecimento do subsolo e mostra diversos métodos empregados para sua investigação. Também apresenta correlações, extremamente úteis, entre valores obtidos nesses procedimentos e as propriedades mecânicas dos solos. No terceiro capítulo são apresentadas noções de mecânica dos solos e, no quarto capítulo, noções de mecânica das rochas. Os diversos aspectos da presença de água no subsolo estão no quinto capítulo, que destaca a importância da água superficial e subterrânea, em especial do aquífero Guarani, e vários aspectos de drenagem e contaminação dos lençóis freáticos. O sexto capítulo trata de movimento de massas de solos e de estabilidade de taludes, envolvendo os métodos clássicos de avaliação. No sétimo capítulo foram abordadas noções sobre barragens de terra. O oitavo capítulo trata da construção de túneis, dos métodos de escavação e da determinação das tensões produzidas nos maciços de solos pela abertura do túnel. No nono capítulo, é apresentado o emprego de rochas para construção civil, suas características como materiais de construção e os ensaios em rochas. Finalizando, no décimo capítulo são descritas as aplicações de geossintéticos.

É importante afastar o conceito de que tudo o que é posto em livro é verdadeiro, pois diferentemente de normas e códigos, que são revistos e atualizados permanentemente, os livros, no geral, tendem a ser conservadores; portanto, deve existir prudência ao utilizar seus ensinamentos. Os avanços nas áreas tecnológicas são oriundos de pesquisas publicadas em artigos científicos e assimiladas lentamente à prática profissional. E o grande desafio é gerar metodologias de ensino que incorporem, de maneira rápida, sistemática e segura, os avanços obtidos nas pesquisas. É indiscutível a ausência de recursos e de estímulo para a produção de livros-texto e disso resulta a ausência dessas publicações. Tais fatos destacam ainda mais os méritos desta publicação, e sua utilização será recomendada pelos professores que ministram disciplinas, nos cursos de engenharia civil, na área de geotecnia.

Cumprimento o autor pela qualidade e pela relevância de seu trabalho, ao mesmo tempo que agradeço este honroso convite para prefaciar o livro. É uma situação na qual, assim como naquelas de paraninfar uma turma de formandos, não se fazem convites, e sim intimações. Assim, vejo este convite como uma homenagem de um ex-aluno da Faculdade de Engenharia Civil de Araraquara e do ex-colega da Unesp de Bauru.

Prof. Dr. José Henrique Albiero
Professor titular aposentado
Departamento de Geotecnia
Escola de Engenharia de São Carlos da Universidade de São Paulo (USP)

Introdução

A ENGENHARIA CIVIL E A GEOLOGIA DE ENGENHARIA

A engenharia civil é uma das profissões mais antigas da humanidade. Desenvolveu-se a partir do momento que o homem deixou de ser nômade e começou a praticar a agricultura, domesticar animais e constituir os primeiros agrupamentos humanos, as primeiras cidades. Está presente em todas as civilizações do passado em registros arqueológicos que permanecem até os dias de hoje. A palavra "engenharia" vem do latim *ingenium*, que significa inteligência, capacidade, gênio, ou seja, uma qualidade mental, intelectual; o termo "civil" vem de *civitas*, que quer dizer cidade, estado ou cidadania.

Na idade moderna, a denominação de engenharia civil passou a ser utilizada a partir do século XVIII, mais precisamente em 1747, na França, quando ocorreu a separação entre engenharia militar e civil, na École Nationale des Ponts et Chaussées, em Paris, que passou a formar exclusivamente engenheiros civis. Na Inglaterra, o primeiro engenheiro civil foi John Smeaton (1724-1792), considerado o patrono da engenharia civil. Ele fundou, em 1771, a Society of Civil Engineers, que após sua morte passou a chamar-se Smeatonian Society e deu origem à Institution of Civil Engineers (ICE), de Londres, em 1818.

A engenharia civil, como profissão, era naquela época e continua sendo nos dias atuais muito ampla em termos de atuação profissional. Ela é de grande importância para a sociedade, implicando em muita responsabilidade para quem a exerce. Trata-se de uma profissão fim, pois atua diretamente em planejamento, coordenação, projeto, fiscalização, construção, operação e manutenção de obras ou de atividades ligadas à indústria da construção civil.

Conceitualmente, uma profissão só pode ser denominada engenharia se cria (engenha) e produz (constrói ou fabrica) determinados bens ou produtos, utilizando metodologias e processos científicos e tecnológicos, dentro de uma área da indústria.

A engenharia civil está presente em todos os lugares da Terra e em todos os momentos da nossa vida como cidadãos. Está presente quando dirigimos nosso automóvel por uma rodovia, quando circulamos por uma rua ou avenida, no metrô que usamos para nos locomover, no edifício em que trabalhamos, nas indústrias, na residência em que vivemos, na água tratada que consumimos, no tratamento dos resíduos sólidos ou líquidos que descartamos, na energia elétrica que utilizamos, nos aeroportos onde decolamos e aterrissamos com aeronaves, nos portos onde são embarcadas e descarregadas as mercadorias, nas ferrovias, nas hidrovias, no trânsito urbano, no planejamento dos sistemas de transportes de passageiros e de mercadorias, no planejamento urbano e territorial, nas barragens e diques, nas pontes e viadutos, nas escolas, nos hospitais, nas áreas de lazer que frequentamos; enfim, em qualquer espaço construído ou modificado pelo homem na superfície e na subsuperfície terrestres.

Na história contemporânea, a engenharia civil produziu mudanças na geografia da Terra, por meio da construção de grandes canais, como o canal do Panamá, ligando o oceano Atlântico ao Pacífico, e o canal de Suez, ligando o mar Mediterrâneo ao Vermelho. Também são exemplos os grandes túneis, as barragens que formam extensos lagos artificiais, as pontes de grandes dimensões, as ferrovias transcontinentais, as ilhas artificiais para grandes aeroportos, as rodovias modernas, os edifícios altos, entre outras maravilhas da engenharia que se tornaram patrimônios da civilização.

A engenharia civil está tão intimamente ligada à sociedade e à segurança do ser humano nos diversos espaços ocupados e habitados por ele que pode ser considerada imprescindível, pois dela depende, em grande parte, a vida do homem em sociedade. As principais áreas da engenharia civil são: estruturas, estradas e transportes, geotecnia, hidráulica e saneamento, materiais e construção civil.

O engenheiro civil é o engenheiro ligado diretamente à indústria da construção civil, sendo, portanto, um engenheiro pleno, e suas realizações trazem uma enorme gratificação na prática da profissão. É uma profissão em que o resultado do trabalho do profissional permanece por longo período servindo à humanidade, como uma estrada, um edifício, uma ponte, um túnel, uma barragem, entre outras construções.

Introdução

O exercício dessa profissão exige uma série de conhecimentos científicos e tecnológicos, principalmente nas áreas de física (estática e dinâmica), matemática (cálculo diferencial e integral, geometria analítica, álgebra linear, cálculo numérico, estatística etc.), informática, métodos numéricos, mecânica, química, hidráulica, geologia, geotecnia, topografia, geomática e meio ambiente. Também exige conhecimento nas áreas de administração, produção, logística, economia, arquitetura, urbanismo, ética, humanidades e, modernamente, até biologia. Há ainda outros conhecimentos que vão se tornando necessários em decorrência da evolução da profissão, em razão de novos desafios.

Todo projeto de engenharia civil ou construção é realizado na superfície ou na subsuperfície da Terra, interagindo diretamente com solos e/ou rochas. As fundações de um edifício ou ponte transmitem os esforços para o subsolo; um corte de estrada é executado em materiais naturais que têm de ser adequadamente estruturados para não provocar escorregamentos; e o mesmo ocorre com aterros que são compactados e apoiados diretamente sobre a superfície do terreno, bem como com obras subterrâneas, como túneis viários ou tubulações enterradas para condução de gases ou líquidos. Além disso, existem materiais naturais utilizados na construção civil, como argilas, siltes, areias, britas, rochas ornamentais e para revestimentos, entre outros.

Portanto, ter conhecimento básico de geologia e geotecnia, das quais trata este livro, é muito importante para o estudante de engenharia civil na disciplina Geologia de Engenharia, normalmente oferecida no quarto termo do curso. Serve também de base introdutória para outras disciplinas na área de geotecnia, como Mecânica dos Solos; Mecânica das Rochas; Maciços e Obras de Terra; e Engenharia de Fundações, e na área de estradas, como Projeto de Estradas; Construção de Estradas; Ferrovias; Pavimentação; e Drenagem de Vias, entre outras áreas.

A prática da profissão inclui planejamento, projeto, direção, fiscalização, construção e manutenção de obras civis. No dia a dia, o profissional depara com problemas geotécnicos e materiais naturais, devendo, portanto, possuir senso de observação acompanhado de conhecimentos científicos aperfeiçoados continuamente.

A geotecnia, ou engenharia geotécnica, até o século XIX, era praticada empiricamente, dependendo muito da experiência do profissional. A partir do início do século XX, mais precisamente em 1925, com a publicação do livro *Erdbaumechanik* do professor Karl von Terzaghi (1883-1963), em Viena (Áustria), a geotecnia passou a ser estudada com bases científicas, adquirindo a partir daí grande desenvolvimento. Terzaghi fixou-se nos Estados Unidos, onde foi professor na Universidade de Harvard e no Massachusetts Institute of Technology (MIT). Atualmente, é considerado o pai da mecânica dos solos e um dos maiores engenheiros civis do século XX. Juntamente com Terzaghi, podem ser citados outros eminentes engenheiros civis que deram grande contribuição à geotecnia, como Ralph Brazelton Peck (1912-2008), da Universidade de Illinois, e Arthur Casagrande (1902-1981), do MIT.

Concernentes à engenharia civil, fazem parte da geotecnia a geologia de engenharia, a mecânica dos solos e a mecânica das rochas. Alguns autores consideram também a geomecânica, que seria uma ciência que engloba a mecânica dos solos e a mecânica das rochas. A mecânica dos solos, de um modo geral, utiliza-se de várias áreas das ciências, como mineralogia, química, física, mecânica dos fluidos e geologia de engenharia. Podem-se incluir também a resistência dos materiais e a matemática, como cálculo diferencial e integral. A mecânica das rochas, por sua vez, é a ciência aplicada que trata do estudo do comportamento físico dos maciços rochosos, para fins de engenharia. Utiliza conceitos da geologia, da resistência dos materiais e da mecânica, encontrando larga aplicação nos diversos setores da engenharia civil e de minas.

A geologia, como ciência, é muito vasta, sendo considerada por vários autores uma das mais belas entre as ciências naturais. A geologia de engenharia é uma das suas áreas de especialização. Segundo a International Association for Engineering Geology and the Environment (IAEG): "É a ciência devotada ao estudo, investigação e solução de problemas de engenharia e meio ambiente, em consequência da interação entre a geologia e os trabalhos e atividades do homem, bem como a previsão e desenvolvimento de medidas preventivas ou reparadoras de acidentes geológicos" (1992).

A geologia de engenharia, como atividade profissional da geologia e da engenharia, teve início a partir do final do século XIX, principalmente após a publicação, em Londres, do livro *Engineering geology* de Willian Henry Penning (1838-1902), em 1880. A obra é considerada por vários autores um dos marcos de uma nova ciência da geologia e da engenharia.

Nos cursos de graduação em engenharia civil, é obrigatório o estudo da geologia na disciplina Geologia de Engenharia, que apresenta a parte teórica sobre geologia geral e aplicada à engenharia e também a parte prática sobre classificação de minerais e rochas, ensaios tecnológicos em laboratório e trabalhos de campo. Já a geotecnia é uma das áreas da engenharia civil moderna e é muito extensa. Um especialista nessa área necessita estudar em nível de pós-graduação (mestrado e doutorado) em uma das universidades que oferecem essa especialidade, no Brasil ou no exterior.

Neste livro, são apresentados alguns conceitos básicos de geologia e geotecnia, em linguagem simples, de forma prática e direta. A intenção é servir de base aos estudantes de graduação em engenharia civil no início do curso, no estudo da disciplina obrigatória de Geologia de Engenharia. Deve auxiliar também os estudantes de outras áreas ligadas à construção civil e ao meio ambiente, bem como os profissionais interessados em rever alguns conhecimentos básicos nessa área. Procura-se, também, ao longo do livro, apresentar alguns exemplos geotécnicos mais importantes de aplicação junto com as teorias básicas.

Por conta da extensão dos assuntos tratados, no final do livro há uma lista de referências de autores citados em anais de congressos, revistas especializadas, livros específicos e normas técnicas para consulta e aprofundamento. O objetivo é promover maior contato com a literatura específica e melhor aprendizado.

CAPÍTULO 1

Noções de geologia geral e aplicada

A geologia, no sentido amplo, é definida como o ramo da ciência que estuda a origem, a formação, a história física, a evolução, a composição mineralógica e a estrutura da Terra, por meio da pesquisa e do conhecimento dos minerais e das rochas que compõem a crosta terrestre e das forças e dos processos que atuam sobre eles.

A Terra, planeta em que vivemos, é uma enorme esfera constituída basicamente de três camadas distintas de materiais: a crosta terrestre, o manto terrestre e o núcleo. Assim, sabe-se que o núcleo possui duas partes principais: o núcleo inteiror e o núcleo exterior. A crosta é uma camada com espessura relativamente fina (≈ 40 km) se comparada com o raio da Terra (em torno de 6.370 km), e não é estática. Ela movimenta-se de forma lenta e contínua. Esses movimentos são causados por forças internas (no manto), que se contrapõem às forças externas, em razão da energia do sol e do ciclo hidrológico. Os conhecimentos que se têm sobre o interior da Terra são obtidos por meios indiretos, como a propagação de ondas sísmicas provocadas pelos terremotos.

A Terra sofre, continuamente, pequenas e lentas mudanças, tanto na superfície como na subsuperfície. Dentre as principais questões que têm intrigado os geólogos, estão as que dizem respeito a essas pequenas e lentas transformações causadas por erosão e deposição, como, por exemplo, os resultados de uma simples chuva, que desagrega, transporta e deposita as partículas de solos e rochas, em oposição aos de mudanças catastróficas, causadas por terremotos ou grandes enchentes, que são menos frequentes.

Desde os tempos primitivos, o homem tem se preocupado em conhecer e entender os fenômenos geológicos. Sempre ficou impressionado com acidentes geológicos ou geodinâmicos e fenômenos atmosféricos. Mas, apesar de o homem ter especulado e teorizado sobre a Terra que o cercava durante toda a história da humanidade, a ciência da Terra, a geologia, é uma ciência muito recente. Etimologicamente, é formada pelas expressões gregas *ge*, que significa Terra, e *logos*, que quer dizer tratado ou estudo.

Os estudos geológicos recentes baseiam-se em princípios científicos que foram definidos a partir do século XIX e aperfeiçoados, por meio de pesquisas, até os dias de hoje. Um dos princípios utilizados pela geologia moderna vem de James Hutton (1726-1797), geólogo, químico e naturalista escocês. Ele defendeu uma teoria denominada uniformitarismo, propondo que a história da Terra pode ser estudada observando-se os fenômenos geológicos atuais. Por exemplo, uma pequena erosão causada por uma enxurrada e as partículas que foram transportadas e depositadas em um local mais baixo do relevo modificam lentamente a superfície. As marcas de ondas observadas na areia de uma praia são formadas pelo mesmo princípio que deu origem às marcas de ondas encontradas em um arenito com alguns milhões de anos de idade. As dunas de areia formadas pelo vento, que vão se sobrepondo em diferentes direções conforme o vento muda, explicam a estratificação cruzada de um arenito eólico do passado. Em resumo, esse princípio considera que "O presente é a chave do passado", isto é, para entender o passado geológico, devem-se estudar e interpretar cientificamente os fenômenos geológicos que estão ocorrendo no presente.

Essa teoria foi aceita após extenso debate com outros cientistas da época, que advogavam em favor da teoria do netunismo, que considerava que todas as rochas haviam se originado de uma grande inundação, e da teoria do plutonismo, que considerava que todas as rochas tinham origem magmática, isto é, a crosta terrestre teria passado por um estado de fusão e depois de arrefecimento, dando origem às montanhas.

Uma vez aceita, a teoria do uniformitarismo dominou as ciências geológicas, ganhando também a aceitação, na época, do cientista inglês Charles Lyell (1797-1875), que ficou conhecido pelo livro editado em 1830, em três volumes intitulados *Principles of geology*.

1.1 O TEMPO GEOLÓGICO

A evolução da crosta terrestre e do relevo atual é o resultado das manifestações da dinâmica interna (endógena) e da dinâmica externa (exógena) ao longo do tempo geológico.

O planeta Terra é incrivelmente antigo para os padrões humanos de tempo. Pelas estimativas mais recentes, tem aproximadamente 4,6 bilhões de anos. Para os seres humanos, durante uma vida, a paisagem natural praticamente não se altera, podendo ser considerada estática, exceto quando ocorrem eventos geológicos

Noções de geologia geral e aplicada

catastróficos, como erupções vulcânicas ou grandes abalos sísmicos. A paisagem geológica não muda de forma perceptível durante o tempo de várias gerações humanas, mas a Terra, durante seu tempo de "vida", é altamente dinâmica: "testemunhou" transformações extraordinárias, "assistiu" à formação e ao desaparecimento de oceanos e cadeias montanhosas, "observou" o surgimento e a extinção em massa de inúmeras espécies de seres vivos. As provas científicas desses eventos estão registradas nas rochas, que funcionam como um enorme livro da natureza, que pode ser "lido" e interpretado com todos os registros fósseis.

As ações endógenas, ou da geodinâmica interna, que causam mudanças na crosta terrestre (refletindo na superfície), são originadas no manto terrestre, onde variações de energia geram correntes internas de convecção, induzindo nas bases da crosta movimentos lentos que produzem tensões e deformações nas camadas de rochas. Já as ações exógenas, ou da geodinâmica externa, são originadas pela energia solar que produz o ciclo hidrológico; essas ações intemperizam, erodem, transportam e depositam os fragmentos das rochas, dando origem à formação do relevo e atuando em contraposição aos efeitos das ações internas.

Para o entendimento dos processos geológicos, é necessário considerar o tempo geológico, que é contado em milhões de anos, de forma resumida, na Tabela 1.1. O tempo geológico pode ser estimado por meio de análises de amostras de rochas que contêm restos fósseis. Nessas análises, utilizam-se métodos radioativos de datação em laboratórios.

Tabela 1.1. Tempo geológico estimado.

Éon	Era	Período		Milhões de anos
Fanerozoico	Cenozoica	Neoceno	Quaternário	1,6
		Paleoceno	Terciário	65
	Mesozoica	Cretáceo		146
		Jurássico		208
		Triássico		245
	Paleozoica	Permiano		290
		Carbonífero	Pensilvaniano	323
			Mississipiano	363
		Devoniano		409
		Siluriano		439
		Ordovinciano		510
		Cambriano		570
Proterozoico	Neoproterozoica			1.000
	Mesoproterozoica			1.600
	Paleoproterozoica			2.500
Arqueano				4.600

1.2 A ESTRUTURA DA TERRA

A Terra é quase uma esfera, com 6.378 km de raio na linha do equador e 6.357 km de raio polar, tendo a forma de um esferoide ligeiramente achatado nos polos. A camada "sólida" externa que compõe a Terra é denominada crosta terrestre ou litosfera. É na crosta terrestre, próximo da superfície, que se encontram todas as obras de engenharia civil, que podem atingir alguns quilômetros de profundidade, como na construção de grandes túneis. O interior da crosta terrestre é composto basicamente de rochas magmáticas graníticas; na superfície, há maior quantidade de rochas sedimentares.

De acordo com diversos pesquisadores, no interior das camadas da crosta encontram-se em torno de 95% de rochas magmáticas e metamórficas, em volume, e 5% de rochas sedimentares. Já nas proximidades da superfície, encontram-se por volta de 75% de rochas sedimentares e 25% de rochas magmáticas e metamórficas, em área superficial (Figura 1.1).

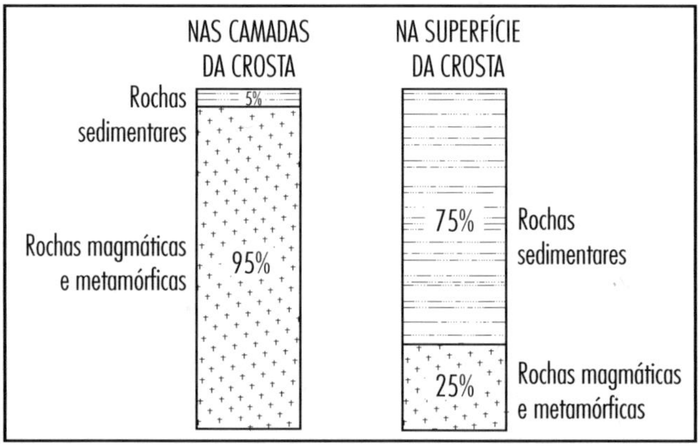

Figura 1.1. Quantidades relativas de rochas sedimentares e magmáticas nas camadas da crosta e na superfície da crosta terrestre.

Os basaltos, rochas magmáticas alcalinas, compactas, de cor escura, muito utilizadas como agregados graúdos em concretos no interior do estado de São Paulo e em outros lugares, foram originados de derrames de lavas que ocorreram há cerca de 130 milhões de anos, no fim da Era Mesozoica e início do período Terciário, na bacia do Paraná.

1.2.1 A crosta terrestre

A crosta terrestre, também denominada litosfera, é a camada mais superficial e fria do planeta. É separada do manto por uma interface ou região descontínua, chamada descontinuidade de Mohorovicic (Figura 1.2). Essa denominação deve-se ao geofísico croata Andrija Mohorovicic (1857-1936), que em 1909 apresentou essa teoria pela primeira vez.

Noções de geologia geral e aplicada

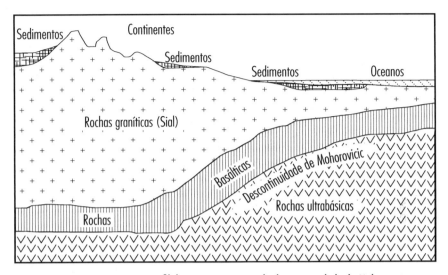

Figura 1.2. Esquema em perfil da crosta terrestre e da descontinuidade de Mohorovicic.

A pesquisa direta das partes mais profundas da crosta terrestre é praticamente impossível, em função da dificuldade de perfuração e das altas temperaturas em grandes profundidades.

Em 1957, o geofísico e oceanógrafo Walter Heinrich Munk, membro da National Science Foundation (Estados Unidos), e o geólogo Harry Hammond Hess, da Universidade de Princenton (Estados Unidos), idealizaram o Projeto Moho, a fim de alcançar o manto pelo fundo oceânico, na região do mar do Caribe. Problemas técnicos inviabilizaram o projeto, que foi abandonado em 1966. O furo mais profundo já realizado na crosta terrestre até os dias atuais foi na península de Kola, na Rússia, atingindo em torno de 12 km. Desse modo, os conhecimentos que se tem das camadas mais profundas da crosta foram obtidos indiretamente, por meio das ondas sísmicas provocadas por terremotos.

A crosta é formada por rochas "sólidas" e sua espessura média é de, aproximadamente, 40 km nos continentes e 15 km sob os oceanos, sendo relativamente fina se comparada com o diâmetro da Terra (12.756 km). Sua composição é extremamente heterogênea: nos continentes, é formada principalmente por rochas graníticas; nos assoalhos oceânicos, por rochas magmáticas alcalinas (máficas) contendo magnésio e ferro.

A crosta é constituída por uma série de placas que "flutuam" e movimentam-se lentamente sobre o manto pelo princípio da isostasia, de forma que, onde ocorrem grandes cadeias montanhosas, estas projetam-se para partes mais profundas do manto. O manto é composto de rochas ultrabásicas com densidade média de 30 kN/m^3, e a crosta, na maior parte, é composta de rochas magmáticas cristalinas ácidas com densidade média de 27 kN/m^3.

1.2.1.1 Elementos da crosta terrestre

Os elementos básicos que compõem a crosta terrestre são determinados pela análise dos minerais presentes nas rochas. A Tabela 1.2 indica as porcentagens médias em volume e em peso dos elementos mais abundantes na forma de compostos nas rochas da crosta.

Tabela 1.2. Elementos mais abundantes na crosta terrestre.

Elemento	% em volume	% em peso
O	93,8	46,6
Si	0,9	27,7
Al	0,5	8,1
Fe	0,4	5,0
Ca	1,0	3,6
Na	1,3	2,8
K	1,8	2,6
Mg	0,3	2,1

1.2.1.2 Grau geotérmico

O grau geotérmico (G_g) é a taxa de aumento da temperatura conforme a profundidade. Na crosta terrestre, o grau geotérmico não é constante, ele varia de lugar para lugar. As variações devem-se às propriedades térmicas das rochas, sendo em alguns lugares decorrência da ação direta do vulcanismo.

$$G_g = \frac{\text{temperatura (°C)}}{\text{profundidade (m)}}$$

O conhecimento de quanto a temperatura aumenta em relação à profundidade é importante, principalmente para a construção de grandes túneis que atravessam maciços rochosos, pois a temperatura pode influir nas condições ambientais durante a construção e na utilização final da obra. Como exemplo, podem-se citar duas grandes obras da engenharia civil: o túnel Simplon e o túnel de São Gotardo, nos Alpes, que, com aproximadamente 2 mil metros de profundidade máxima, atingiram temperaturas de 53 °C e 35 °C, respectivamente.

Noções de geologia geral e aplicada

Na exploração de água subterrânea, o conhecimento do grau geotérmico local é importante, pois, dependendo da profundidade da perfuração, pode-se obter água com temperatura relativamente alta e quantidades elevadas de sais dissolvidos, dificultando sua utilização para o abastecimento público.

1.3 PRINCIPAIS MINERAIS FORMADORES DAS ROCHAS

A palavra mineral tem uma conotação específica dentro da geologia. De modo geral, é toda substância formada naturalmente, sólida ou líquida, inorgânica, homogênea e com composição e estrutura química definidas. Como exemplo de mineral, pode-se citar o quartzo, que é formado naturalmente, é sólido e contém átomos de silício e oxigênio na proporção de 1:2, isto é, possui composição específica (SiO_2).

O conhecimento dos principais minerais formadores das rochas e suas características mais importantes permitem ao engenheiro civil caracterizar o comportamento químico e mecânico de determinada rocha quando utilizada como material de construção civil, quando é escavada em túneis ou em taludes de cortes e quando serve de suporte para fundações.

1.3.1 Principais propriedades dos minerais

As propriedades dos minerais são determinadas por sua composição e estrutura. As principais propriedades são: clivagem, brilho, dureza, massa específica, flexibilidade, cor, traço, magnetismo e polimorfismo.

- Clivagem: característica que o mineral possui de fraturar em uma direção preferencial plana e reflexiva. A clivagem está relacionada à estrutura molecular do mineral.
- Brilho: qualidade e intensidade da luz refletida na superfície do mineral. O brilho pode ser metálico, vítreo ou de espelho, resinoso, leitoso, perláceo ou oleoso.
- Dureza: reflete a resistência relativa ao risco de um mineral. A dureza é classificada pela escala relativa de Mohs, proposta pelo geólogo e mineralogista alemão Carl Friedrich Christian Mohs (1773-1839). Ela varia de 1 a 10 (Tabela 1.3), sendo que os minerais com número maior riscam os minerais de número menor. Na escala de Mohs, os números não significam que um mineral é tantas vezes mais duro que o outro. Assim, por exemplo, o diamante não é dez vezes mais duro que o talco.

Tabela 1.3. Escala relativa de Mohs.

Número relativo na escala	Mineral	Dureza comparada com alguns objetos
1	talco	riscado pela unha
2	gipsita	
3	calcita	lâmina de cobre
4	fluorita	aço ou vidro
5	apatita	
6	feldspato	não é riscado por aço nem vidro
7	quartzo	
8	topázio	
9	coríndon	
10	diamante	

- Massa específica: a massa específica (μ) de uma substância é a razão entre a massa (m) de uma quantidade da substância e o volume (V) correspondente.
- Flexibilidade: propriedade que o mineral possui de, após dobrado ou torcido, voltar à posição original. Dentre esses minerais, os mais comuns são as micas, formadas por finas placas flexíveis.
- Cor: é normalmente uma propriedade que pode impressionar o observador pela beleza, porém não é muito confiável para identificação, podendo existir minerais com a mesma cor, mas com propriedades muito diferentes. A cor é determinada por vários fatores, sendo o principal a composição química.
- Traço: propriedade que um mineral possui de, quando atritado sobre uma superfície áspera, produzir um traço, sem riscar. No laboratório, é muito usual atritar o mineral sobre uma superfície de cerâmica ou porcelana branca (verso de um azulejo).
- Magnetismo: são poucos os minerais que possuem esta propriedade, mas ela é importante. No laboratório, verifica-se esta propriedade com o auxílio de um ímã. Como exemplo de mineral magnético, há a magnetita Fe_3O_4, normalmente encontrada em rochas basálticas e em xistos itabiríticos.
- Polimorfismo: propriedade química em que diferentes minerais apresentam a mesma composição química, mas formas cristalinas diferentes e propriedades físicas distintas. Um dos exemplos mais clássicos de polimorfismo mineral é o carbono, que pode apresentar-se como grafite ou cristalizado na forma de diamante, com propriedades físicas muito diferentes.

Noções de geologia geral e aplicada

1.3.2 Principais minerais e suas características

1.3.2.1 Quartzo (SiO_2)

É o dióxido de sílica, ou sílica cristalizada macroscopicamente, que ocorre em rochas magmáticas, metamórficas e sedimentares.

Possui grande estabilidade química, não se decompondo em contato com os agentes de intemperismo na natureza. O quartzo sofre somente a ação física em decorrência do transporte por água, ar ou gravidade, que produz atrito entre as partículas, fragmentando-as até se tornarem areia fina ou silte. O quartzo possui dureza alta (7), não é riscado por aço nem vidro, tem brilho leitoso e peso específico de 26,5 kN/m³.

Na indústria da construção civil, o quartzo é muito utilizado na fração granulométrica de pedregulhos e areias para concretos e argamassas. Também é empregado na fabricação de vidros, como abrasivos, entre outros.

1.3.2.2 Feldspato

Etimologicamente, a palavra feldspato vem do alemão *feld* (campo) e *spat* (pedra). Os feldspatos ocorrem principalmente em rochas magmáticas e metamórficas. Pertencem a um dos grupos de minerais mais importantes na composição das rochas da crosta terrestre. É considerado um mineral básico na identificação e na classificação das rochas magmáticas, em laboratório ou no campo. Os feldspatos são um dos principais constituintes de granitos e gnaisses. Em contato com os agentes de intemperismo, sofrem alteração e meteorização, transformando-se em argilominerais.

Os feldspatos dividem-se em três grupos principais: *potássicos* [$KAlSi_3O_8$], *plagioclásios* [$Ca,Na)Al (Al,Si)Si_2O_8$] e *potássico-sódicos* [$KAlSi_3O_8$] e [$NaAlSi_3O_8$].

Os feldspatos geralmente possuem dureza alta (6), não são riscados pelo aço nem pelo vidro, e têm brilho vítreo, refletindo a luz como pequenos espelhos.

Na indústria da construção civil, são usados como materiais para a produção de vidros, cerâmicas e esmaltes, como revestimentos dos eletrodos de solda elétrica, em polidores, na sinalização de estradas etc.

1.3.2.3 Mica

Está em um importante grupo de minerais e pertence à classe dos filossilicatos. As micas apresentam-se em finas lâminas brilhantes e flexíveis, ocorrendo em rochas magmáticas, metamórficas e sedimentares. Quando ocorrem em grande quantidade, transmitem à rocha características flexíveis. Podem resistir a altas temperaturas e possuem baixo coeficiente de condutibilidade térmica, o que transmite às rochas propriedades refratárias. Possuem dureza variando entre 2 e 3, dependendo do tipo.

Podem ser simplificadamente separadas em três tipos: muscovita (mica branca: $[KAl_2AlSi_3O_{10}(OH)_8]$, biotita (mica preta: $[K(Mg, Fe)_3AlSi_3O_{10}(OH)_2]$ e lepidolita (mica violeta: $[K_2Li_3Al_3(AlSi_3O_{10})_2(OH, F)_4]$.

É usada como material refratário, isolante elétrico etc.

1.3.2.4 Calcita (CaCO₃)

É o carbonato de cálcio. Ocorre em grandes formações sedimentares ou metamórficas ou em associação com outras rochas, como as magmáticas. Ocupa em torno de 4% da massa da crosta terrestre, apresentando-se em diferentes ambientes.

A calcita é o principal componente dos calcários. Por ser alcalina, sofre a ação de ácidos presentes na água e dissolve-se. As regiões calcárias (*karst* ou carste) normalmente possuem cavernas de dissolução.

Sua dureza é baixa (3), é riscada pelo aço e reage fortemente ao ácido clorídrico dissolvido em água destilada a 10%.

É usada como matéria-prima para a fabricação do cimento Portland e da cal. É muito utilizada também como corretivo de solos na agricultura.

1.3.2.5 Dolomita [CaMg(CO₃)₂]

Trata-se do carbonato de magnésio, que possui as mesmas características simplificadas da calcita e diferencia-se pela esfoliação romboédrica.

Sua dureza é de baixa a média (3 a 4), pode ser riscada pelo aço e reage pouco ao ácido clorídrico dissolvido a 10%; no entanto, reage fortemente ao pó.

É usada como matéria-prima para a fabricação de cimento e empregada como rocha ornamental e de revestimento.

1.3.2.6 Gipsita (CaSO₄.2H₂O)

É o sulfato hidratado de cálcio, que geralmente é branco ou incolor, lamelar, tem brilho opaco, é untuoso ou fibroso ao tato, possui pH ácido e dureza baixa (2).

É utilizado na fabricação de gesso, cimento, moldes para fundição, giz, vidros, esmaltes e aglutinante, e como corretivo do solo em agricultura e na metalurgia. Ao aplicar o gesso na construção civil, em forros, placas divisórias (gesso acartonado), molduras, sancas etc., é preciso tomar cuidado para que o material não entre em contato direto com o aço, pois provoca corrosão.

Noções de geologia geral e aplicada

1.3.2.7 Argilominerais

Normalmente definidos como silicatos hidratados, principalmente de alumínio. Sua estrutura é de filossilicatos em grandes camadas, com cátions em coordenações tetraédricas e octaédricas. Possuem forma de placas ou fibras com dimensões microscópicas, menores que 0,002 mm.

Os argilominerais são genericamente denominados argilas. Quando em contato com água, as argilas adquirem plasticidade e se expandem. Ocorrem em solos originados a partir do intemperismo químico de minerais contidos nas rochas, principalmente feldspatos, e em rochas sedimentares, como argilitos, siltitos, arenitos etc. Algumas argilas apresentam apenas uma espécie de argilomineral; outras, duas ou mais.

Os argilominerais são classificados, de forma simplificada, em três grupos: caulinita [$Al_4(Si_4O_{10})(OH)_8$], ilita [$K_yAl_4(Si_{8-y})(OH_4)$] e montmorilonita (constituição variada de sílica, alumínio, magnésio, cálcio, sódio e ferro).

O conhecimento das argilas na engenharia civil é muito importante, pois elas causam grandes variações no comportamento mecânico dos solos. As argilas, ao entrar em contato com a água, sofrem expansão volumétrica, podendo causar problemas em obras geotécnicas.

Na indústria da construção civil, é usada como matéria-prima para a fabricação de produtos cerâmicos, como tijolos, telhas e azulejos, ou como componente do cimento Portland. Na fabricação de cerâmica, as argilas devem possuir plasticidade e não conter impurezas, como pedregulhos, conchas de moluscos e impurezas orgânicas.

1.4 ROCHAS

São definidas, de modo geral, como agregados naturais compostos de um ou mais minerais, podendo conter matéria orgânica. De acordo com a gênese, as rochas são classificadas em três grandes grupos ou famílias: magmáticas, sedimentares e metamórficas.

Em geologia, qualquer formação que ocorra na crosta terrestre é denominada rocha, mesmo os solos. Para a engenharia civil, a definição foi simplificada em decorrência da aplicação direta do conceito em custos de projetos de terraplenagem. Para o engenheiro civil que projeta uma obra envolvendo escavação, rocha é todo material natural que apenas pode ser desagregado com o uso de explosivos, e solo é aquele que pode ser escavado mecanicamente, mesmo sendo uma rocha branda ou um maciço de rocha alterada, fraturada ou decomposta.

Como exemplo, em um corte de estrada, para efeito de escavação, a cobertura de solo residual de rocha ou rocha decomposta é considerada solo até o limite em que é possível escavar com equipamento de terraplenagem. A partir da cota que exige o uso de explosivo, denomina-se simplificadamente rocha. Isso porque os custos envolvidos na escavação dos dois tipos de materiais são diferentes.

1.4.1 Rochas magmáticas

As rochas magmáticas, também denominadas ígneas, eruptivas, plutônicas ou vulcânicas, são formadas pelo resfriamento e pela consolidação do magma originário do manto. Quanto à origem, a rocha magmática é a primeira das três famílias de rochas existentes na crosta, portanto, é considerada rocha primária.

A lava é o magma que atinge a superfície em forma de derrames, podendo ser considerada "rocha fundida" em altas temperaturas e possuindo partículas de minerais, gases dissolvidos e água. Após o resfriamento e a consolidação, a lava dá origem a rochas magmáticas, como, por exemplo, os basaltos utilizados como material britado na construção civil em vários lugares do Brasil (Figura 1.3).

Figura 1.3. Derrame de basalto (rocha magmática formada pelo resfriamento e pela consolidação da lava), Araraquara, SP.

O magma é caracterizado por uma variedade de compostos, com predomínio da sílica (SiO_2), e apresenta altas temperaturas, de 1.000 °C a 1.200 °C, podendo alcançar 1.400 °C. A medição da temperatura em um derrame de lava é muito difícil de ser realizada. Uma forma indireta é lançar várias hastes metálicas, cada uma com diferente temperatura de fusão, e após alguns minutos retirá-las e verificar quais se fundiram ou não, estimando, assim, a temperatura da lava.

Noções de geologia geral e aplicada

O magma possui as propriedades de um líquido, incluindo a habilidade de fluir. A composição dele inclui os elementos mais abundantes na Terra: Si, Al, Fe, Ca, Mg, Na, K, H e O. Os magmas mais comuns são classificados em: basáltico, andesítico e riolítico. Outra forma de classificar simplificadamente o magma é: magma alcalino (basáltico), magma intermediário (andesítico) e magma ácido (granítico). Essa forma de classificação dos magmas, em ácido, neutro, básico ou alcalino, é usada em geologia, sem conotação em química.

Os magmas basálticos possuem menos que 50% de SiO_2 (magmas alcalinos) e compõem em torno de 80% de todo o magma expelido pelos vulcões. Os magmas andesíticos possuem cerca de 60% de SiO_2 (magmas neutros ou intermediários), e os magmas riolíticos possuem em torno de 80% de SiO_2 (magmas ácidos). Consideram-se rochas magmáticas ácidas (graníticas) aquelas com teores de sílica acima de 65%, e rochas neutras ou intermediárias aquelas com teores de sílica variando entre 52% e 65%, com muito pouco quartzo.

As viscosidades dos magmas dependem da porcentagem de sílica e da temperatura. Os magmas basálticos possuem baixa viscosidade e alta fluidez, podendo atingir até 16 km/h de velocidade em um derrame, conforme medições realizadas em derrames de lava no Havaí. As rochas magmáticas ácidas, como os granitos, são formadas a partir da fusão dos minerais de rochas preexistentes que chegaram a grandes profundidades na crosta terrestre (em torno de 20 km), portanto, são magmas viscosos que não atingem a superfície por meio de atividades vulcânicas.

As rochas magmáticas, dependendo da forma de ocorrência, são classificadas em extrusivas e intrusivas. Já quanto aos tipos de estruturas, podem ser assim classificadas:

- Descontinuidade: são as descontuidades apresentadas pelas rochas em todas as modalidades de variações texturais, como fraturas, disjunções, juntas etc.
- Maciça: quando a rocha não apresenta vazios na amostra, sendo de forma compacta. São exemplos os granitos e alguns basaltos.
- Vesicular: quando a rocha apresenta vazios na amostra, em decorrência de antigas bolhas de gases. Exemplo: basalto vesicular.
- Amigdaloidal: quando a rocha apresenta vesículas preenchidas total ou parcialmente por minerais secundários. Exemplo: basalto vesículo-amigdaloidal.
- Disjunção colunar: quando a rocha apresenta-se fraturada subverticalmente, com colunas paralelas de forma aproximadamente hexagonal. Exemplo: basalto colunar.
- Cor: as leucocráticas têm cores claras; as melanocratas possuem cores escuras.

Essas feições litológicas podem acarretar certos problemas na rocha quando utilizada como material de construção. A baixa resistência mecânica do basalto amigdaloidal, por exemplo, pode diminuir a resistência à compressão do concreto. Outro exemplo é a reação de alguns minerais que compõem as amígdalas com os álcalis do cimento.

O comportamento estrutural de um maciço rochoso está relacionado diretamente com a compartimentação geológica, principalmente em razão de: tipo de fraturamento, diâmetro dos blocos, abertura das fraturas, materiais de preenchimento, composição mineralógica, posição do nível d'água e estado de alteração dos minerais.

Nos derrames de basalto, normalmente ocorrem três zonas distintas:

- Topo do derrame: formado por rocha vesicular ou vesículo-amigdaloidal.
- Meio do derrame: formado por fraturamentos sub-horizontais, provavelmente em decorrência de tensões de cisalhamento.
- Base do derrame: disjunções colunares por conta de tensões de tração pelo atrito entre o material de base e a rocha, por retração, no momento do resfriamento.

1.4.1.1 Rochas magmáticas extrusivas

As rochas magmáticas extrusivas são formadas a partir do resfriamento e da consolidação da lava que escoa e se deposita na superfície da Terra, gerando os derrames de rochas magmáticas alcalinas do grupo dos basaltos (Figura 1.4).

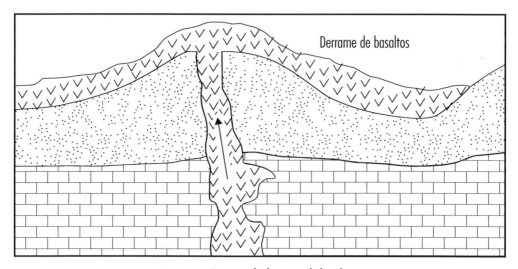

Figura 1.4. Esquema de derrames de basaltos.

Noções de geologia geral e aplicada

Os derrames podem atingir extensas áreas e apresentar várias espessuras. Além disso, um derrame pode sobrepor-se a outro, formando pacotes. São exemplos desses tipos de derrames os pertencentes à Formação Serra Geral no estado de São Paulo (Figura 1.5).

Figura 1.5. Derrames de basaltos da Formação Serra Geral, Araraquara, SP: (a) maciço de basalto – derrame; (b) basalto fraturado; (c) basalto colunar.

As barragens das usinas hidroelétricas nas bacias dos rios Paraná, Grande e Tietê foram construídas sobre esses derrames. No interior do estado de São Paulo e em outros estados, o basalto é explorado em pedreiras, sendo britado e utilizado em larga escala como agregado graúdo em concretos de cimento Portland e asfálticos. É utilizado também como rocha de revestimento, em pequenos fragmentos cúbicos, para a confecção de mosaico português.

Quando ocorre um derrame, à medida que a lava basáltica arrefece em contato com o ar, sua superfície troca calor com o ambiente e solidifica-se, formando uma fina camada de material vítreo em forma de ondas, que pode adquirir várias aparências. Essas aparências são chamadas lava cordada ou lava *pahoehoe*, denominação havaiana que significa "em forma de cordas".

Em razão do alívio de pressão entre o magma no interior da crosta e a lava na superfície, desprendem-se gases que estavam dissolvidos no magma. Com a consolidação da camada superficial, ocorre o aprisionamento dos gases, que formam bolhas no interior da massa magmática. Essas bolhas, que tornam a rocha porosa na região do topo do derrame (Figura 1.6 e 1.7), podem variar de décimos de milímetros a dezenas de centímetros de diâmetro e são denominadas vesículas (dimensões centimétricas) ou geodos (dimensões decimétricas). Com o passar do tempo, em decorrência da penetração de água com minerais dissolvidos no interior desses vazios, ocorre a precipitação de minerais, formando as amígdalas.

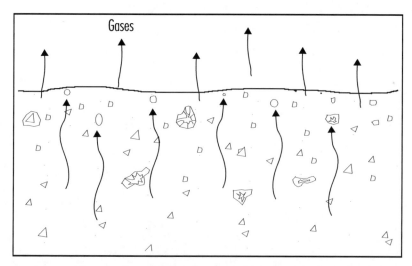

Figura 1.6. Esquema de aprisionamento e escape de gases no topo de um derrame.

As rochas magmáticas extrusivas, como os basaltos, possuem minerais microscópicos. Isso se dá, principalmente, pelo fato de o tempo de resfriamento ser relativamente rápido, não permitindo a cristalização dos minerais em partículas maiores.

Noções de geologia geral e aplicada

Figura 1.7. Amostra de basalto vesículo-amigdaloidal.

Quando se explora basalto para a produção de brita como agregado graúdo para concretos (de cimento Portland ou asfálticos), deve-se separar na pedreira o material do topo do derrame (basalto vesicular) da rocha maciça, pois a mistura pode diminuir a resistência mecânica do agregado graúdo e resultar em queda da resistência (f_{ck}) do concreto. Um dos problemas que podem ocorrer quando se utilizam agregados graúdos de basaltos com partículas vesiculares em concretos de cimento Portland é a reação de alguns minerais existentes nas vesículas, como, por exemplo, vidro vulcânico ou sílica reativa, com os álcalis do cimento, produzindo um gel expansivo que pode induzir tensões de tração e fissurar as peças de concreto.

O basalto amigdaloidal normalmente já sofreu um intemperismo mais acentuado que o resto do maciço e pode, com partes de rocha alterada, ser utilizado como base de solo reforçado ou em estradas vicinais não pavimentadas, para melhoria do leito carroçável.

Nas regiões em que ocorreram derrames de basaltos, muitas obras, como pontes, edifícios e barragens, são construídas com suas fundações apoiadas diretamente sobre maciços basálticos. Nessas condições, deve-se procurar, por meio de sondagens no maciço, localizar a melhor cota para apoio das fundações, evitando-se as regiões do maciço com rocha decomposta ou muito fraturada.

As fundações das barragens construídas nos rios Tietê, Grande, Paraná, Paranapanema, entre outros, foram apoiadas em derrames de basalto. Nesses casos, intensos estudos geológicos e geotécnicos contribuíram, por meio de inúmeras publicações, para o conhecimento mais apurado dos basaltos. Esses estudos foram desenvolvidos pelo Instituto de Pesquisas Tecnológicas do Estado de São Paulo (IPT), pelas Centrais Elétricas de São Paulo (CESP) e por universidades, principalmente a Universidade de São Paulo. Uma grande parte desses trabalhos, no

Brasil, encontra-se em anais de congressos e em publicações da Associação Brasileira de Geologia de Engenharia e Ambiental (ABGE) e da Associação Brasileira de Mecânica dos Solos e Engenharia Geotécnica (ABMS).

1.4.1.2 Rochas magmáticas intrusivas

As rochas magmáticas intrusivas ou plutônicas são formadas a partir do resfriamento e da consolidação do magma no interior da crosta. O magma que ascendeu por um conduto magmático, como uma falha, fratura ou *neck* vulcânico, e não atingiu a superfície fica isolado da atmosfera, sofrendo menor troca de calor e, portanto, dispondo de um tempo maior para o resfriamento e a consolidação.

Na subida do magma, pelo fato de a pressão hidrostática ser maior que as tensões entre as camadas de rochas, pode ocorrer a penetração entre camadas de rochas preexistentes, formando estruturas lamelares sub-horizontais e subverticais (Figura 1.8). Essas rochas que recebem o magma intrusivo são denominadas rochas encaixantes.

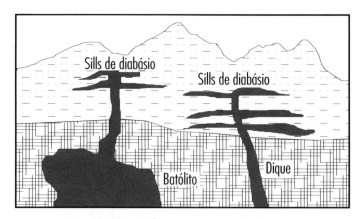

Figura 1.8. Esquema de estruturas magmáticas intrusivas.

As principais estruturas intrusivas são:

- Batólitos: grandes massas magmáticas que atingem grandes zonas da crosta, com quilômetros de extensão.
- Diques: estruturas aproximadamente tabulares subverticais, formadas pela fratura e pelo preenchimento de magma de forma perpendicular ou diagonal às camadas de rochas preexistentes. Podem ter alguns centímetros ou dezenas de metros de espessura.
- Sills: estruturas aproximadamente planares sub-horizontais, formadas pela penetração do magma entre camadas de rochas preexistentes. A penetração

se dá pela diferença de pressão entre o magma e o confinamento das camadas. As rochas que recebem o magma são denominadas rochas encaixantes. Podem ter a forma de uma "taça" (lopólitos) ou de um "cogumelo" (lacólitos) e ter de alguns milímetros a dezenas de metros de espessura.

As rochas magmáticas intrusivas, normalmente, possuem minerais macroscópicos pelo fato de o tempo de resfriamento e consolidação ser relativamente longo, permitindo a aglomeração dos minerais.

1.4.1.3 Principais rochas magmáticas

Basaltos

São rochas magmáticas extrusivas alcalinas, melanocratas (coloração preta a cinza-escura), compactas e com minerais microscópicos. Compostas basicamente de piroxênios e ferromagnesianos, possuindo também quartzo, feldspato, ferro, cálcio e magnésio, além de outros minerais em baixa quantidade (Figura 1.9). Na composição dos basaltos há também magnetita, que lhes confere pequeno magnetismo.

Figura 1.9. Amostras de basaltos: (a) sem alteração e compacto; (b) alterado quimicamente.

A decomposição dos basaltos produz a "terra roxa" que ocorre em grande parte do Brasil. A coloração desse tipo de solo se dá em razão de óxidos de ferro, resultantes dos produtos finais do intemperismo dos basaltos em clima tropical úmido (Figura 1.10).

Figura 1.10. Perfil natural mostrando basalto decomposto e cobertura de solo residual (terra roxa) no interior do estado de São Paulo.

É grande a variedade de basaltos, desde uma rocha vítrea até uma rocha totalmente porosa. O magma extrusivo solidificado de forma vítrea é denominado vidro vulcânico ou obsidiana. Em uma atividade vulcânica, ocorre também a formação de rochas porosas púmices, escórias vulcânicas, bombas vulcânicas, pequenos fragmentos lapílis e cinza vulcânica. Essas ocorrências são denominadas produtos piroclásticos e podem tornar-se catastróficos nas proximidades de uma erupção vulcânica.

O basalto sem alteração e compacto possui alta resistência à compressão simples, na ordem de 180 MPa. É muito empregado como pedra britada para agregado graúdo de concretos de cimento Portland ou asfáltico. Por sua dureza e resistência à abrasão, é também muito utilizado como lastro ferroviário. Fragmentado em blocos aproximadamente cúbicos, é usado para pavimentação de vias urbanas (paralelepípedos) ou em calçamentos (mosaico português). O basalto também é muito utilizado para revestimentos, blocos para alvenaria de muros e rocha decorativa, em fragmentos ou em blocos intemperizados (Figura 1.11).

Gabros e diabásios

São rochas magmáticas intrusivas alcalinas, com aproximadamente a mesma composição dos basaltos. Sua coloração é escura e normalmente são compactas, apresentando minerais macroscópicos (visíveis a olho nu). Por serem rochas intrusivas, o tempo de resfriamento é mais longo, resultando em minerais maiores que das extrusivas.

Noções de geologia geral e aplicada

Figura 1.11. Basalto utilizado como: (a) brita n. 1 para concretos; (b) mosaico português (parte escura); (c) lastro ferroviário; (d) pavimentação urbana.

Os gabros e diabásios apresentam como constituintes básicos os minerais piroxênios, ferromagnesianos e plagioclásios "cálcicos". Distinguem-se macroscopicamente pelas dimensões dos minerais, sendo os gabros mais grosseiros, na ordem de alguns milímetros a centímetros, e os diabásios, na ordem de décimos de milímetro a milímetros.

Possuem aproximadamente as mesmas características geotécnicas dos basaltos e as mesmas aplicações na construção civil.

Granitos

São rochas magmáticas intrusivas cristalinas ácidas, mais abundantes na crosta terrestre. Juntamente com os gnaisses, formam a estrutura da crosta. As estruturas graníticas que formam os continentes e assoalhos oceânicos são denominadas embasamento cristalino.

Os granitos são compostos por quartzo, feldspato e mica, além de outros minerais em menor proporção. São rochas de alta resistência à compressão simples, chegando a atingir em torno de 180 MPa. Dependendo das dimensões e dos embricamentos dos minerais, a resistência pode aumentar ou diminuir. Amostras com minerais menores normalmente oferecem maior resistência à ruptura.

Pelo fato de sua formação ocorrer em grandes profundidades na crosta, por meio de rochas preexistentes que sofreram fusão total e assimilação de minerais (anatéxis), os granitos possuem grande variedade de granulação e cores (Figura 1.12). Podem ter desde a coloração escura melanocrata até ser uma rocha clara com minerais em cores leucocráticas variadas.

Figura 1.12. Amostras de granitos: (a) paralelepípedo de granito; (b) fragmento de granito para revestimento; (c) e (d) granito polido.

De acordo com a natureza ou a proporção de certos constituintes, podem-se distinguir muitas variedades de granitos, como granitos biotíticos, quando contêm biotita (mica preta), e granitos muscovíticos, quando contêm muscovita (mica branca), fuxita (mica verde) e lepdolita (mica violeta). As cores podem variar em função dos tipos de micas, da proporção de cada mica e dos tipos e da proporção de feldspatos.

A granulação ou textura dos granitos é classificada em função das dimensões das partículas, sendo alguns exemplos:

Noções de geologia geral e aplicada

- Afanítica: minerais microscópicos, geralmente de cor escura; os felsitos ou riolitos possuem essas características,
- Porfirítica: minerais com dimensões da ordem de milímetros, cor cinza-rósea ou cinza-avermelhada (granito pórfiro) e cinza-escura a cinza-esverdeada (diorito-pórfiro).

Os granitos são muito utilizados na indústria da construção civil como rocha para pisos e revestimentos polidos, na fabricação de pias, balcões e mesas ou como revestimentos *in natura*.

Pelo fato de sua resistência à abrasão e ao desgaste ser relativamente alta, não sofrem perda acelerada do polimento quando assentados em locais de elevado tráfego de pessoas. Os granitos polidos, porém, são sujeitos à abrasão na superfície, principalmente quando atritados com uma fina lâmina de aço em alguns pequenos locais, como sobre as micas. Os granitos também possuem resistência relativamente alta ao ataque por substâncias químicas, normalmente utilizadas em produtos de limpeza, e ao meio ambiente, principalmente em áreas urbanas.

Podem ser empregados ainda como agregados graúdos para concretos, pavimentação de vias urbanas em forma de paralelepípedos e lastro ferroviário na forma britada.

1.4.2 Rochas sedimentares

As rochas sedimentares são formadas a partir da ação do intemperismo físico e químico sobre rochas preexistentes (magmáticas, metamórficas ou sedimentares). Os processos externos que dão origem às rochas sedimentares são variados, como os sedimentos clásticos ou detríticos, químicos e orgânicos.

As rochas sedimentares são as mais abundantes nas proximidades da superfície da crosta terrestre e nos fundos dos oceanos. A maior parte das construções se apoia em sedimentos, daí a importância do entendimento pelo engenheiro civil de rochas sedimentares.

A origem e a composição mineralógica dessas rochas são muito variadas, e não é possível estabelecer entre elas as estreitas correlações que existem entre as rochas magmáticas. Os sedimentos depositados no sopé de uma encosta calcária são sedimentos calcários, enquanto os procedentes de uma região granítica são sedimentos silicosos. Essas circunstâncias dificultam a classificação desse tipo de rocha.

Segundo a classificação mais usual, com base nos agentes transportadores, na composição mineralógica e na forma de deposição ou precipitação das partículas, as rochas sedimentares são separadas em três grupos: rochas sedimentares clásticas ou detríticas, rochas sedimentares químicas e rochas sedimentares orgânicas.

1.4.2.1 Rochas sedimentares clásticas ou detríticas

São rochas constituídas de elementos de outras rochas preexistentes que foram desagregados, decompostos, erodidos, transportados, depositados, compactados e cimentados em depressões do terreno (Figura 1.13).

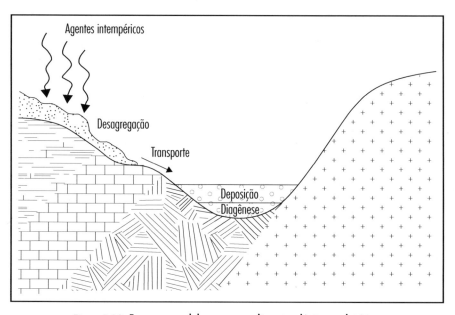

Figura 1.13. Esquema geral do processo sedimentar clástico ou detrítico.

A desagregação e a decomposição são produzidas pelo intemperismo físico e químico e estão diretamente ligadas ao clima da região. A erosão e o transporte podem ser provocados pela ação da água, do ar ou da gravidade. A água que transporta as partículas desagregadas normalmente é consequência da precipitação atmosférica, que forma as enxurradas. O ar transporta partículas pela ação do vento, selecionando muito bem os diâmetros. A gravidade provoca a queda de partículas e blocos de rocha encosta abaixo, que se depositam nos sopés das elevações.

A deposição normalmente ocorre nos pontos de topografia mais baixa, formando bacias sedimentares, de acumulação de partículas, inicialmente fofas e incoerentes. Com o aumento da espessura das camadas sedimentadas, por conta das depositadas posteriormente, as camadas mais profundas passam a sofrer tensões de confinamento, diminuindo os vazios entre as partículas e densificando-se. Com a densificação, as partículas aproximam-se umas das outras, diminuindo os vazios e favorecendo a cimentação.

Com o passar do tempo, pela ação da água que se infiltra através dos vazios entre as partículas, minerais dissolvidos na água precipitam-se e agem como um cimento natural que liga as partículas. O processo de cimentação das partículas

Noções de geologia geral e aplicada

é denominado diagênese ou litificação. A cimentação pode ocorrer naturalmente por ação de um ou mais minerais, sendo os mais comuns o carbonato de cálcio, as argilas, a sílica e os óxidos de ferro, dando características diferentes a cada sedimento.

De modo geral, as rochas sedimentares clásticas podem ser subdivididas simplificadamente de acordo com os diâmetros das partículas e os cimentos naturais. Assim, tem-se a seguinte classificação (ABNT NBR 6502):

- Arenitos: sedimentos formados predominantemente por areias cujas partículas medem entre 2 mm e 0,06 mm.
- Siltitos: partículas com dimensões predominantes entre 0,002 mm e 0,06 mm.
- Argilitos: partículas com dimensões predominantes menores que 0,002 mm.

As dimensões das partículas que compõem uma rocha sedimentar podem ser determinadas em laboratório por meio do ensaio de granulometria completa (peneiramento e sedimentação), de acordo com a ABNT NBR 7181, após a fragmentação da amostra.

Dependendo da forma de transporte e do local de deposição, podem-se classificar os sedimentos detríticos como: fluvial ou aluvionar, lagunar, marinho, eólico e gravitacional.

Sedimentos fluviais ou aluvionares

Os sedimentos fluviais ou de aluvião são formados pela ação da erosão e transportados pela água. Esses sedimentos estão relacionados, normalmente, à velocidade do fluxo da água. Nas proximidades das nascentes, pelo fato de as velocidades serem relativamente altas, ocorre somente a deposição de partículas maiores, como blocos de rochas. A partir do momento em que a velocidade do fluxo diminui (curso médio do rio), partículas depositam-se nas dimensões de cascalhos, areias e siltes. Nas proximidades das desembocaduras, depositam-se partículas finas, como areias finas, siltes e argilas.

As partículas transportadas pela água sofrem abrasão e adquirem forma arredondada, dando origem aos cascalhos (seixos rolados ou pedregulhos), normalmente formados por partículas de quartzo, sílex ou ágatas. Segundo a ABNT NBR 6502, o pedregulho mede entre 60 mm e 2 mm. Esses sedimentos consolidados, com a presença de areias, siltes, argilas e cimentos naturais, são chamados conglomerados (Figura 1.14).

Figura 1.14. Amostra de conglomerado arenoso ferruginoso.

Os sedimentos de origem fluvial podem ser muito variados, já que podem ser depositados pela corrente ou pelo transbordamento do curso d'água, formando os depósitos de várzeas. Podem também apresentar algumas feições, como ondulações formadas nos sedimentos arenosos pelas correntes, denominadas *ripple marks*, ou estratificações cruzadas, que indicam a direção predominante da corrente.

Figura 1.15. Gretas de ressecamento em argilas acumuladas em depressões do terreno.

Quando ocorre o transporte pela água, partículas de vários diâmetros são levadas pelo fluxo. Ao chegar a locais de topografia mais baixa, como pequenas bacias, com a diminuição da velocidade de escoamento ou mesmo retenção, a água infiltra-se e, em seguida, evapora. As partículas começam, então, a precipitar-se e sedimentam-se, primeiro as de maiores diâmetros, como areias e siltes, e depois as argilas, formando nessas depressões camadas de material arenoso na base e argiloso na superfície. Com a evaporação da água, a argila contrai-se, formando uma superfície "gretada" em forma aproximadamente hexagonal (Figura 1.15). Essas gretas de retração em argila são comuns após a ocorrência de precipitações, com acúmulo e ressecamento de materiais transportados pela água. Ocorrem também em sedimentos muito antigos que foram soterrados por camadas subsequentes.

Os cursos d'água podem formar grandes vales abertos cobertos por sedimentos finos, de onde se extrai argilas para a fabricação de materiais cerâmicos e areias para a construção civil. Algumas dessas argilas podem ter conchas de moluscos ou pequenas espículas de esponjilitos ou terras de diatomáceas e, se utilizadas na produção de tijolos maciços, podem provocar reações alérgicas nos operários que manipulam o material nas obras. Esses tijolos são popularmente denominados tijolos pó de mico. As pequenas conchas de água doce podem trazer problemas à fabricação de telhas, pois, ao serem queimadas junto com a argila nos fornos, transformam-se em materiais expansivos que, na presença de água, podem desprender pequenas placas, fissurar as telhas e diminuir a permeabilidade (Figura 1.16).

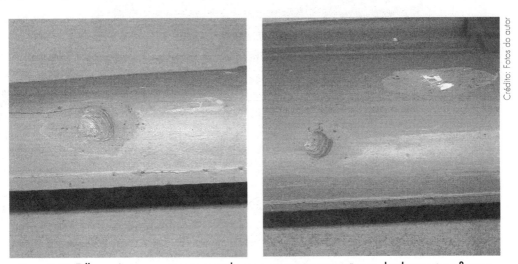

Figura 1.16. Telhas cerâmicas com pequenas conchas que provocaram expansão com deslocamentos e fissuras.

Sedimentos lagunares

São sedimentos finos (areias, siltes e argilas), formados em lagos que podem conter também matéria orgânica ou conglomerados.

Os lagos normalmente recebem sedimentos transportados por cursos d'água que deságuam nas extremidades. Em razão da baixa velocidade do fluxo na parte central, ocorre a precipitação de sedimentos finos, como argilas. Em regiões de clima temperado, a temperatura da água torna-se mais elevada durante o verão, favorecendo a ação de micro-organismos sobre a matéria orgânica em suspensão e precipitando material mineralizado de cores claras. No inverno, a queda da temperatura inibe a ação dos micro-organismos, e uma quantidade maior de matéria orgânica de cores escuras precipita-se.

Essas oscilações climáticas anuais bem definidas produzem no fundo desses lagos sedimentos finos com estratos de cores claras e escuras, como os ritmitos ou varvitos (Figura 1.17).

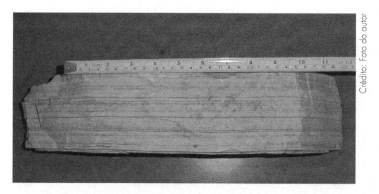

Figura 1.17. Amostra de ritmito, onde se pode notar os estratos diferenciados em cores claras e escuras.

Sedimentos marinhos

Considera-se que os sedimentos marinhos são formados em uma das três seguintes regiões: (1) zonas costeiras, (2) zonas de águas rasas ou (3) zonas de águas profundas.

Os depósitos de zonas costeiras são formados principalmente por materiais oriundos do transporte fluvial das partículas e pela ação das águas do mar sobre as rochas litorâneas, erodindo e fragmentando as partículas. Variam desde blocos de rochas até argilas, passando por pedregulhos, areias e siltes.

Os depósitos de zonas de águas rasas, próximos do litoral, são influenciados pelo transporte e pela deposição de materiais oriundos do continente, que fornecem grande quantidade de detritos argilosos, siltosos e arenosos, principalmente nas proximidades da foz de grandes cursos d'água, como os rios Amazonas, Mississípi ou Nilo.

Os depósitos de zonas de águas profundas normalmente são sedimentos muito homogêneos, predominando os componentes orgânicos, oriundos da vida planctônica, como restos de globigerinas, radiolários, gastrópodes e diatomáceas.

Como sedimentos marinhos grosseiros, existem as coquinas, formadas pela deposição de conchas e cimentadas por sílica ou carbonatos. Podem ser também associados a bancos de corais.

Sedimentos eólicos

Os sedimentos eólicos ou aerotransportados subdividem-se em dois grupos: os solos de *loess* e as areias que constituem as dunas.

Os *loess* são sedimentos que podem ter origem glacial ou de desertos. São compostos de partículas transportadas pelo vento, que permanecem nas proximidades da localidade em que foram depositadas originalmente, com pouca ou nenhuma decomposição química.

As dunas são formadas pelas areias desagregadas que são transportadas pelos ventos perto da superfície do terreno. Ao encontrar um obstáculo qualquer, as partículas depositam-se, formando estratos que indicam a direção predominante do vento no momento da deposição (Figura 1.18).

Figura 1.18. Sedimentos eólicos (dunas de areia) na lagoa da Conceição, Florianópolis, SC.

Os sedimentos eólicos formados por dunas apresentam estratificação cruzada, em consequência da mudança de direção do vento e da sobreposição de uma duna sobre a outra. As partículas possuem diâmetros bem selecionados, apresentando aproximadamente as mesmas dimensões em um determinado local. Isso faz com que os índices de vazios dos sedimentos eólicos sejam relativamente altos.

O Arenito Botucatu, que forma extensa área do aquífero Guarani, é formado em grande parte por sedimentos eólicos com estrutura cruzada, caracterizando antigas dunas, em região de deserto (Figura 1.19).

Figura 1.19. Corte de estrada mostrando o Arenito Botucatu com estratificação cruzada, no interior do estado de São Paulo.

Sedimentos gravitacionais

Também denominados coluvionares ou coluvião, são formados principalmente no sopé das encostas rochosas, onde, por meio de fragmentação, desprendimento e queda pela ação da gravidade, as partículas vão se depositando na base do talude natural. Esses tipos de sedimentos são muito variados, podendo apresentar blocos angulosos de grandes dimensões, cascalhos, areias, siltes e argilas, consolidados ou não. Em regiões desérticas, onde o transporte pela água é praticamente inexistente, esse é o principal tipo de sedimento de materiais grossos (Figura 1.20).

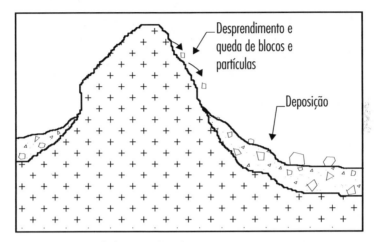

Figura 1.20. Esquema da formação de sedimentos gravitacionais em encostas íngremes.

Em regiões úmidas, os sedimentos gravitacionais normalmente são associados a outras formas de transporte, como a água e o vento.

1.4.2.2 Rochas sedimentares químicas

São rochas formadas a partir de substâncias minerais em solução iônica ou coloidal, por meio de processos variados, como químicos, físico-químicos, precipitação e evaporação.

As rochas sedimentares químicas classificam-se em carbonáticas, ferruginosas, silicosas e salinas.

Carbonáticas

Formadas pela precipitação do carbonato de cálcio (calcário), $CaCO_3$, ou do carbonato de magnésio (dolomita), $CaMg(CO_3)_2$, dando origem aos depósitos de calcários ou dolomitas, respectivamente.

Esses tipos de sedimentos foram formados, na sua grande maioria, nos fundos oceânicos pela precipitação de carbonatos originários da vida marinha.

As rochas carbonáticas (Figura 1.21) são susceptíveis de dissolução pela água ligeiramente acidulada, produzindo vazios no interior do maciço (cavernas de dissolução). As regiões calcárias são denominadas regiões de *karst* ou carste.

Figura 1.21. Amostras de calcários.

Nos maciços calcários, por abatimento dos tetos de cavernas, podem-se produzir depressões ou mesmo crateras na superfície do terreno, denominadas dolinas (Figura 1.22).

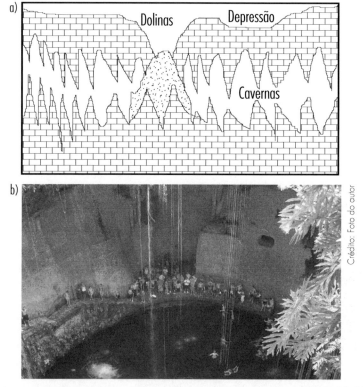

Figura 1.22. (a) Esquema de uma região de carste, com a ocorrência de cavernas e dolinas; (b) dolina formada por abatimento de cavernas – cenote – México.

Em certos locais, isso pode acarretar problemas sérios para fundações de obras ou para a ocupação urbana. Em regiões de carste, antes da implantação de investimentos urbanos, como um loteamento, deve-se proceder um levantamento geológico e geotécnico detalhado para verificar a possibilidade de ocupação da área sem riscos para as construções. Daí a importância do laudo geológico e geotécnico em projetos urbanísticos.

Além dos problemas citados anteriormente para projetos de loteamentos, podem ser encontradas argilas moles, argilas tixotrópicas, solos susceptíveis a erosão; e problemas em decorrência do afloramento de rochas, que dificultam a escavação do terreno.

Cabe salientar que o projeto de loteamentos não é composto apenas de um simples levantamento topográfico planialtimétrico da gleba e do traçado geométrico das vias e dos lotes. Esse tipo de projeto, ligado diretamente à engenharia civil e ao urbanismo, necessita de estudos geológicos, geotécnicos e hidrológicos detalhados, para que possa ser traçado e implantado adequadamente, principalmente no que diz respeito às obras de infraestrutura, como características do subsolo para fundações das futuras construções, redes de abastecimento de água, redes de esgotos, redes elétricas, redes de drenagens e características geotécnicas dos solos para terraplenagem e dimensionamento adequado dos pavimentos.

Ferruginosas

Os depósitos ferruginosos são formados basicamente pela precipitação de hidratos férricos coloidais na água. Dependendo do meio, oxidante ou redutor, dão origem às limonitas ou hematitas (óxidos de ferro) e às piritas ou sideritas (sulfatos de ferro), respectivamente. As limonitas, normalmente, ocorrem em forma de concreções ferruginosas associadas a argilas e outros minerais (Figura 1.23), sendo em algumas regiões utilizadas como material de construção e até para lastro ferroviário.

Figura 1.23. Amostra de limonita argilosa (concreção ferruginosa).

Silicosas

Ocorrem normalmente em forma de sílica amorfa (quartzo microcristalino) nos sílex ou calcedônias e nas ágatas. Tanto o sílex como as ágatas possuem a forma de uma massa compacta, de aspecto microscópico e liso ao tato. As cores do sílex normalmente vão de quase brancas, marrons, avermelhadas, até quase pretas. A diferença entre o sílex e a ágata está na estratificação; nas ágatas, a estratificação apresenta diversas cores (Figura 1.24). Boa parte da composição dos cascalhos transportados por cursos d'água é formada por partículas arredondadas de sílex e ágatas. Esses cascalhos podem, em determinados casos, ser utilizados como agregados graúdos para concretos.

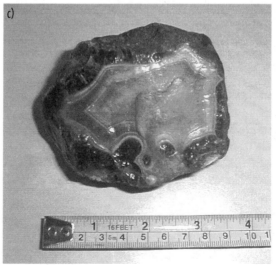

Figura 1.24. Amostras de (a) arenito silicificado, (b) sílex ou calcedônia e (c) ágata.

Salinas

Formam depósitos de minerais economicamente importantes, quando lagos ou oceanos perdem a água por evaporação e dão origem a sedimentos denominados evaporitos. Podem ocorrer extensas regiões desérticas com sedimentos salinos, como em alguns locais no Deserto de Mojave, na Califórnia (Estados Unidos). Alguns dos principais exemplos são o cloreto de sódio, ou sal de cozinha (NaCl), o carbonato de sódio (Na_2CO_3), o sulfato de sódio (Na_2SO_4) etc. Esses sais têm sido utilizados na produção de papel, sabonetes, detergentes e antissépticos. Um dos sais encontrados nesses depósitos é o sulfato de cálcio ou gipsita ($CaSO_4 2H_2O$), que é a matéria-prima do gesso.

Podem ser formados também pela evaporação brusca da água nas proximidades de fontes termais (Figura 1.25).

Figura 1.25. Amostra de evaporito.

Outros tipos de sedimentos químicos são os fósseis. Os fósseis (restos de animais ou vegetais preservados pela natureza) são encontrados nas rochas sedimentares e, raramente, em algumas rochas metamórficas, pois durante a formação dos sedimentos ocorrem ambientes favoráveis a preservação e fossilização. Neste livro, esse assunto não é abordado, mas o engenheiro civil, ao realizar escavações para construções em formações geológicas sedimentares, precisa ficar atento para a possível localização de sítios contendo fósseis. Nessas condições, os trabalhos devem ser paralisados e a presença de especialistas em paleontologia deve ser requerida.

1.4.2.3 Rochas sedimentares orgânicas

As rochas de origem orgânica são denominadas genericamente biólitos (rochas de origem biológica), podendo ser subdivididas em caustrobiólitos e acaustrobiólitos. As primeiras são sedimentos combustíveis, como turfas, carvões e folhelhos betuminosos. As segundas são sedimentos não combustíveis, como o diatomito, rocha rica em carapaças de diatomáceas.

Os carvões não têm muita importância para a engenharia civil, mas interessam à geologia e à engenharia de minas como combustível fóssil para exploração comercial.

Os sedimentos orgânicos podem conter misturas de outros minerais, como argilas, siltes e areias. É possível ocorrer a formação de argilas orgânicas, tendo como base de sua composição argilominerais e matéria orgânica.

Um dos sedimentos orgânicos mais comumente encontrados em obras de engenharia civil é a turfeira, formada predominantemente por matéria orgânica em decomposição e argilas. Esses sedimentos ocorrem em vales abertos, trabalhados por cursos d'água em presença de muita vegetação. Podem atingir espessuras da ordem de alguns centímetros a dezenas de metros, são sedimentos escuros (preto a cinza-escuro) e desprendem cheiro característico por emitirem gases. As turfas normalmente são porosas e saturadas de água, possuem baixa capacidade portante e alta deformabilidade. Turfas mais ricas em carbono são utilizadas como combustível fóssil para a queima em algumas partes da Ásia e da Europa.

Do ponto de vista geotécnico, as turfas apresentam certas características, como, por exemplo, baixa resistência à compressão ou baixa compressibilidade, caracterizando-se como solos moles; e normalmente o lençol d'água aflora na superfície do terreno, dificultando a utilização direta para qualquer finalidade.

Para a construção de aterros de estradas, espessuras de até 2 m de turfa podem ser retiradas mecanicamente de maneira econômica. No caso de profundidades maiores, devem ser utilizadas técnicas especiais, como aplicação de materiais geossintéticos para estruturar a base dos aterros, uso de explosivos sob o aterro para deslocar a turfa, aterros hidráulicos etc.

Essas técnicas são estudadas com mais detalhes na disciplina Aterros sobre Solos Moles, como disciplina optativa na graduação, ou em cursos de pós-graduação em geotecnia.

A construção de barragens sobre esse tipo de material é problemática, pois, além de ser material permeável, a turfa possui grande deformabilidade. Portanto, deve-se retirar todo o material e apoiar as fundações da barragem sobre solo de qualidade adequada. Caso não seja possível a remoção da turfa, a construção de barragem sobre esse material pode tornar-se muito dispendiosa e inviável do ponto de vista econômico.

Noções de geologia geral e aplicada

1.4.2.4 Principais rochas sedimentares

Arenitos

Os arenitos são formados basicamente por partículas de areia com diâmetros entre 0,06 mm e 2 mm, ligadas por um cimento que pode ser silicoso, carbonático, argiloso, ferruginoso ou uma associação de vários minerais. Nesses casos, os arenitos passam a ser denominados arenitos silicosos ou silicificados, arenitos carbonáticos, arenitos argilosos, arenitos ferruginosos etc.

As resistências à compressão simples dos arenitos podem variar muito, dependendo do cimento e do grau de alteração. Arenitos silicificados podem atingir resistência à compressão simples na ordem de 180 MPa.

O comportamento estrutural de um maciço de arenito está diretamente ligado à atitude das camadas estratificadas, ao grau de alteração e ao cimento ligante.

Arenitos carbonáticos podem apresentar alta resistência no momento da escavação, mas com o passar do tempo podem trazer problemas de desprendimento de blocos ou placas, por dissolução dos carbonatos, principalmente em corte de estradas. Podem ser utilizados como material de revestimentos, em forma de placas ou em mosaico português. Dependendo de suas características tecnológicas, também podem ser empregados como agregados de concretos.

Siltitos

Apresentam as mesmas características dos arenitos, sendo constituídos de partículas de siltes com granulometria entre 0,002 mm e 0,06 mm. As partículas e os cimentos naturais podem ser os mesmos dos arenitos. Também podem ter os mesmos empregos na construção civil que os arenitos.

Argilitos

São argilitos todos os tipos litológicos em que predomina a fração granulométrica argila, isto é, partículas menores que 0,002 mm. Os argilitos podem ser siltosos, arenosos e folhelhos. São sedimentos finos consolidados (argila rija) ao longo do tempo por adensamento em consequência de camadas superiores.

Podem possuir minerais que ofereçam certas características, como, por exemplo, carbonatos. Nesse caso, o argilito carbonático é denominado marga. Podem também apresentar estratificação pronunciada, sendo denominados folhelhos.

Os argilitos não encontram muita aplicação direta na construção civil, a não ser na forma de argilas nas indústrias de cerâmicas, tintas, cimentos, entre outras.

Maciços de argilito, dependendo da atitude das camadas e do grau de alteração, podem trazer problemas na abertura de cortes em estradas. Outra dificuldade é a existência de argila expansiva, que pode, com a absorção de água, produzir o "empastilhamento" por expansão na superfície e, com o tempo, descalçar a base de taludes de cortes, provocando escorregamentos.

Conglomerados

Os conglomerados são formados por partículas de pedregulhos arredondados (seixos rolados) de quartzo, sílex ou ágata em uma matriz arenosa, siltosa, argilosa, carbonática, silicosa, ferruginosa, ou de outros minerais.

As denominações dependem da composição (conglomerados arenosos, conglomerados argilosos, conglomerados silicosos, conglomerados carbonáticos, conglomerados ferruginosos) e podem apresentar mais de uma combinação, como, por exemplo, conglomerados arenosos ferruginosos.

Os conglomerados podem ser classificados também em ortoconglomerados e paraconglomerados. Os ortoconglomerados são sedimentos grossos caracterizados por possuírem partículas de seixos rolados, areia grossa e cimento natural. Esses sedimentos são formados em ambientes deposicionais de águas agitadas. Os paraconglomerados são sedimentos grossos que possuem mais materiais finos que partículas de pedregulhos, sendo na prática lamitos com seixos rolados no seu interior.

Conglomerados com as partículas maiores angulosas são denominados brechas sedimentares, indicando pouco transporte, como, por exemplo, sedimentos gravitacionais.

Os conglomerados silicificados podem ser utilizados na construção civil como rocha de revestimento, inclusive cortados e polidos, ou em blocos para a construção de muros ou revestimentos de paredes; também podem ser usados como pedra decorativa.

Quanto à composição mineralógica dos fragmentos de rocha, podem ser polimíticos ou oligomíticos. Os polimíticos possuem os clastos (partículas maiores) de rochas diferentes e os oligomíticos possuem clastos de mesma rocha.

Limonita

A limonita é composta de óxidos de ferro precipitados, que formam nódulos. Também denominada concreção ferruginosa, apresenta-se normalmente de forma porosa.

Em certos locais do Brasil, a limonita é utilizada como material de construção de alvenarias. Dependendo das características tecnológicas, também pode ser utilizada como lastro ferroviário, já tendo sido realizada pesquisa neste sentido em regiões do Nordeste.

Noções de geologia geral e aplicada

Calcários

São sedimentos formados a partir da deposição da calcita ou de carbonato de cálcio ($CaCO_3$), com características básicas em solução aquosa. Os calcários normalmente possuem origem marinha, podendo apresentar fósseis de carapaças, conchas e esqueletos de organismos.

Os ambientes deposicionais do calcário são predominantemente marinhos de águas rasas, quentes e transparentes. Com a morte dos organismos (algas calcárias, conchas de moluscos, foraminíferos, protozoários, equinodermas e briozoários), suas carapaças e conchas vão se depositando lentamente no local.

Na natureza ocorre grande variedade de calcários: os oolíticos são formados por pequenas partículas arredondadas cimentadas por calcita, e os pisolíticos são formados por partículas arredondadas com cerca de 5 mm de diâmetro e cimentadas por calcita.

As cores dos calcários podem variar de cinza-claro até preto ou quase preto e suas estratificações podem ser claras ou escuras.

Na constituição dos calcários pode haver carbonato de magnésio (dolomita), sendo nesse caso denominado calcário dolomítico. Os calcários reagem fortemente ao ácido clorídrico dissolvido a 10% em água destilada; já os calcários dolomíticos apresentam fraca reação, sendo forte somente no pó.

O cimento Portland é produzido, basicamente, por meio da calcinação entre 1.300 °C e 1.500 °C de uma mistura de calcário e argilas, com adição de determinadas quantidades de gipsita. A cal é obtida pela calcinação, em fornos industriais especiais, do calcário em temperaturas em torno de 900 °C. Sob a ação dessas temperaturas, ocorre a reação: $CaCO_3$ + temperatura $\Rightarrow$ CaO (cal virgem) + CO_2 (gás carbônico). A cal virgem pode trazer problemas na utilização direta em obras, principalmente na hidratação, podendo provocar acidentes com queimaduras. Atualmente, o mercado da construção comercializa somente a cal hidratada, que já vem pronta em sacas. Para a obtenção da cal hidratada, na indústria, procede-se da seguinte forma: CaO (cal virgem) + H_2O (água) $\Rightarrow$ $Ca(OH)_2$ (cal hidratada).

Dolomitas

São rochas formadas basicamente por carbonato de magnésio $CaMg(CO_3)_2$. Suas cores variam de claras a cinza, geralmente com pequenos cristais brilhantes. Reagem fracamente a ácido clorídrico dissolvido a 10% em água destilada, sendo nítida a reação no pó.

As dolomitas podem ocorrer também em rochas metamórficas, como mármores dolomíticos.

São muito utilizadas na construção civil como rochas de revestimento, em condições naturais ou polidas em placas. Também são empregadas na fabricação de mobiliários, como tampos de mesas, ou como rocha ornamental.

Coquinas

São sedimentos geralmente marinhos, formados por conchas cimentadas por carbonatos ou sílica. A formação dessas rochas se dá em locais de águas rasas e quentes, associadas a bancos de corais. As coquinas formam grandes depósitos e, dependendo das características tecnológicas, podem ser utilizadas como rocha para a construção de alvenarias e pavimentação.

Sílex e ágatas

São sedimentos químicos formados por quartzo microcristalino. Trata-se de rochas bem compactas, macias ao tato e de superfície lisa, que ocorrem em forma de nódulos ou camadas no interior de outras rochas.

O sílex, também genericamente denominado calcedônia, e a ágata distinguem-se pelo fato de que a última apresenta estratificação, enquanto o sílex possui superfície de cor aproximadamente uniforme e sem estratificação aparente. São encontrados em cascalheiras depositadas por cursos d'água e apresentam-se na forma de seixos rolados.

Na construção civil, são utilizados na forma de pedregulhos, juntamente com partículas de quartzo, como agregados para concretos ou rocha ornamental.

1.4.3 Intemperismo

O intemperismo ou meteorização das rochas faz parte da dinâmica externa da Terra, principalmente sob a ação da água e da variação de temperatura, podendo ocorrer rápida ou lentamente. Constitui o conjunto de processos que agem na superfície ou próximo da superfície terrestre, ocasionando fragmentação e decomposição dos minerais constituintes das rochas. As alterações físicas ou químicas sofridas pelas rochas ocorrem nas zonas entre a litosfera, a atmosfera e a biosfera. Os principais agentes do intemperismo são os físicos e os químicos, que atacam os minerais, fragmentando-os e/ou decompondo-os em novos minerais. Os produtos finais do intemperismo são os solos, podendo ser residuais ou sedimentares.

O clima de cada região, em função da latitude ou da altitude, produz com mais intensidade um ou outro tipo de intemperismo. Uma rocha exposta na superfície em um local de clima frio resulta, após determinado período, em um produto final (solo) diferente da mesma rocha exposta em um local de clima tropical e úmido.

Noções de geologia geral e aplicada

São diversos os fenômenos que atuam em correlação com os agentes intempéricos. Podem-se citar os fenômenos físicos, químicos, biológicos e físico-químicos. Esses fenômenos podem agir juntos ou separadamente, dependendo das condições climáticas.

Os conhecimentos sobre os agentes intempéricos e sobre o intemperismo das rochas são muito importantes para o engenheiro civil, pois, analisando um maciço rochoso ou terroso, podem-se estimar o grau de alteração da rocha ou a origem do solo, para identificação e correlação do comportamento geotécnico desses materiais em construções. Outra informação importante é quando da exploração de materiais naturais utilizados na construção, como, por exemplo, rocha britada como agregados graúdos para concretos. Dependendo do estado de alteração química, ocorrem grandes variações na resistência mecânica, sendo muitas vezes imperceptíveis a olho nu e vindo a influir na resistência final do concreto.

1.4.3.1 Intemperismo físico

O intemperismo físico ou mecânico é provocado por agentes que atuam sobre as rochas e seus minerais, provocando fragmentação e desagregação, sem alteração química. Esse tipo de intemperismo ocorre com maior frequência em regiões de clima frio e seco, como as regiões polares, ou em desertos quentes e secos. O produto final é o acúmulo de fragmentos grosseiros, geralmente angulosos, em virtude da falta de agente transportador, como a água.

Como principais agentes do intemperismo físico, há a variação de temperatura, o congelamento da água, a cristalização de sais e as atividades dos seres vivos.

Variação de temperatura

A variação diuturna da temperatura, isto é, o calor do sol durante o dia e a queda de temperatura à noite, provoca a expansão e a retração das rochas e de seus minerais. Com o passar do tempo, ocorre a fadiga dos minerais e suas ligações começam a soltar-se, provocando o microfraturamento e a desagregação das rochas.

Em regiões de clima de deserto, ocorrem muitas vezes temperaturas elevadas (em torno de 55 °C) durante o dia, que podem cair até perto de 0 °C à noite. Isso provoca o fraturamento, inicialmente dos blocos maiores e, com o passar do tempo, dos blocos menores. Testes realizados em laboratório com amostras de granito não comprovaram com eficácia o fraturamento pela variação de temperatura. Isso, provavelmente, em razão do problema dimensional das amostras.

Congelamento da água

Em regiões de clima temperado, com verões quentes e invernos frios, a água em forma líquida no verão penetra as fraturas existentes nas rochas. No inverno, com o congelamento da água na temperatura próxima de 0 °C, o gelo expande-se em 10% do volume, o que aplica nas paredes das fissuras da rocha tensões de tração, aumentando o comprimento e a espessura da fratura (Figura 1.26).

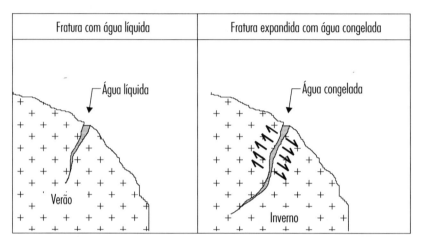

Figura 1.26. Esquema do fraturamento das rochas pelo congelamento da água.

Portanto, a cada ano que passa, essas fissuras aumentam em espessura e comprimento, chegando a romper todo um bloco de rocha. Apesar de ser provocado pela água, esse tipo de intemperismo não é químico, mas puramente físico.

Cristalização de sais

O crescimento de cristais de sais, como carbonatos ou sulfatos, nas fraturas das rochas produz tensões internas que induzem tensões de tração no interior da rocha, aumentando a espessura e o comprimento das fraturas.

Ação dos organismos vivos

Os organismos vivos, principalmente os vegetais, quando encontram uma fratura na rocha, penetram as raízes em busca de nutrientes. As raízes produzem certas substâncias químicas que reagem com alguns minerais, gerando o alimento para a planta, e provocam a abertura das fraturas pelo crescimento das raízes (Figura 1.27).

Noções de geologia geral e aplicada

Figura 1.27. Crescimento de raízes em fraturas de rochas basálticas.

Esse tipo de intemperismo é misto, pois o crescimento diametral das raízes induz tensões de tração na rocha e as reações químicas processadas pelas raízes decompõem os minerais da rocha, transformando-os em novos componentes.

Alívio de pressão

Um tipo de intemperismo físico que ocorre em regiões sujeitas a dobramentos e levantamentos (soerguimentos) de camadas de rochas profundas é o provocado pelo alívio de pressões.

Quando a rocha atinge as proximidades da superfície, ocorre a expansão pelo desconfinamento, produzindo microfissuras no maciço. Essas fissuras dão início à fragmentação física da rocha, sendo o processo acelerado pelos agentes químicos. Um exemplo desse tipo de fraturamento são as juntas de alívio em domos de diabásios, que ao atingir a superfície sofrem diminuição das pressões, resultando em esfoliações esferoidais.

O fraturamento das rochas também ocorre pela ação do tectonismo, isto é, pela movimentação lenta das placas da crosta terrestre, induzindo tensões nos maciços e fissurando e fragmentando as rochas.

1.4.3.2 Intemperismo químico

Os minerais das rochas magmáticas e metamórficas que se formaram em altas temperaturas e pressão são quimicamente instáveis quando expostos a baixas temperaturas e pressão na superfície da crosta terrestre. Esses minerais reagem com o meio ambiente, formando novos minerais.

O principal agente que produz o intemperismo químico é a água na forma líquida, que possui minerais dissolvidos que reagem quimicamente com os minerais das rochas. Além disso, a água pode ter pH ligeiramente ácido em decorrência do gás carbônico incorporado durante a precipitação atmosférica e do ácido húmico ao infiltrar-se através do solo.

Os agentes do intemperismo químico agem com maior intensidade em regiões de clima tropical úmido, onde ocorre intensa precipitação atmosférica e temperaturas relativamente altas. Isso se dá principalmente em rochas magmáticas, como basaltos com textura microcristalinas, em razão do resfriamento e da consolidação relativamente rápidos.

Alguns tipos de basaltos, quando extraídos da pedreira, apresentam-se de forma aparente, como rocha sã. Esses tipos de basaltos britados, quando expostos ao meio, em pouco tempo passam a sofrer intenso intemperismo químico.

Como principais agentes do intemperismo químico, podem-se citar: hidrólise, hidratação, oxidação, carbonatação e atividade química biológica dos micro-organismos.

Hidrólise

A hidrólise e a hidratação são dois agentes intimamente ligados. A água, ao infiltrar no solo, em contato com matéria orgânica, pode tornar-se ligeiramente ácida e aumentar a concentração de sais. Ao penetrar nas microfraturas das rochas, provoca reações químicas com os minerais, resultando na formação de novos produtos. A presença do gás carbônico incorporado pela água aumenta a concentração de íons de hidrogênio, reforçando a ação hidrolítica da água e processando silicatos complexos, como: Ca, Mg, Al, Fe, K, feldspatos etc.

Exemplo de hidrólise do feldspato potássico:

$$2KAlSi_3O_8 \;+\; 11H_2O \;\rightarrow\; 2K^{1+} \;+\; Al_2Si_2O_5(OH)_4 \;+\; 4H_4SiO_4$$

| feldspato potássico | água | íons de potássio | caulinita | sílica |

Como produto final, tem-se a caulinita, que é um argilomineral (caulim) de cor clara, e a sílica (quartzo).

Hidratação

Pela hidratação, a água é aderida na superfície ou incorporada, passando a fazer parte da estrutura cristalina do mineral. A hidratação pela ação da água provoca nos minerais, principalmente nos feldspatos, expansão com aumento de volume, causando tensões internas que deslocam e fraturam outros minerais.

Oxidação

O ferro é um mineral comum na constituição das rochas, incluindo biotita, augita e hornblenda. Quando um desses minerais sofre reações químicas e é intemperizado, o ferro é liberado e rapidamente oxidado de Fe^{2+} para Fe^{3+} na presença de oxigênio.

Os resultados da oxidação produzem minerais amarelados ou avermelhados, como a goetita, por meio da combinação de oxidação e hidratação, com a incorporação da água na estrutura cristalina.

Exemplo de oxidação do ferro (Fe^{2+}) óxido para formar a goetita:

$$4FeO + 2H_2O + O_2 \rightarrow 4FeO(OH)$$
óxido de ferro   água   oxigênio   goetita

A goetita é um óxido de ferro hidratado, que se apresenta na natureza em várias cores e tonalidades, desde cinza, amarelo, vermelho, até preto. Triturada na forma de pó, é utilizada como pigmento na fabricação de algumas tintas.

A cor avermelhada ou marrom dos solos oriundos de basaltos (terra roxa) deve-se aos minerais de ferro existentes nessas rochas, oxidados pelo intemperismo químico (Figura 1.28).

Figura 1.28. Solo residual de cor avermelhada contendo "matacões" (blocos de rocha), oriundo do intemperismo de basaltos (terra roxa), interior do estado de São Paulo.

Carbonatação

É a reação da água ligeiramente ácida, em decorrência da incorporação de gás carbônico e ácido húmico do solo, a minerais de carbonato de cálcio ou magnésio. Nessas condições, ocorre a dissolução dos carbonatos, formando no interior da rocha vazios que, com o aumento, resultam em cavernas subterrâneas.

A precipitação dos carbonatos dissolvidos na água, que penetram pelas fraturas da rocha e gotejam através dos tetos das cavernas, forma as estruturas denominadas estalactites e estalagmites.

Exemplo de dissolução de carbonatos por ácido carbônico:

$$CaCO_3 \quad + \quad H_2CO_3 \quad \rightarrow \quad Ca^{2+} \quad + \quad 2(HCO_3)^{1-}$$

carbonato de cálcio   ácido carbônico   íon de cálcio   íons de bicarbonato

Atividade química biológica dos micro-organismos

A atuação de micro-organismos, principalmente bactérias no solo, interfere na decomposição das rochas. Atuam também fungos, líquens e musgos. Todos esses seres produzem gás carbônico, nitratos e ácidos orgânicos como produto do metabolismo. Esses produtos infiltram-se no solo, atingindo as rochas, produzindo reações químicas e decompondo seus minerais.

1.4.3.3 *Principais fatores que influenciam o intemperismo*

Os principais fatores que influenciam os agentes intempéricos são: tipo de rocha e minerais, topografia do terreno (gradiente dos taludes naturais) e clima.

Tipo de rocha e estrutura

Os minerais que compõem uma rocha reagem de forma diferente aos agentes intempéricos. O quartzo, por exemplo, é um mineral muito resistente aos ataques químicos, não se decompondo na natureza. Ele sofre somente a ação do fraturamento em razão da abrasão sofrida pelo transporte em meio aquoso ou pelo ar, quando as partículas chocam-se e atritam com outra rocha ou outras partículas. Nessas condições, vai diminuindo de tamanho até atingir a fração de areia fina ou silte, estabilizando em decorrência da diminuição do atrito pela ação da gravidade.

A estrutura da rocha também influencia em maior ou menor intensidade do intemperismo. Rochas microfraturadas fazem com que a água saturada de minerais penetre entre as fraturas, provocando o ataque químico ou precipitando minerais.

Quanto mais intenso o fraturamento, maior é a velocidade de ataque (Figura 1.29), em virtude de maior superfície específica e maior área de contato entre o agente e os minerais.

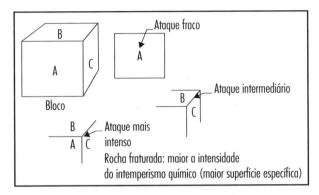

Figura 1.29. Esquema mostrando o fraturamento e a superfície específica de um elemento.

O ataque ocorre com maior intensidade no encontro de três superfícies (pontas), com média intensidade no encontro de duas superfícies (quinas) e em menor intensidade sobre uma superfície (face).

Nessas condições, blocos que eram aproximadamente cúbicos passam a ter forma arredondada. Esse tipo de ocorrência é comum em maciços de basaltos e granitos próximos da superfície e sob a ação do intemperismo (Figura 1.30).

Figura 1.30. Esfoliação esferoidal em granitos produzindo blocos aproximadamente arredondados, litoral do estado de São Paulo.

Especial cuidado deve ser tomado com taludes naturais, formados por maciços rochosos fraturados, com intenso intemperismo, gerando como produto final blocos arredondados que, em razão da erosão superficial, ficam expostos próximos da superfície, podendo sofrer desprendimento e rolar encosta abaixo.

Rochas metamórficas ou sedimentares com fortes descontinuidades na direção do talude natural, pela ação dos agentes intempéricos, podem tornar-se instáveis e sofrer escorregamentos aproximadamente planares.

Taludes naturais

As superfícies inclinadas favorecem, pela ação da gravidade, a desagregação e o transporte de blocos ou partículas encosta abaixo. Formados nas bases das encostas, esses depósitos são constituídos, predominantemente, de fragmentos com espaços (vazios) entre blocos e partículas de rochas, por onde a água penetra, saturando o maciço e intemperizando os minerais. Esses sedimentos grossos e inconsolidados, nas bases das encostas, constituem-se em depósitos de tálus.

Quanto maior a declividade da superfície natural, mais intenso é esse processo, podendo em certos casos gerar problemas em obras de engenharia civil, como estradas, principalmente onde ocorrem blocos (matacões) isolados ou em conjuntos, apoiados sobre encostas que dão continuidade a taludes viários. Outro problema é a ocorrência de blocos relativamente grandes, nas superfícies de depósitos de tálus, próximos de regiões habitadas, que, em épocas de maior precipitação, podem desprender-se e rolar, atingindo construções. Esse tipo de problema é comum em áreas de risco geológico e geotécnico, pois podem causar sérios acidentes.

Clima

Em regiões de clima quente e úmido, como nas proximidades do Equador, a água na forma líquida saturada de sais, em contato com os minerais, produz reações físico-químicas, transformando os minerais com maior intensidade que em climas temperados ou frios. Além disso, ocorre a variação de temperatura diuturnamente, fragmentando as rochas. Portanto, os agentes atuam de forma conjunta (físicos e químicos), resultando como produto final em solos bem decompostos. Essas camadas de materiais intemperizados, em clima tropical úmido, podem atingir até 100 m de espessura.

Em regiões de clima frio, a água normalmente ocorre na forma sólida (gelo) e não interage quimicamente com os minerais, produzindo somente a fragmentação pelo atrito do gelo com as rochas (movimento das geleiras) e transportando os fragmentos. Nessas regiões, o clima também é seco por conta das baixas temperaturas. Os materiais resultantes são depósitos de fragmentos angulosos e estriados, quase sem alteração química, pelo curto transporte e pelo atrito com o gelo.

Em regiões de desertos secos, a variação diuturna da temperatura produz a fragmentação dos blocos de rocha, permanecendo os depósitos no sopé de encostas, formados por fragmentos angulosos e com pouca ou quase nenhuma alteração química.

Portanto, um mesmo tipo de rocha, em climas diferentes, resulta em produtos finais diferentes (solos) após um determinado período de tempo.

1.4.3.4 Intemperismo e formação dos solos

Os solos que ocorrem na superfície da crosta terrestre são os produtos finais dos agentes intempéricos sobre os minerais das rochas. A ciência que trata da origem e da formação dos solos é a pedologia, principalmente para fins agrícolas. Para a engenharia civil interessa, além da gênese, também o comportamento físico dos solos, que é tratado pela mecânica dos solos.

Os solos são formados basicamente por três fases: sólida (partículas de quartzo e outros minerais), líquida (normalmente a água) e gasosa (ar ou gases). As composições dos solos dependem das rochas e dos minerais que deram origem a eles. Conforme a origem, há solos residuais ou solos sedimentares, e estes últimos antigamente eram denominados solos "transportados".

Solos residuais

Também denominados autóctones, são solos resultantes da fragmentação e da decomposição das rochas *in loco*, sem ocorrer a desagregação e o transporte. Os solos residuais mantêm as mesmas estruturas originais da rocha matriz (rocha que lhes deu origem), como fraturamentos, estrias etc., denominadas estruturas reliquiares. Portanto, o comportamento mecânico de um solo residual está ligado, além da composição mineralógica, também à compartimentação geológica do maciço rochoso que deu origem a ele, pois essas estruturas interferem na permeabilidade e na resistência ao cisalhamento do maciço como um todo (Figura 1.31).

Figura 1.31. Perfil de solo residual de basalto, notando-se (a) a parte mais profunda com a rocha decomposta, apresentando estruturas reliquiares, e (b) a parte superior com o solo de cobertura com matacões e vegetação.

Analisando, de forma geral, o perfil de um solo residual, obtêm-se as seguintes zonas: (1) solo superficial orgânico, (2) solo de decomposição da rocha, (3) solo com matacões, (4) rocha alterada e rocha sã (Figura 1.32). À rocha decomposta, dá-se o nome de saprolito (rocha podre), preferindo alguns autores a denominação saibro.

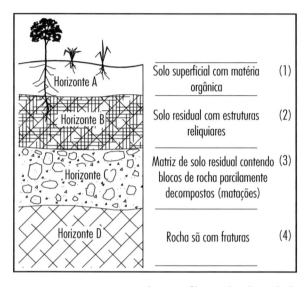

Figura 1.32. Esquema mostrando um perfil típico de solo residual.

A Figura 1.32 apresenta um perfil esquemático, representando um perfil médio de solo residual em clima tropical úmido, principalmente em rochas magmáticas ou metamórficas. As separações entre os horizontes na natureza não se apresentam de forma tão nítida quanto no esquema, mostrando uma transição gradual, em consequência da ação dos agentes intempéricos. As espessuras dos horizontes também são muito variáveis, desde centímetros até muitos metros.

O horizonte A, mais superficial, está sujeito à ação direta do clima, dos vegetais e dos animais, sendo geralmente fofo e apresentando matéria orgânica e vida bacteriana. Quando se executam obras na superfície do terreno, como aterros, fundações diretas tipo *radier* ou pavimentos urbanos, de rodovias ou aeroportos, essa camada tem de ser retirada, pois possui baixa capacidade de suporte e grande deformabilidade. Esse material normalmente é retirado e armazenado para ser recolocado em locais de solos escavados, servindo como suporte das futuras plantas.

O horizonte B é formado pela rocha decomposta *in loco* (saprolito), mantendo suas estruturas reliquiares, isto é, planos de fraturamentos, juntas, diáclases etc. Nos climas úmidos, depositam-se nesse horizonte, por precipitação, sesquióxidos (óxido que contém três átomos de oxigênio com dois átomos de outro elemento) em argilas, formando complexos com alumínio (Al_2O_3) e ferro (Fe_2O_3).

Noções de geologia geral e aplicada

O comportamento desse horizonte é diferente daquele de um solo sedimentar, pois as estruturas mantidas da rocha matriz, que podem estar preenchidas com materiais com maior deformabilidade, influenciam diretamente o comportamento mecânico do maciço. Essas descontinuidades, além de interferir no comportamento estrutural, também definem o caminho preferencial da água. Quando expostos em taludes, a água percolada pelas fraturas dissolve e transporta partículas do antigo material de preenchimento, tornando os blocos reliquiares instáveis.

Em obras de engenharia civil em solos residuais, o profissional deve estar atento a essas peculiaridades, não considerando somente os resultados de ensaios laboratoriais, que mostram valores pontuais e não o comportamento global do maciço. Nesses casos, ensaios *in situ*, principalmente com ferramentas modernas, como o piezocone (CPTU), e análises laboratoriais em amostras indeformadas têm mostrado novas soluções, principalmente para projetos de taludes ou fundações em solos residuais.

Muitos trabalhos têm sido publicados sobre esse assunto, podendo ser encontrados nos anais dos congressos brasileiros sobre mecânica dos solos e engenharia geotécnica, realizados pela Associação Brasileira de Mecânica dos Solos e Engenharia Geotécnica (ABMS). Pode-se citar também, para consulta, o capítulo cinco ("Propriedades dos solos residuais") de Souza Pinto et al. (1993), presente no livro *Solos do interior do estado de São Paulo* (FERREIRA; NEGRO JR.; ALBIERO; CINTRA, 1993), editado pela ABMS e pelo Departamento de Geotecnia da Escola de Engenharia de São Carlos.

O horizonte C possui uma matriz de solo residual, com as estruturas da rocha, e blocos de rocha semidecompostos, isto é, alterados na superfície e ainda intactos no interior. Dependendo do tipo de rocha de origem, esse horizonte pode ser confundido com o horizonte B, principalmente em rochas metamórficas com intensa xistosidade.

Quando, por meio de sondagens de simples reconhecimento, encontra-se esse horizonte, deve-se estar atento aos valores obtidos, pois, ao atingir um bloco de rocha, o amostrador à percussão poderá fornecer valores altos de resistência à penetração (impenetrável), o que pode confundir, considerando que aquela cota já possui capacidade suficiente para os esforços aplicados, e não corresponder ao comportamento real do maciço. Nesses casos, dependendo dos esforços que serão aplicados pela obra, deve-se parar a sondagem à percussão e continuar com sondagem rotativa até atravessar o bloco, continuando até encontrar a rocha que ofereça suporte suficiente, para a definição da cota final da sondagem.

Do ponto de vista geotécnico, esse horizonte é bastante complexo, pois é formado por solo residual e blocos de rocha, não se enquadrando corretamente nos princípios da mecânica dos solos nem da mecânica das rochas.

O horizonte D é formado pela rocha sã com as estruturas originais, como as fraturas. O maciço constitui-se de blocos angulosos encaixados entre si por causa de alívios de tensões sofridos durante a consolidação ou ao longo do tempo, por movimentos tectônicos. Essas fraturas podem ter espessuras microscópicas (microfraturas) ou na ordem de alguns milímetros ou centímetros. Podem estar preenchidas parcial ou totalmente por cristais ou por materiais oriundos da decomposição da própria rocha ou transportado pela água. Dependendo da abertura e dos materiais de preenchimento das fraturas, o maciço pode possuir um comportamento mecânico variável.

Essas fraturas são normalmente um caminho preferencial da água subterrânea, e em casos como fundações de barragens, ocorre a fuga da água pelo maciço da base; em fundações de edifícios ou pontes, ocorre o deslocamento dos blocos e consequentes recalques; em túneis, quando se atingem essas descontinuidades, a água flui sob pressão para o interior da escavação. Pode-se melhorar o comportamento mecânico e hidráulico do maciço por meio da injeção de argamassas de preenchimento e vedação.

Os horizontes B e C são denominados em conjunto de manto de intemperismo. Estudos realizados e experiências em obras, no estado de São Paulo, têm demonstrado valores de espessura dessas camadas para basaltos e granitos variando de 20 m a 25 m; para gnaisses e xistos micáceos, de 30 m a 45 m; e para arenitos de 30 m a 45 m. Em alguns locais de clima tropical úmido, como na América Central, podem ser encontrados valores de até 100 m de espessura.

Solos sedimentares

Os solos sedimentares, também denominados alóctones, apresentam grande variedade de tipos, considerando-se as rochas e seus minerais de origem, o tipo de transporte e a deposição. Podem variar desde argilas e siltes até areias e pedregulhos ou misturas desses materiais, possuindo as denominações coluvionares (transportados pela ação da gravidade), aluvionares (transportados pela ação das águas correntes), glaciais (transportados pela ação de geleiras) e eólicos (transportados pela ação do vento).

Os solos sedimentares podem ser classificados conforme a origem, de acordo com as rochas sedimentares clásticas. É possível considerar a granulometria, a forma das partículas e a mineralogia.

De acordo com a ABNT NBR 6502, os solos e as rochas, quanto à granulometria, podem variar desde argilas e siltes até areias, pedregulhos, pedras de mão e matacão, ou misturas desses materiais (Tabela 1.4).

Noções de geologia geral e aplicada

Tabela 1.4. Faixas granulométricas e nomenclatura dos solos e blocos de rocha.

Designação	Diâmetros (ϕ) (mm)
Matacão	1.000 a 200
Pedra de mão	200 a 60
Pedregulho grosso	60 a 20
Pedregulho médio	20 a 6
Pedregulho fino	6 a 2
Areia grossa	2 a 0,6
Areia média	0,6 a 0,2
Areia fina	0,2 a 0,06
Silte	0,06 a 0,002
Argila	Menores que 0,002

Pode-se ter um material puro ou a combinação de dois ou mais materiais, conforme as designações da ABNT NBR 6502.

Quanto à distribuição granulométrica, de um modo geral, os solos podem ser: muito bem uniformes, bem uniformes, moderadamente uniformes, pouco uniformes, muito pouco uniformes e desuniformes (Figura 1.33).

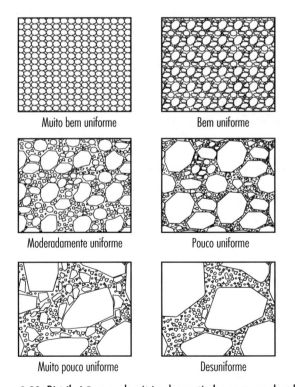

Figura 1.33. Distribuição granulométrica das partículas na massa de solo.

Mecanicamente moldadas por abrasão em transporte pela água, pelo ar ou pela gravidade, as partículas podem apresentar diversas formas, sendo as mais usuais denominadas angular, subangular, subarredondadas e arredondadas (Figura 1.34).

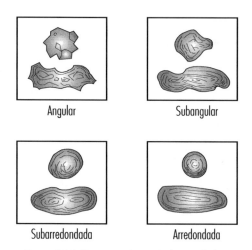

Figura 1.34. Formas mais usuais das partículas.

Já quanto à mineralogia, os solos possuem partículas nas granulometrias de areias e siltes, geralmente compostas de quartzo (SiO_2), pois o quartzo possui uma estabilidade química elevada, resistindo ao intemperismo químico. Suas partículas vão se fragmentando até atingir essas dimensões. Podem ocorrer também outros minerais, como calcedônia, opala, óxido de ferro, carbonato, nitrato, potássio, mica etc. Os argilominerais podem ser de diversos tipos, conferindo aos solos as propriedades de plasticidade e expansibilidade.

As classificações dos solos e suas propriedades físicas são estudadas em mecânica dos solos, principalmente em ensaios de laboratório.

Solos colapsíveis

São solos arenosos porosos não saturados que ocorrem, em grande parte, na faixa tropical do globo. No Brasil, atingem grandes extensões, envolvendo boa parte do estado de São Paulo e de outros estados brasileiros.

A estrutura desses solos é formada por partículas de areias e siltes, cimentadas nas proximidades dos contatos por argilominerais, óxidos, sílicas, carbonatos ou outros minerais, com espaços vazios relativamente grandes entre as partículas.

Os materiais finos que preenchiam parte dos vazios foram, ao longo do tempo, lixiviados e transportados pelo fluxo descendente da água de percolação para camadas mais profundas.

O fenômeno da colapsividade ocorre pela destruição da estrutura formada pelas partículas do solo, sob ação da água e de tensões adicionais sobre o esqueleto sólido. Esse fenômeno é estudado em ensaios de compressão edométrica, principalmente para fundações superficiais.

Nos solos colapsíveis não saturados, a tensão superficial e de aderência da água aplicada nas partículas (meniscos capilares) produz uma coesão aparente, denominada tensão de sucção, também chamada membrana contráctil na interface água-ar (Figura 1.35). A tensão de sucção pode ser determinada em laboratório, utilizando-se várias metodologias de ensaios para estimar a sucção total, matricial e osmótica.

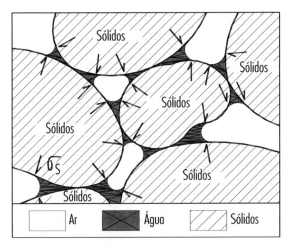

Figura 1.35. Esquema das partículas de solos não saturados com tensão de sucção.

Nas condições em que se encontram na natureza, sem carregamentos adicionais, essas estruturas internas do solo não rompem, mesmo em condições de saturação de água, graças ao equilíbrio natural existente entre as tensões efetivas máximas já submetidas, resultantes da coluna de solo e da poro-pressão da água, durante todo o tempo de formação e permanência desses solos. Isso significa que o colapso que tinha de ocorrer naturalmente já ocorreu, portanto, somente volta a ser ativado se houver tensões adicionais.

A sucção provoca maior tensão efetiva de contato entre as partículas, o que, com a cimentação, geralmente por argilominerais, faz com que o solo mantenha-se relativamente estável sob determinadas solicitações. A coesão é também denominada aparente, pois, quando uma areia pura estiver totalmente seca ou saturada, ocorre a perda dessa coesão.

Quando esses solos são submetidos a elevadas precipitações atmosféricas ou infiltrações de água no terreno, ocorre a saturação. Com o preenchimento dos vazios entre as partículas pela água, os meniscos capilares são eliminados, diminuindo as tensões efetivas entre as partículas.

Em decorrência da saturação e da diminuição das tensões efetivas, os solos deveriam expandir-se, no entanto, a resistência da cimentação entre as partículas diminui, provocando, por conta de tensões adicionais, a quebra da estrutura, com deslizamentos de partículas, ocupando os vazios existentes entre elas. O novo rearranjo das partículas resulta em diminuição volumétrica do solo e, consequentemente, recalques nas estruturas diretamente apoiadas ou embutidas no terreno, como fundações (Figura 1.36).

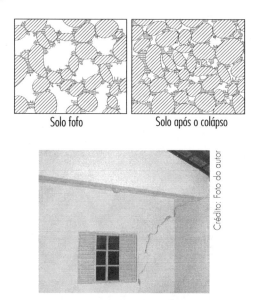

Figura 1.36. Esquema da quebra da estrutura do solo por conta do enfraquecimento das ligações entre as partículas pela água (fenômeno da colapsividade) com diminuição do volume, resultando em recalques e trincas em construções.

Esse tipo de solo tem provocado vários problemas em obras, como fundações, aterros, barragens e estabilidade de taludes. Como exemplo, cita-se um problema muito comum na prática da engenharia civil, que é a construção de aterros em terrenos urbanos, provocando trincas em construções vizinhas. Normalmente, no caso de terreno com inclinação partindo da via pública para os fundos, procura-se aterrá-lo para a construção de uma obra. Nessas condições, o solo da base do aterro passa a ficar sob um estado de tensão maior do que antes do aterro, com o relevo original.

Considerando, por exemplo, um aterro iniciando na linha de frente do terreno com altura zero e 2 m de altura na divisa dos fundos. Para solo com teor de umidade alto (próximo da saturação), o peso específico é em torno de 20 kN/m³. Nessas condições, a camada de solo com 2 m vai aplicar sobre o terreno uma tensão vertical de 40 kN/m². Sendo solo colapsível, vão ocorrer recalques no terreno natural, com o maior valor na superfície até atingir um valor zero em determinada profundidade.

Em decorrência do comportamento elastoplástico da maioria dos solos, o recalque é acompanhado de um arqueamento em forma de uma depressão no entorno do terreno, com maiores valores onde a coluna de solo é maior, atingindo construções vizinhas existentes, tanto nas divisas do terreno como nas proximidades (Figura 1.37).

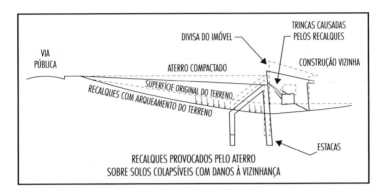

Figura 1.37. Esquema de um tipo de problema comum em construções urbanas: terrenos em solos colapsíveis com inclinação para os fundos e aterrados para a construção.

Esse tipo de problema tem ensejado várias ações judiciais de indenização contra profissionais por danos à vizinhança. Vale lembrar que vizinho de uma construção não é somente aquele na divisa do terreno onde a obra é realizada, mas também aquele nas proximidades e que seja afetado pela nova construção.

Problemas desse tipo podem ocorrer com aterros de pequenas alturas, como 1 m ou 2 m. Como já visto antes e exemplificando novamente, um solo superficial com peso específico seco (γ_d) em torno de 17 kN/m³ e teor de umidade (w) de 30% pode atingir um peso específico saturado (γ_{sat}) em torno de 22 kN/m³. Portanto, nessas condições, um aterro com 1 m de altura aplica sobre a superfície do terreno natural uma tensão vertical de 22 kN/m², valor suficiente, na presença de água, para gerar o colapso da estrutura nesse tipo de solo, próximo da superfície. Isso pode ser constatado por meio de ensaios em laboratório e da prática de obras geotécnicas. O problema pode ser agravado ainda mais caso haja tubulações de água ou esgoto enterradas sob a construção. Estas podem romper-se por conta dos recalques, intensificando as infiltrações e a saturação do solo.

Outro problema, também relativamente comum, é o recalque em fundações, que gera trincas em construções. Esse recalque é provocado por infiltrações resultantes de intensas precipitações ou de vazamentos de tubulações de água ou esgoto (localizadas). Esses problemas têm ocorrido mesmo em fundações profundas por estacas, que não foram dimensionadas considerando os efeitos da colapsividade do solo.

Cuidados especiais devem ser tomados quando do projeto geotécnico e estrutural de fundações rasas, como sapatas isoladas, sapatas corridas ou *radiers*.

O comportamento dos solos colapsíveis no âmbito da engenharia civil tem sido abordado durante as últimas décadas por meio de pesquisas científicas na área e muitas publicações, como livros de mecânica dos solos e fundações e também de anais dos congressos brasileiros e internacionais de mecânica dos solos e engenharia geotécnica, dissertações de mestrado, teses de doutorado e revistas especializadas em geotecnia.

Solos expansivos

Os solos expansivos ocorrem com mais frequência nas regiões tropicais da Terra. Esses tipos de solos são normalmente de constituição argilosa, principalmente com argilominerais de grande expansibilidade, em especial os do grupo das esmectitas.

As esmectitas são filossilicatos que se dividem em dois subgrupos: montmorilonitas $(Mg\ Ca)O.Al_2O_3Si_5O_{10}.nH_2O$, e saponitas $(Mg\ Fe)_3(Si\ Al)_4O_{10}(OH)_2.4H_2O$.

Esses argilominerais apresentam grande expansibilidade na presença de água e, dependendo do teor desses minerais no solo, este se expande, resultando em movimentos laterais e superficiais.

Os solos expansivos têm provocado vários problemas em obras, principalmente em pequenas construções e pavimentos urbanos ou de estradas. A expansão ocorre com a variação de umidade, em consequência da precipitação atmosférica ou de infiltrações de água em razão de vazamentos. Verifica-se, também, que a expansibilidade está relacionada à pressão a que o solo está submetido. Para maiores pressões, a expansão é menor, havendo um determinado valor em que é nula (pressão de equilíbrio). Essa pressão de equilíbrio é denominada pressão de expansão. Nesse caso, quando a pressão de confinamento se reduz, o solo sofre expansão até atingir o equilíbrio.

Um exemplo é o que acontece em taludes de cortes, onde existem na base do talude camadas de solos expansivos. Com o desconfinamento, em virtude da escavação para a execução do corte, e a presença de água, o solo expande-se, formando o que se denomina, na prática, empastilhamento na superfície, vindo com o tempo a descalçar por retroerosão o maciço do talude e provocar escorregamentos.

Os solos expansivos, quando compactados em aterros ou bases de estradas, também apresentam expansões em contato com a água.

Outro comportamento das argilas importante para a mecânica dos solos é a tixotropia. Algumas argilas com certo teor de umidade, quando amolgadas e deixadas em repouso, adquirem consistência e aumento da coesão. Voltando a ser

Noções de geologia geral e aplicada

amassadas com o mesmo teor de umidade, sua resistência cai drasticamente, adquirindo a consistência de um líquido viscoso. Esse comportamento também é denominado sensibilidade das argilas, que pode ser quantificada pelo grau de sensibilidade (S_b), sendo a resistência à compressão indeformada ($S_{indeformada}$) pela resistência à compressão amolgada ($S_{amolgada}$):

$$S_b = \frac{S_{indeformada}}{S_{amolgada}}$$

A ABNT NBR 6502 apresenta uma quantificação para a sensibilidade das argilas. Na Tabela 1.5, estão contidos alguns valores médios considerados.

Tabela 1.5. Classificação da sensibilidade das argilas.

Classificação	Sensibilidade (S_b)
Baixa sensibilidade	1 - 2
Média sensibilidade	2 - 4
Sensíveis	4 - 8
Muito sensíveis	8 - 16
Ultrassensíveis	> 16

O engenheiro civil deve estar atento, em obras geotécnicas e de terraplenagens, quando executar obras em argilas, pois podem ocorrer escorregamentos rápidos, principalmente por vibrações causadas por equipamentos durante a movimentação de terras.

Solos lateríticos

Os solos lateríticos ocorrem nas regiões tropicais da Terra, são muito alterados e formados pela ação dos agentes intempéricos sobre os depósitos em clima tropical úmido. Podem ocorrer tanto em depósitos de solos residuais como em depósitos sedimentares. Os principais fatores da gênese desses solos são a rocha matriz, a ação do clima, a ação de organismos vivos, o relevo e o tempo de permanência.

Nesses solos, os argilominerais são basicamente formados por caulinitas com elevadas concentrações de óxidos e hidróxidos de ferro e alumínio. Apresentam-se nas cores avermelhada ou marrom-avermelhada e geralmente são solos porosos, com grandes vazios entre as partículas.

Os solos lateríticos têm grande importância para a engenharia civil, principalmente na área de pavimentação rodoviária. Isso porque, quando compactados, esses solos apresentam elevada capacidade de suporte, principalmente em razão da diminuição dos vazios (aproximação entre as partículas) e das ligações promovidas pelos argilominerais nas superfícies e nos contatos entre as partículas.

No Brasil, esses solos têm sido muito estudados por engenheiros civis envolvidos com pesquisas, projetos e execução de pavimentos rodoviários ou urbanos.

Nos cursos de engenharia civil, esse assunto é abordado com mais profundidade nas disciplinas obrigatórias de Mecânica dos Solos, Construção de Estradas e Pavimentação, tanto em aulas teóricas como em laboratório. Também faz parte da grade de cursos de pós-graduação em estradas ou geotecnia, na disciplina Pavimentação com Solos Lateríticos.

Solos coesivos

Os solos coesivos são constituídos de argilas ou solos argilosos, em que as partículas de areias e siltes são cimentadas por argilominerais ou outros minerais.

A coesão entre as partículas das argilas, de uma forma simplificada, ocorre em razão da constituição mineralógica e das dimensões das partículas. Partículas menores que 0,002 mm de diâmetro sofrem muito pouco a ação da gravidade, mas sofrem pelo potencial atrativo de natureza molecular ou coloidal, "atraindo uma partícula contra a outra". Pode ocorrer também pela cimentação natural, aglutinando as partículas, ou por causa da tensão capilar na água intersticial, aderindo uma partícula à outra. Na presença de água, as partículas adquirem uma estrutura floculada, distanciando-se entre si e produzindo a expansão das argilas.

As ligações cimentantes das argilas entre as partículas granulares transmitem a esses solos a característica de coesão, isto é, a resistência ao deslocamento entre uma partícula e outra, traduzindo em resistência ao cisalhamento do solo.

A coesão é um dos parâmetros de resistência dos solos argilosos (Figura 1.38) e pode ser obtida, em laboratório, por meio de ensaios de cisalhamento direto ou triaxiais.

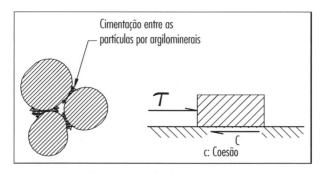

Figura 1.38. Modelos simplificados da resistência à coesão dos solos.

Conforme a Figura 1.38, a coesão funciona como uma "cola" entre as superfícies, de forma que somente ocorrerá o deslizamento tangencial das superfícies quando for rompida essa resistência. Portanto, a coesão é a resistência tangencial oferecida pela "cola" entre as superfícies, e sua unidade é em kN/m². Nessas condições, a coesão independe da tensão normal, pois age somente como ligante entre as partículas.

Solos não coesivos

Os solos não coesivos são puramente granulares, pedregulhos, areias e siltes. As tensões de contato entre as partículas em uma areia seca devem-se ao peso da coluna de areia acima e à forma, às dimensões e à rugosidade das partículas.

Ao despejar lentamente areia seca sobre uma superfície plana, será formado um montículo com determinada inclinação lateral (Figura 1.39). Essa inclinação (ϕ) é denominada ângulo de atrito no repouso das areias e deve-se puramente à resistência ao deslizamento oferecida por cada partícula, em função da tensão de contato e das condições das superfícies de contato.

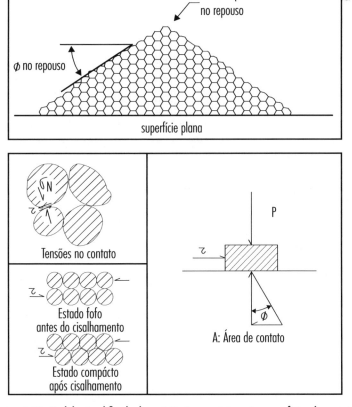

Figura 1.39. Modelo simplificado da resistência por atrito entre superfícies de contato.

Como exemplo, ainda na Figura 1.39, leva-se em conta um elemento sobre uma superfície plana com área (A) de contato. Considerando um esforço normal igual à unidade (P_1), tem-se uma tensão (σ_1) de contato:

$$\sigma_1 = \frac{P_1}{A}$$

Aplicando-se um esforço tangencial unitário (τ_1), tem-se a obliquidade (ϕ_1), resultando na resistência ao deslizamento (σ_1).

Mantendo-se constante o esforço normal e aumentando-se o esforço tangencial, ocorre o deslizamento (cisalhamento) entre as superfícies quando atingir a obliquidade máxima ($\phi_{máx}$). Portanto, a resistência ao deslizamento ou ao cisalhamento das superfícies pode ser expressa por:

$$s_{máx} = \sigma_1 \, tg\phi_{máx}$$

O parâmetro ($\phi_{máx}$) é o ângulo de atrito interno entre as superfícies ou entre as partículas de pedregulhos, areias ou siltes. Quanto maior o esforço normal, maior a tensão de contato e, consequentemente, maior a resistência ao deslizamento.

Verifica-se que a resistência ao deslizamento ou cisalhamento entre as superfícies ou partículas depende somente da rugosidade no contato e que o ângulo de atrito interno é uma constante para cada material, independendo da tensão normal.

A resistência ao cisalhamento, no estado limite de um solo seco (s), pode ser expressa por:

$$s = c + \sigma.tg\phi$$

Sendo:

c: o parâmetro de resistência à coesão;

σ: a tensão normal;

$tg\phi$: o índice de atrito do material (coeficiente de atrito).

Em areias fofas, há uma distribuição hipotética, conforme mostrado na Figura 1.39. Ao ocorrer o cisalhamento, as partículas adquirem nova posição, diminuindo o índice de vazios e, consequentemente, o volume. Em areias compactas, dá-se o contrário: as partículas "sobem" umas nas outras, aumentado o volume inicial.

Noções de geologia geral e aplicada

Considera-se o elemento apoiado na superfície com determinado esforço normal (P) em razão do peso próprio do elemento, dentro de uma caixa e resistindo aos esforços tangenciais (τ) somente por meio do atrito entre as superfícies. Preenchendo a caixa com água até determinada altura (Figura 1.40), o esforço P passa a ser $P_u = P - U$, em que P_u é o peso do elemento aliviado pelo empuxo da água e U é o empuxo em razão do volume de água deslocado.

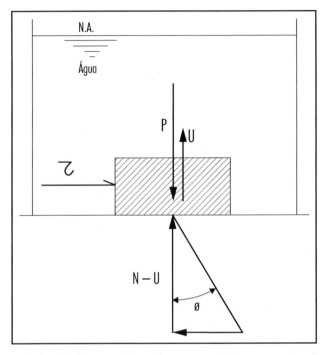

Figura 1.40. Esquema do efeito da diminuição do atrito entre as superfícies em razão da submersão do elemento.

Nessas condições, por conta da diminuição das tensões entre as superfícies de contado do elemento, ocorre a diminuição do atrito e, consequentemente, a diminuição do esforço tangencial para deslocar o elemento. Portanto, a equação da resistência ao cisalhamento passa a ser:

$$s = c + (\sigma - U)\,tg\phi$$

Logo, em um meio granular como os solos, com a elevação do nível de água, ocorre a diminuição das tensões de contato entre as partículas (tensões efetivas) em função dos aumentos das pressões da água (pressões neutras). A resistência ao cisalhamento reduz-se, e a saturação do maciço aumenta o peso específico do solo e, consequentemente, os esforços atuantes de cisalhamento.

Esse conceito é aplicado no cálculo da estabilidade de taludes, considerados como estruturas em equilíbrio, submetidas a esforços atuantes e esforços resistentes. São conceitos elementares que não representam todas as condições reais de solicitações dos solos e dos maciços terrosos. No capítulo 3 (Noções de mecânica dos solos), são apresentadas algumas considerações a mais sobre a resistência ao cisalhamento dos solos.

A resistência ao cisalhamento dos solos é estudada nos cursos de engenharia civil, de forma completa, nas disciplinas obrigatórias de Mecânica dos Solos e Laboratório de Mecânica dos Solos, incluindo teoria e ensaios laboratoriais.

1.4.4 Rochas metamórficas

São rochas que sofreram mudanças em sua estrutura cristalina em virtude da pressão e/ou da temperatura, sem que tenha ocorrido a fusão total dos minerais.

O termo "metamorfismo", o mesmo que transformação, é usado para descrever todo tipo de mudanças na forma e na estrutura física e química de minerais existentes nas rochas por ação direta de temperatura e/ou pressão.

As rochas metamórficas podem originar-se de rochas magmáticas, sedimentares e metamórficas preexistentes. Dependendo do tipo de rochas que deram origem a elas, têm-se: de rochas magmáticas, as ortometamórficas; de rochas sedimentares, as parametamórficas; e de metamórficas, as polimetamórficas.

Essas rochas se formam a grandes profundidades na crosta terrestre, onde a temperatura e a pressão produzem as mudanças. Essas mudanças na estrutura dos minerais ocorrem na forma sólida ou semissólida, sem a fusão total das partículas.

Os principais fatores do metamorfismo são reatividade química, pressão, temperatura, pressão e temperatura e tempo decorrido.

A mudança na forma das partículas é explicada pelo princípio de Riecke (Figura 1.41). Esse princípio considera que, em razão de elevadas tensões em determinada direção, ocorre a dissolução do mineral e a precipitação na direção de menor tensão.

Desse modo, uma partícula aproximadamente arredondada torna-se achatada e alongada, dando origem a foliações ou xistosidades, que são minerais alongados formando "veios", característica das rochas metamórficas.

Noções de geologia geral e aplicada

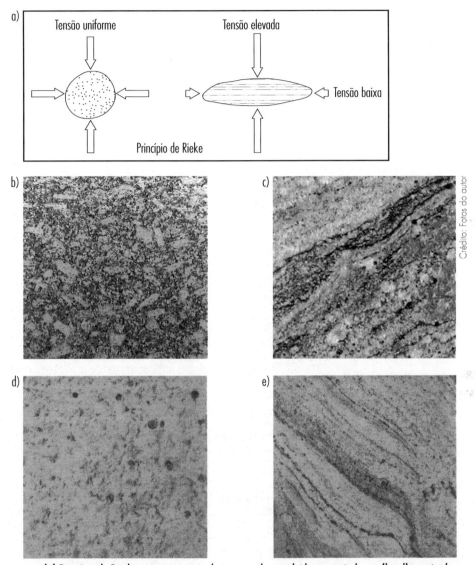

Figura 1.41. (a) Princípio de Riecke e a comparação de texturas desenvolvidas a partir de um (b e d) granito (magmática) constituído de quartzo, feldspato e biotita, com partículas de forma aproximadamente uniformes, para um (c e e) gnaisse (metamórfica) com intensa foliação.

O metamorfismo produz novas estruturas nas rochas com ou sem a mudança da composição química. Essas novas estruturas mudam o comportamento mecânico das rochas, tornando-as fortemente anisotrópicas, isto é, as tensões são diferentes em diferentes direções. Como exemplo, pode-se citar o resultado de um ensaio de compressão simples em um corpo de prova de granito. Em qualquer direção que tenha sido extraída do maciço, a rocha apresenta aproximadamente a mesma resistência.

Com um gnaisse, dependendo da direção, obtêm-se valores diferentes. Por exemplo, na direção perpendicular às foliações, a rocha é mais resistente à ruptura; o mesmo não ocorre nas direções diagonal e paralela às foliações (Figura 1.42).

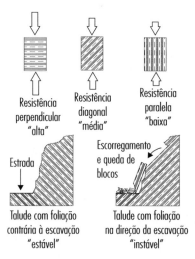

Figura 1.42. Esquemas de anisotropia em rochas metamórficas.

Esse comportamento pode trazer sérios problemas em obras de engenharia civil, principalmente cortes de estradas escavados em rochas metamórficas, em que as foliações apresentam-se com inclinações plano-paralelas na direção do talude (Figura 1.42). Nesses casos, devem ser feitos estudos geológicos e geotécnicos dos maciços, mapeando todas as feições estruturais para o correto dimensionamento dos taludes ou de obras de contenção. Dependendo das condições geológicas e geotécnicas, objetivando a segurança operacional da obra e a economia na manutenção, torna-se mais viável a mudança do traçado da estrada, procurando, nas proximidades, maciços com compartimentação geológica e comportamentos estruturais mais estáveis.

Mesmo em condições em que a foliação apresenta-se contrária à escavação, situação mais estável (Figura 1.42), deve-se verificar a possibilidade de fraturas perpendiculares ou diagonais às foliações, que podem provocar o tombamento de blocos.

Entre um tipo e outro de rochas metamórficas, verificam-se comportamentos muito diferentes. Por exemplo, os mármores, por serem originados a partir de rochas calcárias, apresentam reações a produtos com pH ácido e baixa dureza ao risco, ao passo que os gnaisses, que apresentam as mesmas constituições mineralógicas dos granitos, não reagem facilmente aos ácidos e possuem resistência alta ao risco.

Para aplicação, na construção civil, em pias, lavatórios, revestimentos, e outros locais sujeitos a produtos de limpeza com acidez e pisos sujeitos à abrasão intensa, os mármores devem ser evitados. Gnaisses já oferecem grande resistência à abrasão e a produtos geralmente utilizados para limpeza e higienização.

1.4.4.1 Tipos de metamorfismos

Dependendo do ambiente em que ocorre o metamorfismo, pode-se ter basicamente metamorfismo termal ou de contato, metamorfismo cataclástico ou de pressão, ou metamorfismo dinamotermal (pressão e temperatura).

Metamorfismo termal

Esse metamorfismo envolve recristalização química em resposta às altas temperaturas sofridas pelos minerais. Ocorre nas adjacências de corpos magmáticos que se introduzem em fraturas ou descontinuidades de rochas preexistentes.

Há vários exemplos, no estado de São Paulo e em outros estados, de diques de diabásio penetrando arenitos, granitos ou outras litologias, bem como de derrames de basalto cobrindo arenitos, provocando metamorfismo pelo calor (Figura 1.43).

Figura 1.43. (a) Dique de diabásio penetrando granitos, litoral de Santa Catarina; (b) metamorfismo de contato em razão de derrame de basalto da Formação Serra Geral sobre arenito, proximidades de Araraquara, estado de São Paulo.

Ocorre também a penetração de blocos de rochas em lavas basálticas ainda em fusão, que são "cozidos" pela temperatura. Esses elementos estranhos no interior de uma rocha magmática são denominados xenólitos. O metamorfismo termal ocorre em pequenas áreas, não abrangendo grandes extensões de rochas.

Na foto (b) da Figura 1.43, pode-se observar a região intermediária entre o basalto na parte superior e o arenito na parte inferior. Nessa região, ocorre o arenito metamorfizado termicamente (cozido pela lava do basalto) e é demonstrada ainda a geometria em corte da superfície original. Esse maciço é fortemente anisotrópico, pois possui litologias distintas, fraturadas e intemperizadas ao longo do tempo. Sob a ação da água e da expansibilidade de alguns minerais, ocorre o desprendimento e a queda de blocos.

Metamorfismo cataclástico

A deformação mecânica de uma rocha pode produzir pequenas recristalizações químicas localizadas. Isso acontece quando as rochas, principalmente magmáticas, são submetidas a tensões de cisalhamento, produzindo o deslizamento com forte atrito entre as partículas. Nessas condições, as partículas passam por intensa fragmentação e pulverização, produzindo estrias de atrito nas superfícies.

No metamorfismo cataclástico, os minerais adquirem a forma alongada e foliada em determinada direção, ocorrendo muitas vezes, localmente, em rochas graníticas. Esse tipo de metamorfismo pode também ocorrer em planos de falhas, resultando em um tipo de rocha extremamente estriada denominada milonito.

Quando em furos de sondagens rotativas for encontrado esse tipo de rocha, o engenheiro civil deve ficar atento, pois talvez esteja atravessando um plano de falha em que poderá ocorrer material alterado, percolação de água sob pressão e região de baixa resistência mecânica do maciço.

Metamorfismo dinamotermal

É o tipo que ocorre com maior intensidade e abrange áreas maiores, sendo também denominado metamorfismo regional. Este tipo de metamorfismo envolve grandes áreas com dezenas de milhares de quilômetros quadrados e é o principal tipo que dá origem a gnaisses, xistos, filitos, mármores, itabiritos, quartzitos, quartzitos micáceos, ardósias etc. (Figura 1.44).

Figura 1.44. Rochas metamórficas dinamotermais: (a) gnaisse, (b) ardósias separadas em placas, (c) mármore e (d) quartzitos micáceos.

Noções de geologia geral e aplicada

Esse metamorfismo ocorre associado à formação de grandes cadeias montanhosas, por subducção e colisões de fragmentos das placas continentais, com a produção de dobramentos e falhamentos.

As rochas metamórficas dinamotermais possuem intensas foliações, em razão das elevadas tensões e temperaturas que sofreram durante o processo de transformação. Na natureza, não ocorre uma separação nítida entre uma rocha metamórfica e outra, podendo-se encontrar vários graus de metamorfismos.

Os graus de metamorfismos são classificados em:

- Epimetamórfico: rochas que apresentam baixo metamorfismo, normalmente constituídas de minerais micáceos de granulação fina. São exemplos: ardósias, quartzitos e talco xisto.
- Mesometamórfico: metamorfismo intermediário, com cristais de dimensões visíveis a olho nu, como os xistos micáceos e os xistos filitosos.
- Catametamórfico: caracterizado por intenso metamorfismo, que produz foliação bem característica, com minerais claros e escuros orientados, como quartzo, feldspato e mica. Um exemplo desse tipo de rocha são os gnaisses.
- Ultrametamórfico: rochas altamente metamorfizadas e que sofreram a alteração química de alguns minerais. Essas rochas encontram-se em fase intermediária entre as metamórficas e as magmáticas, isto é, atingiram grandes profundidades e elevadas temperaturas com fusão de alguns minerais. São exemplos dessas rochas os migmatitos.

Os graus de metamorfismo dependem da composição mineralógica, da pressão e da temperatura em que se encontra a rocha no momento em que ocorrem as transformações (Figura 1.45). Os tipos de rochas que ocorrem em profundidade são estimados, em geofísica, com base nas densidades das rochas e nas ondas sísmicas, por meio de medições realizadas quando ocorrem terremotos.

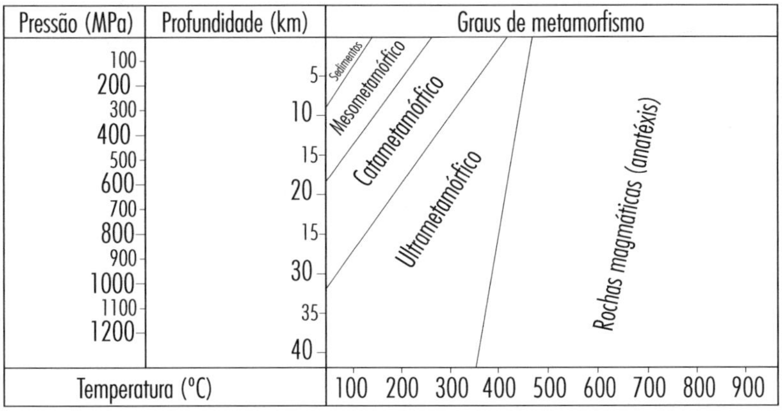

Figura 1.45. Esquema mostrando regiões de pressão e temperatura, com profundidade equivalentes, para a ocorrência dos diversos graus de metamorfismos.

1.4.4.2 Principais rochas metamórficas

Gnaisses

São rochas que apresentam aproximadamente as mesmas composições mineralógicas dos granitos. Possuem foliações planas paralelas ou onduladas, demonstrando graus de metamorfismo intermediário (mesometamorfismo).

Os gnaisses sem alteração possuem dureza alta, principalmente na direção perpendicular às foliações, e alta resistência à abrasão (Figura 1.46).

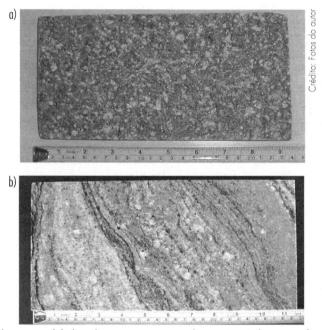

Figura 1.46. Amostras de gnaisses: (a) placa de revestimento sem polimento separado na superfície paralela às foliações e (b) placa polida na superfície perpendicular às foliações.

Por conta das foliações, os gnaisses podem ser facilmente transformados em placas com espessuras em torno de 2 cm, que em seguida são "aparelhadas" (cortadas na forma retangular) para serem utilizadas como revestimentos. Gnaisses que atingiram grandes profundidades e passaram por processos parciais de fusão passam a incorporar partes de granitos formados no processo de anatéxis, constituindo-se de rochas com foliações curvadas e nítidas, com algumas concentrações de material granítico. Essas rochas são denominadas migmatitos.

São largamente utilizados na construção civil como rochas de revestimento, em forma de placas polidas ou naturais. Os gnaisses, normalmente, são comercializados como granitos, pois quando utilizados como material de revestimento suas características são praticamente idênticas, diferenciando somente no aspecto estético.

Noções de geologia geral e aplicada

Nas regiões litorâneas e em outras regiões do Brasil onde ocorrem em abundân-cia, são muito utilizados como agregados graúdos para concretos.

Na construção de estradas e em obras de terraplenagem, ao atravessar um ma-ciço de gnaisse, deve-se ficar atento à direção e à inclinação da foliação em relação aos taludes, pois pode trazer sérios problemas de estabilidade, como deslizamento de placas de rocha. Na abertura de túneis, a atitude (direção e mergulho das folia-ções) do maciço pode influenciar nos esforços aplicados sobre o revestimento.

Ardósias

São rochas de granulações muito finas, com minerais microscópicos, originá-rias principalmente de argilominerais, podendo possuir quartzo nas dimensões de silte, micas, pirita e clorita. Possuem clivagem perfeita em forma de lâminas em uma direção, possibilitando a obtenção de grandes placas. Sua dureza é baixa, sendo riscadas pelo aço, e não reagem ao ácido clorídrico dissolvido a 10% em água desti-lada. Podem ser encontradas na natureza nas cores preta, cinza, cinza-esverdeada, marrom, vermelha e amarela.

No Brasil, as ardósias são muito utilizadas na forma de placas, como rocha de revestimento para pisos e paredes. Podem ser empregadas em condições naturais, com a superfície maior, ou polidas, quando permitem a obtenção de placas finas de até 1 cm de espessura. São utilizadas também na produção de mobiliário, como mesas, bancos, lousas escolares etc.

As ardósias, no passado, foram muito utilizadas na produção de telhas em placas recortadas em diversas formas. Esse tipo de aplicação ainda encontra merca-do no Brasil e em outros países, principalmente para telhados com inclinações ele-vadas, onde as placas são fixadas.

Mármores

Originários de calcários ou dolomitos que sofreram metamorfismo dinamo-termal, possuem cristalização macroscópica em razão da recristalização da calcita. As cores dos mármores são bastante variada, podendo ser encontrados nas cores branca, cinza, rósea, marrom, esverdeada ou preta. Podem ocorrer veios de mica, com clorita e grafite. Apresentam bandeamentos plano-paralelos ou ondulados. Os mármores também podem ou não apresentar foliações visíveis.

Os mármores são utilizados na construção civil desde a Antiguidade. Foram muito usados nas construções e para a produção de estátuas na Grécia antiga, em Roma e em outras grandes cidades do passado. Atualmente, são muito empregados para revestimentos de pisos e paredes, como rocha ornamental, e para a fabricação de mobiliário.

Por serem compostos de carbonatos, os mármores reagem na presença de ácidos, portanto, não devem ser utilizados em locais sujeitos a esses ataques químicos. Outro problema dessa rocha é a baixa dureza ao risco e à abrasão e também o fato de ser riscada pelo aço. Como exemplo, pias de mármores sujeitas a produtos com pH ácido sofrem reações e alterações na coloração e no polimento da superfície, originando problemas estéticos e de durabilidade.

Quartzitos

Rochas metamórficas originadas a partir de arenitos. Por essa razão, contêm grande quantidade de quartzo e baixa quantidade de mica. Na superfície menor, quase não apresentam foliação visível, e sendo formados por placas relativamente espessas. Têm origem em arenitos que sofreram metamorfismos dinamotermais de baixo grau. Possuem dureza alta e, quando atritados com uma lâmina de aço, desprendem um pó áspero ao tato.

Na construção civil, os quartzitos são empregados como rochas de revestimento e ornamentais, em placas ou em blocos. Dependendo das características tecnológicas, podem também ser britados e utilizados como agregados graúdos para concretos ou outras finalidades.

Quartzitos micáceos

Rochas dinamotermais com metamorfismo de grau intermediário. São originários de arenitos e contêm na sua composição quartzo, argila ou mica. As micas são visíveis na superfície maior e apresentam foliações em finas placas orientadas. Podem apresentar estrias de atrito na superfície maior em razão da formação em regiões de dobramentos. Em virtude da grande quantidade de mica, possuem baixo coeficiente de condutibilidade térmica.

Os quartzitos micáceos apresentam-se em várias cores, entre elas prateada, cinza, cinza-escura, esverdeada e marrom. Podem possuir manchas de óxidos de forma ondulada ou dendrítica, parecendo pequenos ramos e folhas de vegetais.

É muito usado no revestimento de pisos e paredes, principalmente em locais expostos ao sol, como pisos próximos de piscinas em residências e clubes, onde atenua o aumento de temperatura por causa do sol, tornando o piso confortável aos usuários. Como revestimento de paredes em ambientes internos e externos, oferece excelentes características visuais e estéticas.

Normalmente, apresenta resistência alta à abrasão por conta das partículas de quartzo. Algumas placas podem apresentar características friáveis, isto é, fácil desagregação de partículas, portanto, devem ser escolhidas antes da aplicação.

Noções de geologia geral e aplicada

Xistos

São rochas de metamorfismo dinamotermal de grau intermediário a alto. Possuem intensa foliação ou xistosidade em forma de finas placas, geralmente onduladas e quebradiças, têm brilho sedoso na superfície maior, em razão de minerais micáceos, e apresentam dureza relativamente baixa, sendo riscados pelo aço.

Xistos mais ricos em mica (micaxistos) possuem lâminas finas e quebradiças e brilho sedoso na superfície maior. Isso confere à rocha excelentes aspectos estéticos quando aplicada em revestimentos de paredes.

É usada como rocha de revestimento em pisos ou paredes, em placas na forma natural, sem polimento, ou como rocha ornamental.

Itacolomitos

São quartzitos micáceos com alto teor de mica e formados por placas plano-paralelas. Por conta da flexibilidade das micas, permitem pequenos dobramentos flexíveis.

Podem ser utilizados como rochas de revestimento de pisos e paredes, devendo-se tomar o cuidado de escolher as placas antes da aplicação, pois podem apresentar-se de forma friável, desprendendo partículas e desagregando.

Itabiritos

Rochas metamórficas com alto teor de minério de ferro acompanhado de óxidos e alguns sulfatos. Apresentam-se nas cores marrom-escura, avermelhada e quase preta, deixando traço marrom ou avermelhado.

Os itabiritos são usados como rocha de revestimento de pisos e paredes. Quando aplicados em ambiente externo, em contato com a água, podem liberar óxido de ferro, com comprometimento estético.

Filitos

Rochas de textura micro a macrocristalina, apresentando-se nas cores prateada, cinza, esverdeada, ou preta. São formados por metamorfismo intermediário e, na superfície maior, apresentam minerais micáceos brilhantes e visíveis a olho nu.

Quando da abertura de cortes de estradas ou obras de terraplenagem em filitos, o engenheiro civil deve estar atento a problemas de instabilização de taludes, principalmente em consequência da elevada foliação e da baixa resistência ao cisalhamento, entre uma superfície e outra, em especial na presença de água.

Os filitos são usados como rocha ornamental ou de revestimento de paredes.

Talcoxistos ou esteatitos

Também conhecidos popularmente como pedra-sabão, são formados por grande quantidade de talco e minerais micáceos microscópicos, conferindo à superfície da rocha untuosidade ao tato, como se fosse sabão, sendo facilmente riscada pela unha. As cores variam entre cinza, esverdeada, marrom e quase preta. Possui baixo coeficiente de condutibilidade térmica, podendo armazenar calor por longo tempo.

Os talcoxistos ou esteatitos são utilizados como rocha de revestimento de paredes e na confecção de ornamentos como vasos, estátuas etc. Também podem ser usados como rocha ornamental ou de revestimento. Em contato com o meio ambiente, resiste muito bem às intempéries.

1.4.5 Ciclo das rochas na crosta terrestre

Conforme já discutido, na Terra existem três grandes famílias de rochas, as magmáticas, as sedimentares e as metamórficas.

Os processos internos que produzem o magma que ascende à superfície, dando origem às rochas magmáticas, interagem com os processos externos através da energia solar, que produz o ciclo hidrológico que atua na fragmentação, na decomposição (intemperismo), na erosão e na sedimentação dos materiais na superfície da crosta terrestre.

A erosão e o transporte das partículas originárias das rochas, após a deposição, formam os sedimentos. Esses sedimentos podem eventualmente passar por cimentação, dando origem às rochas sedimentares (diagênese).

Em locais sujeitos a movimentos lentos da crosta, ocorrem dobramentos e falhamentos, com consequente afundamento (subsidência) das camadas de sedimentos, o que faz com que esses depósitos sedimentares atinjam grandes profundidades, sejam submetidos a pressão e temperaturas elevadas e transformem-se em rochas metamórficas.

As rochas metamórficas podem continuar atingindo maiores profundidades até fundirem-se totalmente e transformarem-se em magma. Esse processo é denominado anatéxis. Esses magmas podem subir até a superfície ou próximo dela, dando origem a novos corpos magmáticos. Por sua vez, essas formações magmáticas, interagindo com o meio ambiente e sofrendo a ação do intemperismo, podem voltar a dar origem a novos sedimentos, tanto nos continentes quanto nos oceanos, fazendo com que o ciclo se repita. Esse ciclo é denominado ciclo das rochas na crosta terrestre e leva um tempo geológico relativamente longo para se completar. Deve-se observar, porém, que esse ciclo ocorre de forma ininterrupta e acontece a todo momento (Figura 1.47).

Noções de geologia geral e aplicada

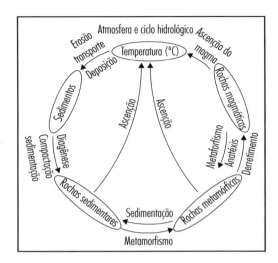

Figura 1.47. Esquema mostrando o ciclo das rochas na crosta terrestre.

O ciclo das rochas na crosta terrestre é a interação entre a energia interna da Terra e a energia externa solar. A dinâmica interna movimenta as placas tectônicas, produzindo mudanças na superfície por meio dos dobramentos e falhamentos, enquanto a energia solar produz o ciclo hidrológico, atuando diretamente nos minerais das rochas e esculpindo o relevo por erosão, transporte de partículas e deposição dos materiais. Caso essas duas grandes fontes de energia não atuassem em oposição e produzissem o relevo, a superfície da Terra após certo tempo se tornaria plana em razão da erosão e os oceanos ficariam rasos por conta do acúmulo dos sedimentos.

Portanto, a forma atual do relevo é, em geral, função do tectonismo e, em alguns lugares, do vulcanismo (endógena, dinâmica interna); e dos tipos litológicos, do clima, do transporte e da deposição dos materiais (exógena, dinâmica externa).

Vale lembrar também que o homem é um agente transformador do relevo, principalmente pela ação direta das obras de engenharia civil e outras atividades, modificando a superfície da Terra e interferindo diretamente no meio ambiente.

O ciclo das rochas na crosta terrestre foi primeiramente reconhecido por James Hutton, que o considerou muito lento, longo e operante através de toda a história geológica da Terra, por meio do princípio do uniformitarismo geológico. Além do ciclo das rochas, há também o ciclo hidrológico, o ciclo biogeoquímico e o ciclo do nitrogênio.

1.4.6 Classificação e identificação de rochas

Para fins de identificação expedita no laboratório ou no campo, a análise das rochas magmáticas, sedimentares e metamórficas pode ser realizada de forma prática e rápida.

Existem na literatura específica vários sistemas de classificação e identificação de rochas e/ou minerais, como os apresentados por Krynine e Judd (1961), Longwell e Flint (1974), Chiossi (1975), Cavaguti (1992), Skinner e Porter (1995), Popp (2009), USDA (2012), entre outros. Cada um foi desenvolvido para uma determinada finalidade, buscando maior ou menor precisão nos resultados para os objetivos a que se destinam.

As rochas na natureza apresentam-se de forma extremamente complexa podendo variar em gênese, estrutura, textura, composição mineralógica etc., resultando em inúmeras propriedades mineralógicas e geológicas.

Em projetos geotécnicos, quando forem necessários resultados mais precisos e detalhados de classificação e identificação de rochas e minerais, devem ser realizados estudos por geólogos de petrologia ou de mineralogia, com a determinação em laboratório dos principais minerais constituintes por meio de ensaios químicos ou de difração de raio X.

Com base na experiência de laboratório, apresenta-se um sistema simplificado prático e rápido de classificação e identificação de rochas. Tal sistema baseia-se nas características visuais macroscópicas, físicas e químicas dos minerais, tais como: cor, brilho, dureza, reação com ácido clorídrico diluído a 10% em água destilada, textura, cheiro, dimensões, forma dos minerais, foliação ou xistosidade, estratificação, estrias, traço, flexibilidade e peso específico.

As Tabelas 1.6, 1.7 e 1.8, adiante, apresentam um resumo das principais características e da composição mineralógica aproximada de rochas, analisadas de forma expedita em laboratório ou no campo.

1.4.6.1 Principais características

- Brilho: pode ser vítreo, de espelho, leitoso ou sedoso. É vítreo quando tem aspecto de uma superfície de vidro fragmentado; tem brilho de espelho quando, mediante movimento contra a luz, esta for refletida como se fossem pequenos espelhos; é leitoso quando possuir cor clara, quase branca, e não refletir a luz; e é sedoso quando apresenta o aspecto de seda.
- Cor: pode ser preta, cinza, esverdeada, amarelada, marrom, avermelhada, branca ou acastanhada. Quando os minerais são de cores escuras, as rochas levam a denominação de melanocratas; quando são de cores claras, de leucocráticas.
- Dureza: é a capacidade que um mineral tem de resistir ou não a riscos ao ser atritado por um instrumento. Podem ser riscados pela unha, por vidro ou lâmina de aço. A dureza é classificada pela escala de Mohs.
- Reação: quando um mineral em contato direto com HCl diluído a 10% em água destilada reage formando uma espuma efervescente, diz-se que o mineral

Noções de geologia geral e aplicada

possui forte reação ou efervescência. Quando reage fracamente direto na superfície e fortemente no pó, diz-se que possui fraca efervescência.

- Textura: ao observar com uma lupa ou esfregar o dedo, percebe-se a rugosidade da superfície, que pode ser lisa, pouco rugosa ou rugosa. Quando for lisa, pode apresentar untuosidade ou sensação de superfície gordurosa ao tato. A textura é denominada fanerítica quando os minerais são visíveis a olho nu e afanítica quando os minerais são microscópicos. A textura a olho nu pode ser também macrocristalina ou microcristalina. Para melhor visualização da textura, deve-se utilizar uma lupa de aumento.

- Cheiro: quando a amostra é molhada na água, emite cheiro característico de material argiloso ou de cerâmica nova molhada. Quando esquentado com um bico de Bunsen, produz cheiro de óleo ou de asfalto queimado.

- Dimensões dos minerais: as dimensões podem ser avaliadas macroscopicamente, sendo de alguns décimos de milímetros a alguns centímetros de diâmetro. Nessas medidas, a lupa e uma régua milimetrada também auxiliam.

- Forma dos minerais: podem ser arredondados, subarredondados, alongados e laminares. Também podem possuir o aspecto de pequenos fragmentos com as bordas angulosas.

- Foliação ou xistosidade: os minerais apresentam-se de forma alongada orientados paralelamente, formando camadas como se fossem placas, podendo ser planas paralelas ou curvadas. Essa denominação é dada pelo aspecto de folhas finas paralelas.

- Estratificação: apresentam-se em camadas ou estratos, podendo ter cores e texturas diferentes, aproximadamente paralelos e demonstrando que foram formados por deposição e sobreposição de camadas.

- Estrias: ao observar a superfície maior da amostra contra a luz, verifica-se a ocorrência de estrias de atrito, isto é, pequenos sulcos, dando a impressão de que aquela superfície foi friccionada contra outra sob elevada tensão normal e cisalhante. Pode apresentar pequeno brilho ou minerais em forma de pequenas placas paralelas.

- Traço: ao atritar a amostra sobre o verso de uma superfície de porcelana branca (azulejo de cerâmica branca), a amostra deixa um traço de uma cor, que pode ser cinza, marrom, avermelhada, amarelada ou preta.

- Clivagem: é a propriedade dos minerais que compõem uma rocha de serem rompidos com maior facilidade em determinada direção. Quando a clivagem em uma rocha é plano-paralela, é denominada clivagem de ardósia ou ardosiana.

- Magnetismo: quando a amostra entra em contado com um ímã, verifica-se pequeno magnetismo.

98 Geologia e Geotecnia Básica para Engenharia Civil

- Flexibilidade: quando forçadas por meio de flexões, sofrem sobramentos que voltam à posição normal assim que são retirados os esforços.
- Peso específico: é definido como o peso da amostra dividido pelo volume. Nas amostras de rochas no laboratório, é obtido por meio de uma balança hidrostática, isto é, pesando-se a amostra no ar (P_{ar}) e, em seguida, imersa em água (P_{imerso}), portanto, tem-se:

$$\gamma = \frac{P}{V} = \frac{P_{ar}}{P_{ar} - P_{imerso}} \ (kN/m^3)$$

No laboratório, para a separação por tipo de rocha, as amostras devem ser compostas de fragmentos com dimensões entre 10 cm e 20 cm. Elas devem ser colocadas em uma caixa de madeira com dimensões em torno de 60 cm × 100 cm × 10 cm (largura, comprimento e altura, respectivamente).

Além das caixas de madeira, é necessário possuir uma balança hidrostática com precisão mínima de 0,1 g, lupas de bolso, pequenas lâminas de aço sem corte afiado, ímãs, vidros com conta-gotas contendo HCl diluído a 10% em água destilada, placas de vidro de 15 cm × 15 cm × 1 cm (larguras e espessura, respectivamente) com bordas arredondadas, azulejos de cerâmica branca, pequenas toalhas e recipientes com água. Cuidado especial deve ser tomado com a aplicação do HCl nas amostras de rocha, procurando, após verificar a efervescência, limpar o ácido que fica na superfície da amostra com a toalha e manter sempre os vidros com conta-gotas fechados para evitar acidentes. Deve-se também utilizar equipamentos de proteção individual na preparação e na realização dos ensaios.

A primeira atividade a ser realizada é a separação das amostras de rochas quanto à gênese (origem), em magmáticas, sedimentares e metamórficas.

1.4.6.2 Classificação das rochas magmáticas, sedimentares e metamórficas

Para a classificação das rochas pela gênese (origem), devem-se proceder as análises conforme descritas nas sequências a seguir.

Rochas magmáticas

A classificação das rochas magmáticas normalmente tem como base, do ponto de vista macroscópico, textura, cor, granulometria dos minerais e composição mineralógica visual. Para as rochas magmáticas (Figura 1.48), devem-se observar as amostras e separar as que possuem as seguintes características:

- Rochas que possuem aspecto compacto e duro, cor escura ou quase escura, fragmentadas de forma angulosa nas bordas e com minerais microscópicos, não visíveis a olho nu.
- Rochas compactas e duras que apresentam nas superfícies minerais macroscópicos (na ordem de décimos de milímetro a alguns centímetros) distribuídos de forma aproximadamente homogênea.
- Minerais macroscópicos com brilho de espelho (refletem a luz).
- Minerais que não são riscados pela lâmina de aço e não reagem ao HCl diluído a 10%, com brilho de espelho ou leitoso.
- Rochas que apresentam vesículas preenchidas ou não por cristais (amígdalas).
- Rochas com aspecto vítreo, parecendo um fragmento grosso de vidro, e aspecto cortante nas bordas.

Figura 1.48. Exemplos de amostras de rochas magmáticas: (a) granito com textura fina; (b) granito; (c) granito polido; (d) basalto; (e) basalto alterado quimicamente; e (f) basalto vesicular.

Rochas sedimentares

Um detalhe importante na análise de rochas sedimentares é que pode ocorrer, em algumas delas, a presença de fósseis. Para a classificação das rochas sedimentares (Figura 1.49), devem-se observar as amostras e separar as que apresentam as seguintes características:

- Estratificação, com camadas distintas ou não, podendo ser compactas e duras ou friáveis, soltando partículas macias ou ásperas ao tato com facilidade.
- Dureza alta com aspecto brilhante, lisas ao tato e com textura microscópica, com cores uniformes ou variadas, podendo possuir ou não estratificação.
- Presença de pedregulhos ligados por partículas de pequenos diâmetros em uma matriz fina cimentada. As partículas maiores podem ser arredondadas, demonstrando transporte pela água, ou angulosas, demonstrando transporte curto pela gravidade.
- Forte Reação a HCl diluído a 10%.
- Reação fraca a HCL diluído a 10% e forte ao pó.
- Quando molhadas, produzem cheiro característico de cerâmica nova ou argila molhada.
- Textura macia ou fibrosa, cor preta ou cinza e baixa resistência, deixando traço cinza ou preto no verso de um azulejo.
- Cores amareladas ou avermelhadas, macias ou ásperas ao tato.

Figura 1.49. Exemplos de amostras de rochas sedimentares: (a) calcedônia; (b) ágata; (c) argilito; (d) arenito ferruginoso; (e) calcário; e (f) conglomerado polido.

Noções de geologia geral e aplicada

Rochas metamórficas

As rochas metamórficas podem apresentar-se de diferentes formas em função da rocha de origem e do tipo de metamorfismo. Uma vez separadas as amostras de rochas magmáticas e sedimentares, as que sobrarem são metamórficas (Figura 1.50). Mesmo assim, devem-se analisar as amostras com as seguintes características:

- Foliações ou xistosidades na lateral, com minerais alongados plano-paralelos de forma plana ou curvada.
- Partículas deformadas e orientadas em uma matriz cristalizada, com dureza alta.
- Estrias de atrito, quando se movimenta a amostra com a superfície maior contra a luz.
- Amostras com aspecto de placas formadas por finas lâminas de cor preta e cinza que, quando forçadas na lateral, se separam em placas mais finas com superfície maior lisa ao tato e brilho sedoso.
- Quando fraturadas, apresentam-se na superfície minerais micáceos com baixa resistência (riscados pela lâmina de aço) e formados por pequenas lâminas flexíveis.
- Quando gotejado HCl diluído a 10% na superfície, pode ocorrer forte reação ou fraca reação, sendo forte somente no pó.
- Amostras com aspecto tabular que, quando forçadas, apresentam-se ligeiramente flexíveis ou dobráveis.
- Baixa dureza (riscadas pela unha) e, quando se atrita levemente os dedos sobre a superfície, percebe-se pequena untuosidade ao tato.

Figura 1.50. Exemplos de amostras de rochas metamórficas: (a) mármore; (b) quartzito; (c) quartzito micáceo; (d) xisto filitoso; (e) gnaisse; e (f) migmatito.

1.4.6.3 Identificação das principais rochas magmáticas, sedimentares e metamórficas

Após a separação dos três tipos de rochas quanto à gênese, faz-se a determinação da nomenclatura de cada amostra de rocha, isto é, dá-se o nome mais usual no meio técnico. Essa nomenclatura é simplificada, não incluindo aspectos mineralógicos e petrográficos mais precisos dentro da área de geologia.

Principais rochas sedimentares

Analisando as amostras sedimentares, passa-se a dar nome a cada amostra, em função de suas características. As rochas sedimentares, em razão das diversas condições físicas, químicas e de ambientes deposicionais, podem ter grande variabilidade, tanto na estrutura quanto na composição química e mineralógica.

- Arenitos: amostras que apresentam estratificação nítida ou não na superfície lateral, com textura áspera e, ao ser fragmentadas e trituradas, liberam partículas na granulometria das areias. O cimento que liga as partículas pode ser sílica, carbonato, óxido, argilomineral ou outros minerais. Quando a amostra apresenta resistência elevada e bem compacta, normalmente é cimentada por sílica precipitada entre as partículas; nesse caso, é denominada arenito silicificado. Quando ocorrer reação ao gotejar HCl diluído a 10%, soltando as partículas de areia, é denominada arenito carbonático. Se possuir cores amareladas ou avermelhadas e deixar traço no verso da cerâmica branca, é arenito ferruginoso. Se, ao ser molhada, a amostra dissolver com certa facilidade e soltar partículas, produzindo cheiro de argila, é arenito argiloso.
- Siltitos: amostras que apresentam as mesmas características dos arenitos, sendo as partículas na granulometria dos siltes. Podem, como os arenitos, ser siltitos silicificados, carbonáticos, ferruginosos ou argilosos.
- Argilitos: apresentam pouca estratificação na lateral e são lisos na superfície maior, podendo ter untuosidade ao tato. Possuem resistência média e são riscados pela lâmina de aço, soltando pó macio. Podem apresentar cores claras, amarelada, marrom ou avermelhada. Se forem brancos ou quase brancos, são denominados caulim. Quando em contato com a água, sofrem amolecimento, desprendendo pequenas quantidades de argila. Se imersos em água, podem sofrer expansão e apresentar aspecto de pequenas camadas sobrepostas (empastilhamento). As partículas possuem dimensões menores que 0,002 mm. Se apresentarem reação nítida com HCl diluído a 10% em toda a superfície ou em pontos isolados, são denominados argilitos carbonáticos, calcários argilosos ou margas.

Noções de geologia geral e aplicada

- Conglomerados: ao observar a amostra, verifica-se a presença de partículas arredondadas de pedregulhos cimentados em uma matriz de partículas menores. Os conglomerados são constituídos de uma matriz arenosa, siltosa, argilosa, carbonática ou ferruginosa, ligando partículas de maiores diâmetros (pedregulhos). É conhecido como conglomerado arenoso quando a matriz é predominante de areias; conglomerado siltoso, quando a matriz é constituída de siltes; conglomerado argiloso, quando a matriz é constituída na maior parte de argilas e, ao ser molhada, a amostra produz cheiro característico. Se ao gotejar HCl diluído a 10% ocorrer reação na matriz ligante, é denominado conglomerado carbonático. É conglomerado argiloso ferruginoso quando apresentar cor marrom ou avermelhada, as partículas forem ligadas por uma "pasta" de cor avermelhada e, ao ser molhado, apresentar forte cheiro de argila. É conglomerado silicoso quando houver uma matriz de sílica cimentando as partículas de pedregulhos, areias, siltes e outros minerais. Esse tipo de conglomerado pode apresentar resistência relativamente alta, permitindo em alguns casos o corte e o polimento. Se as partículas possuírem formas angulosas, são brechas sedimentares. Os conglomerados podem ser classificados também em função das dimensões das partículas, da distribuição granulométrica e dos ambientes deposicionais. Se a amostra apresentar vestígios de conchas marinhas ou de água doce em uma matriz de cimento qualquer, é denominada coquina.
- Limonitas: possuem aspecto ferruginoso, com cores avermelhadas, marrons ou alaranjadas. Apresentam ou não partículas maiores cimentadas por uma massa lisa ao tato e bem compacta e possuem peso específico relativamente alto, em torno de 30 kN/m³. Se exalar cheiro característico de cerâmica nova molhada em contato com a água, é denominada limonita argilosa.
- Calcários: possuem cores variando de cinza a preta, podendo ter estratificações e vestígios de fósseis. Quando gotejado o HCl diluído a 10%, reagem com forte efervescência e a reação produz material fino. Os calcários são sedimentos marinhos ou lacustres e podem formar grandes jazidas. Se a reação com o HCl diluído a 10% for relativamente fraca e forte no pó, tem-se calcário dolomítico, formado em parte por carbonato de magnésio.
- Dolomitos: ocorrem nas cores branca, cinza ou esverdeada. Na superfície, observam-se pequenas partículas com cores um pouco mais claras ou um pouco mais escuras. Reagem fracamente ao HCl diluído a 10% e, ao serem atritadas pelo aço, liberam um pó de cor clara que reage fortemente ao HCl.
- Rochas sedimentares orgânicas: nessa categoria, encontram-se todas as rochas sedimentares que se originaram por meio de deposição, decomposição e

compactação de matéria orgânica predominantemente vegetal. Existe grande variedade desse tipo de rocha, sendo considerados nessa classificação simplificada somente os principais. É grafite se a amostra apresentar cor escura, textura lisa e homogênea, dureza relativamente baixa, muito lisa ao tato (untuosidade) e se, quando atritada no verso de cerâmica branca, deixar traço escuro, rico em carbono. Se possuir dureza relativamente alta, aspecto poroso e cor escura ou cinza-escura, é carvão mineral. Quando apresentar resistência baixa, presença de material orgânico de origem vegetal e cor escura ou cinza, é denominada turfa; se predominarem argilas, é denominada argila orgânica.

- Folhelhos ou xistos argilosos: amostras bem estratificadas, formando lâminas finas que se soltam em pequenas placas. Constituídos basicamente de argilas, desprendem pó fino ao ser atritados com lâmina de aço e possuem cores escuras. Se quando esquentados em um bico de Bunsen, na superfície maior, emitirem cheiro de óleo ou asfalto queimado, são denominados folhelhos pirobetuminosos.

- Calcedônias e ágatas: amostras com dureza extremamente alta que não são riscadas pelo aço, não reagem ao HCl diluído a 10%, possuem aspecto microcristalino e normalmente apresentam-se na forma de pedregulhos ou seixos rolados, com grande variedade de cores (branca, amarelada, marrom, avermelhada, cinza, azul e preta) e vários diâmetros. Quando fraturadas, as amostras apresentam superfícies lisas ao tato e arestas cortantes. Se não apresentarem estratificação são calcedônias, e se apresentarem estratificação com cores diferentes são ágatas.

Tabela 1.6. Resumo da identificação das principais rochas sedimentares.

Resumo das principais rochas sedimentares		
Principais características	**Composição mineralógica aproximada**	**Rocha**
Muitas ou poucas estratificações nas superfícies laterais; textura áspera e desprendimento de partículas de areia; as partículas são ligadas por um cimento natural; as cores são uniformes ou variadas.	Areia quartzosa ligada por cimento natural.	Arenitos

Noções de geologia geral e aplicada

Resumo das principais rochas sedimentares		
Principais características	Composição mineralógica aproximada	Rocha
Nítida estratificação nas superfícies laterais; textura lisa ou pouco áspera; desprendimento de partículas de silte; as partículas são ligadas por um cimento natural; cores uniformes ou variadas.	Silte quartzoso ligado por cimento natural.	Siltitos
Ausência de estratificação nas superfícies laterais; textura lisa ou muito lisa; desprendimento de pó muito fino e macio ao tato; quando em contato com a água, amolecem e expandem-se.	Argilominerais densificados.	Argilitos
Partículas arredondadas (seixos rolados) em meio a uma matriz cimentante natural de várias composições; cores variadas e dureza média.	Seixos rolados de quartzo ou calcedônia, com matriz arenosa, siltosa, argilosa, silicosa, carbonática ou ferruginosa.	Conglomerados
Forte reação ao HCl na superfície da amostra; dureza média; cores escuras e/ou claras; vestígios de fósseis e estratificação.	Predomina o carbonato de cálcio (90%), podendo conter parte de carbonato de magnésio e outros minerais.	Calcários
Fraca reação ao HCl na superfície da amostra; forte reação no pó; cores claras, branca ou cinza; dureza pouco maior que os calcários.	Predomina o carbonato de magnésio (90%), podendo conter carbonato de cálcio e outros minerais.	Dolomitos

Resumo das principais rochas sedimentares		
Principais características	**Composição mineralógica aproximada**	**Rocha**
Cores escuras; vestígios de vegetais em uma massa argilosa que, ao ser umedecida, amolece e produz cheiro característico de argila e matéria orgânica vegetal.	Argilominerais, matéria orgânica vegetal decomposta e carbono.	Turfas ou argilas orgânicas
Aspecto compacto com cores uniformes ou variadas; dureza alta; ausência de reação ao HCl diluído; normalmente encontrada na forma de seixos rolados ou no interior de geodos de basaltos.	Sílica cristalizada na forma amorfa.	Calcedônias
Intensa estratificação nas superfícies laterais; quando atritada com lâmina de aço, desprende pó macio ao tato e solta pequenas placas; cores claras e escuras; apresenta cheiro de óleo queimado ao ser esquentada.	Argilominerais com incrustações de óleo natural (petróleo).	Folhelhos

Principais rochas metamórficas

Com as amostras de rochas metamórficas separadas, passa-se a dar nome a cada uma com base nas características listadas a seguir.

- Gnaisses: possuem nas superfícies laterais xistosidade com minerais alongados e orientados aproximadamente plano-paralela, têm cores claras (leucocráticas) e escuras (melanocratas). Ao movimentar a superfície maior da amostra contra a luz, alguns minerais apresentam brilho de espelho (feldspato) e não são riscados pelo aço. Apresentam-se como rocha de dureza relativamente alta e bem compacta, com minerais de cor clara e escura. Esse tipo de rocha permite a obtenção de placas aproximadamente paralelas, com rugosidade relativamente alta nas superfícies maiores. Quando as foliações apresentam-se bem nítidas, com cores claras e escuras, e normalmente dobradas de forma pronunciada, são denominados migmatitos.

Noções de geologia geral e aplicada

- Ardósias: possuem aspecto tabular, sendo formadas por camadas xistosas que podem ser separadas até a obtenção de finas placas (clivagem de ardósias). As cores podem ser preta, cinza-escura, cinza-clara e cinza-esverdeada, e podem apresentar manchas arredondadas na superfície maior. Ao atritar a lâmina de aço, liberam um pó fino ao tato. O aspecto é compacto e não há efervescência quando gotejado o HCl diluído a 10%.

- Filitos: têm aspecto bem tabular; apresentam cores branca, creme, marrom, cinza e preta; e possuem grande quantidade de caulinita e minerais micáceos na superfície maior. São formados por finas camadas que se separam com certa facilidade, com clivagem semelhante à da ardósia.

- Quatzitos: são tabulares ou aproximadamente tabulares, compactos e apresentam aspecto áspero ao tato e poucos minerais micáceos na superfície maior (brilham contra a luz). Têm cor branca, amarelada ou avermelhada. Normalmente apresentam estrias de atrito na superfície maior, demonstrando que houve movimento relativo entre as camadas xistosas da rocha. No mercado da construção, geralmente, são denominados pedra mineira. Se a amostra apresentar muitos minerais micáceos na superfície maior e poucas foliações nas superfícies laterais, é denominada quartzito micáceo; se apresentar muitos minerais micáceos na superfície maior e for tabular e ligeiramente flexível, é denominada itacolomito; se apresentar muitos minerais micáceos na superfície maior e nas laterais apresentar intensa xistosidade (minerais em finas lâminas), trata-se de xisto. Se o xisto reagir ao HCl diluído a 10%, é xisto carbonático; se apresentar efervescência em alguns pontos isolados e possuir magnetismo (atrair o ímã), é denominado xisto carbonático itabirítico.

- Mármores: reagem fortemente ao gotejar o HCl diluído a 10%. Possuem na superfície maior pouca ou nenhuma mica e apresentam-se como rocha compacta ou possuindo pequenos vazios, com foliações relativamente largas, de cores variadas: branco, cinza, róseo, verde e preto. São riscados pela lâmina de vidro e desprendem pó claro pouco áspero. Se a reação com o HCl diluído a 10% for fraca diretamente na superfície e forte no pó, são denominados mármores dolomíticos.

- Pedras-sabão: amostras que possuem baixa resistência, sendo riscadas pela unha, e, ao atritar o dedo na superfície, apresentam untuosidade ou oleosidade ao tato. A rocha é também denominada talcoxisto ou esteatito.

- Metaconglomerados: amostras bem compactas, de dureza relativamente alta e compostas de partículas maiores aproximadamente alinhadas e deformadas,

formadas por tipos diferentes de rochas, em meio a uma matriz de material fino, podendo ou não reagir ao HCl diluído a 10%. Têm o aspecto de uma rocha sedimentar, diferenciando-se somente na cristalização e na forma das partículas.

Tabela 1.7. Resumo da identificação das principais rochas metamórficas.

Resumo das principais rochas metamórficas		
Principais características	**Composição mineralógica aproximada**	**Rocha**
Minerais de cores claras e escuras alongados nas superfícies laterais; dureza alta; ausência de reação ao HCl diluído a 10%; alguns minerais possuem brilho de espelho contra a luz.	Predomina quartzo e feldspato, contendo também mica.	Gnaisses
Aspecto bem foliado e dobrado; minerais claros e escuros bem nítidos; dureza alta e não reação ao HCl diluído a 10%.	Predomina quartzo e feldspato, contendo também mica.	Migmatitos
Aspecto bem tabular; placas plano-paralelas que se soltam ao ser forçadas com ferramentas; cores variadas de cinza-escura a cinza-clara; ausência de reação ao HCL diluído a 10%; ao ser atritado, desprendimento de pó muito fino e macio ao tato.	Argilominerais, mica e quartzo.	Ardósias
Aspecto bem tabular com intensa foliação nas laterais da amostra; grande quantidade de micas; placas que se soltam com facilidade, não reagem ao HCl diluído a 10%.	Mica, argilominerais e quartzo.	Filitos

Noções de geologia geral e aplicada

Resumo das principais rochas metamórficas		
Principais características	Composição mineralógica aproximada	Rocha
Aspereza ao tato; nas superfícies laterais quase não apresentam foliações; cores claras, amareladas ou avermelhadas; sem reação ao HCl diluído a 10%; estrias de atrito na superfície maior.	Partículas de areia quartzosa recristalizada, podendo apresentar outros minerais, como óxido de ferro.	Quartzitos
Aspecto compacto, podendo possuir pequenos vazios de dissolução; cores variando de claras a escuras, com tonalidades amareladas, róseas, esverdeadas, azuladas etc.; forte reação ao HCl diluído a 10% na superfície; algumas amostras reagem fortemente somente no pó; riscada pelo aço.	Predomina o carbonato de cálcio, podendo conter parte de carbonato de magnésio e outros minerais.	Mármores
Dureza baixa (riscada pela unha); sem reação ao HCl diluído a 10%; cores variadas, de claras a escuras; textura muito lisa, possuindo aspecto gorduroso ao tato.	Talco e micas.	Pedras-sabão
Partículas alongadas (deformadas) constituídas de uma ou mais rochas, ligadas por uma matriz cristalizada de minerais finos.	Diversos minerais, como quartzo, calcedônia, micas etc.	Metaconglomerados

Principais rochas magmáticas

Com as amostras de rochas magmáticas separadas, passa-se a dar nome a cada uma com base nas características listadas a seguir:

- Basaltos: amostras de cor escura, preta ou quase preta a cinza-escura; aspecto maciço; compactas com dureza alta. Não reagem ao HCl diluído a 10%. Minerais microscópicos, não observáveis a olho nu. Quando fragmentada, a amostra apresenta arestas angulares, possuindo pequeno magnetismo. Ao apresentar vesículas (pequenos vazios) preenchidas ou não por cristais (amígdalas), as amostras são denominadas basalto vesicular ou basalto vesículo-amigdaloidal, nessas condições possuem cor cinza ou cinza-clara. Podem apresentar desde aspecto vítreo até vidro vulcânico (obsidiana). Quando os basaltos são alterados quimicamente na natureza, apresentam-se com aspecto avermelhado ou amarelado, desprendendo pó e deixando traço de cor amarelada; ao entrarem em contato com a água, produzem cheiro característico de cerâmica nova molhada. Aqueles sem alteração (rocha sã) possuem pesos específicos acima de 28 kN/m³.
- Diabásios: possuem as mesmas características dos basaltos, tendo como diferença o fato de os minerais serem visíveis a olho nu, na ordem de décimos de milímetros a alguns milímetros.
- Gabros: mesmas características dos diabásios, porém os minerais apresentam-se com dimensões maiores, podendo chegar a alguns centímetros.
- Granitos: possuem aspecto compacto e dureza alta, granulometria visível a olho nu, da ordem de alguns milímetros a centímetros. Apresentam minerais brilhantes e, quando movimentados contra a luz, emitem brilho de espelho. Possuem dureza alta (não são riscados pelo aço) e não reagem ao HCl diluído a 10%. Os minerais são de cores claras (leucocráticas) e escuras (melanocratas) e distribuem-se de forma caótica, não obedecendo a um padrão de orientação. Possuem cores claras, cinzas, escuras, róseas, avermelhadas, esverdeadas, amareladas e azuladas. Quando fragmentados, pode-se obter com facilidade blocos aproximadamente cúbicos (paralelepípedos).
- Pegmatitos: possuem as mesmas características dos granitos, contendo minerais enormes, com dimensões da ordem centímetros a decímetros.
- Riólitos ou felsitos: possuem as mesmas características dos granitos, porém a textura é afanítica, isto é, os minerais são microscópicos. Os riolitos ou felsitos têm aparência de basaltos, podendo ser confundidos; no laboratório, a melhor forma de identificá-los é pelo peso específico. Os basaltos possuem peso específico acima de 28 kN/m³ e os riolitos ou felsitos têm peso específico em torno de 27 kN/m³.

Noções de geologia geral e aplicada

Tabela 1.8. Resumo da identificação das principais rochas magmáticas.

Resumo das principais rochas magmáticas		
Principais características	**Composição mineralógica aproximada**	**Rocha**
Cor escura, preta ou quase preta; minerais microscópicos; fragmentos com bordas angulosas; dureza alta; não reage ao HCl diluído; peso específico acima de 28 kN/m³.	Plagioclásio cálcico, augita, magnetita ou óxidos de ferro.	Basaltos
Cor escura, preta ou quase preta; minerais visíveis a olho nu na ordem de décimos de milímetros a alguns milímetros; não regem ao HCl diluído.	Aproximadamente a mesma dos basaltos.	Diabásios
Cor escura; minerais de aspecto mais claro visíveis a olho nu na ordem de alguns milímetros a poucos centímetros; não reagem ao HCl diluído.	Aproximadamente a mesma dos basaltos.	Gabros
Aspecto compacto; dureza alta; minerais macroscópicos que refletem a luz; não reagem ao HCl diluído.	Quartzo, feldspatos e micas (biotita).	Granitos
Aspecto compacto; dureza alta; minerais claros e escuros (alguns refletem a luz) com dimensões grandes, na ordem de centímetros a decímetros.	Quartzo, feldspatos e micas (geralmente muscovita).	Pegmatitos
Aspecto compacto; cor escura; textura fina, podendo algumas amostras apresentarem aspecto vesicular; peso específico em torno de 27 kN/m³.	Quartzo, feldspatos alcalinos e piroxênios (augita).	Riólitos

1.5 MOVIMENTOS TECTÔNICOS

As forças internas da Terra, originadas de altas temperaturas nas regiões mais profundas do manto (astenosfera ≈ 100 km a 350 km podendo, de acordo com alguns pesquisadores, atingir 700 km), provocam movimentos (correntes de convecções) nas bases dos continentes e assoalhos oceânicos. Isso induz as camadas da crosta a realizar esforços com consequentes movimentos, traduzidos em tensões sobre as rochas das placas continentais (Figura 1.51).

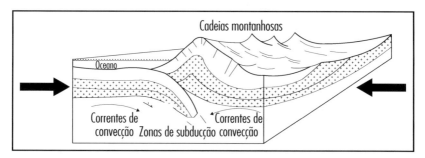

Figura 1.51. Esquema mostrando encontro de placas provocado pelas correntes de convecção que agem nas bases dos continentes e fundos oceânicos.

Essas tensões vão se acumulando e provocando deformações lentas. Isso produz ondulações nas camadas de rochas, podendo atingir a ruptura em alguns locais. Esses movimentos são denominados tectônicos e são classificados em dois tipos: orogenéticos e epirogenéticos. Os movimentos orogenéticos ocorrem basicamente em consequência das atividades vulcânicas e constituem movimentos relativamente rápidos, que provocam mudanças nas camadas de rochas, como dobramentos e falhamentos localizados.

Grandes cadeias montanhosas são formadas por levantamentos ou afundamentos de grandes massas rochosas, que são consequência da epirogênese. Um exemplo é a formação da cordilheira dos Andes, no extremo oeste da América do Sul, que resultou do encontro das placas do Pacífico, que se movimentam para o leste, com as placas da América do Sul, que se movimentam para oeste. Os movimentos epirogenéticos são movimentos lentos que se processam ao longo de milhões de anos, abrangendo, portanto, grandes áreas da crosta terrestre, sem a participação do vulcanismo. Quando esses movimentos produzem elevações na crosta, são denominados soerguimentos, e quando produzem rebaixamento da superfície são chamados subsidência. Esses movimentos atingem grandes áreas, como as derivas continentais, e resultam em arqueamentos que implicam a elevação ou a depressão de grandes massas, geralmente provocados pela dinâmica interna da Terra.

A dinâmica externa também pode provocar dobramentos e arqueamentos. Um exemplo é o transporte de grandes massas de sedimentos por cursos d'água, que, ao serem lançados no oceano, provocam o lento "afundamento" do assoalho oceânico por meio de dobramentos. Outro tipo de movimento é o levantamento

Noções de geologia geral e aplicada

lento de áreas em decorrência do alívio de tensões provocado pela erosão ou pelo derretimento de antigas geleiras da última era glacial. O primeiro caso está ocorrendo na Itália, na cidade de Veneza. Em razão do acúmulo de detritos transportados pelo rio Pó e depositados naquela região, a superfície do terreno sofre um lento afundamento. O segundo caso pode ser visto em alguns lugares na Noruega. O alívio de peso na crosta pelo derretimento de antigas geleiras provoca, pelo princípio da isostasia, o lento levantamento da superfície e o recuo do mar.

O primeiro cientista a propor a teoria da deriva continental foi o meteorologista alemão Alfred Lothar Wegener (1880-1930), em 1912. Wegener apresentou a teoria de que os continentes movimentam-se lentamente pela Terra, partindo de um antigo supercontinente denominado Pangea até atingir a forma atual e continuando em seus movimentos. Wegener faleceu em 1930 de hipotermia, na Groenlândia, sem ver sua teoria totalmente aceita pela comunidade científica.

Nas décadas de 1950 e mais precisamente de 1960, com base em inúmeros dados levantados do fundo do oceano Atlântico durante a Segunda Guerra Mundial, os geofísicos e a comunidade científica internacional aceitaram a teoria da deriva continental. Além da geografia das Américas, da Europa e da África, as formas das cadeias montanhosas existentes no fundo do oceano Atlântico (Dorsal Atlântica), as estruturas litológicas e os fósseis similares existentes nesses continentes corroboraram a teoria da deriva continental.

A aceitação da teoria das correntes de convecção, que atuam nas bases dos continentes e oceanos provocando os movimentos relativos, deve-se a uma teoria do geólogo Harry Hammond Hess (1906-1969) na década de 1960. Segundo esse pesquisador, na região central do oceano Atlântico ocorrem esforços de tração e, consequentemente, falhas normais que são preenchidas pela lava que flui do fundo oceânico para dentro dessas descontinuidades. As Américas deslocam-se para oeste, "chocando-se" com as placas do oceano Pacífico. Nas regiões de encontro dessas placas, ocorrem falhamentos inversos, ou seja, as placas das Américas forçam as placas do Pacífico a penetrar no manto e fundir-se novamente. Essas regiões são chamadas áreas de subducção.

Vale lembrar que durante os meses de julho de 1957 a dezembro de 1958, que foram considerados o ano geofísico internacional, milhares de cientistas dedicaram-se a compreender melhor os problemas relativos às propriedades físicas e dinâmicas do planeta Terra, realizando em conjunto importantes descobertas científicas.

Assim, após inúmeros estudos científicos, constatou-se que a ação da dinâmica interna em conjunto com a dinâmica externa produz, ao longo do tempo, grandes mudanças que refletem no relevo da superfície terrestre. Portanto, a Terra é um planeta dinâmico e não estático, pois sua superfície "pulsa" e movimenta-se continuamente. Uma das provas é que se podem encontrar, com frequência, sedimentos com restos fósseis de peixes e conchas nas altas montanhas dos Andes, dos Alpes ou do Himalaia, demonstrando que no passado geológico esses sedimentos foram fundos marinhos.

Os movimentos tectônicos podem agir sobre obras de engenharia civil, como túneis, barragens ou fundações de grandes pontes construídas em regiões instáveis da crosta, como planos de falhas e áreas de vulcanismo.

1.5.1 Falhamentos

As rochas da crosta, especialmente as rochas nas proximidades da superfície, tendem a sofrer fraturas. Os maciços nas proximidades da superfície possuem inúmeras descontinuidades denominadas juntas ou falhas. As juntas são as fraturas que ocorrem sem o movimento relativo das superfícies, como, por exemplo, aquelas que são resultado de movimentos de retração ou expansão do maciço.

As falhas ocorrem com movimentos relativos entre as duas superfícies, demonstrando cisalhamento do maciço. Elas podem atingir pequenas porções de rocha, bem como grandes extensões da crosta terrestre, produzindo deformações que se refletem na superfície e dando origem a pequenos, médios ou grandes desníveis, que podem ter desde alguns centímetros a dezenas ou centenas de metros, como vales e encostas montanhosas. As falhas podem ser de três tipos: normais, transcorrentes e inversas.

1.5.1.1 Falhas normais

Causadas pelos esforços que tendem a tracionar ou comprimir parte da crosta, induzindo nos blocos tensões de cisalhamento em determinadas superfícies e provocando o afundamento e/ou elevação de grandes blocos (Figura 1.52). Falhas normais provocadas por esforços compressivos em que ocorre a subida de um bloco sobre o outro são denominadas falhas inversas.

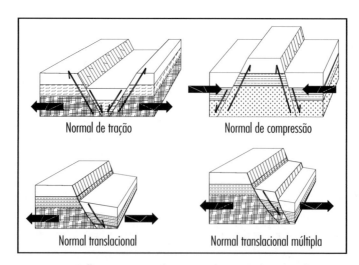

Figura 1.52. Falhas normais em decorrência de tensões principais de tração.

A Dorsal Atlântica, que atravessa o oceano Atlântico de norte a sul, é um exemplo de falhamento normal que ocorre em grande extensão. Tem origem em esforços de tração que produzem subsidências no fundo oceânico. Esses falhamentos devem-se aos movimentos de separação entre as Américas e a África e Europa.

1.5.1.2 Falhas transcorrentes

Predominantemente provocadas por tensões de cisalhamento, causando o deslizamento "horizontal" de grandes blocos. Os esforços principais que provocam este tipo de falha atuam a aproximadamente 30° da direção da ruptura, isso em razão da resistência ao cisalhamento do maciço (Figura 1.53).

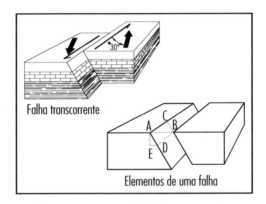

Figura 1.53. Esquema de falha transcorrente.

Os elementos principais de uma falha transcorrente são:

- A-B: rejeito total;
- C-B: rejeito de mergulho;
- A-C: rejeito direcional;
- A-E: rejeito vertical;
- E-D: rejeito horizontal.

As falhas transcorrentes podem atingir grandes áreas, como, por exemplo, a falha de San Andreas, na Califórnia (Estados Unidos). Quando ocorrem movimentos relativos dessa falha, são deixados vestígios na superfície, como cercas rompidas transversalmente e ferrovias com trilhos seccionados.

1.5.1.3 Falhas inversas

Falhas provocadas predominantemente por esforços de compressão. Em decorrência da movimentação das placas continentais em direções opostas, ocorrem "choques" de placas, ocasionando o levantamento de uma placa e o abaixamento de outra (Figura 1.54). Como exemplo, pode-se citar o encontro das placas das Américas com as placas do Pacífico, que produziram a formação de cadeias montanhosas ao longo do oeste das Américas (Andes, na América do Sul, e Montanhas Rochosas, na América do Norte).

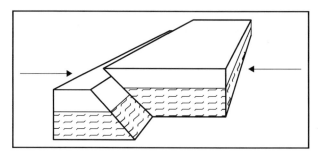

Figura 1.54. Esquema de falha inversa.

Na caracterização estrutural de maciços rochosos com evidências de falhamentos, para escavação de taludes de cortes em terraplenagens e construção de barragens e túneis, a participação de geólogo de engenharia é de grande importância, pois pode fornecer subsídios ao engenheiro civil no projeto de estabilização desses maciços, uma vez que esses locais geralmente possuem baixa resistência mecânica e alteração química dos fragmentos de rocha.

Um exemplo de evidência de falhamentos é a presença de rochas extremamente fragmentadas, estriadas ou milonitizadas com direção e inclinação predominante (atitude). Nessas condições, os planos de falha são caminhos preferenciais da água subterrânea, que, dependendo da pressão de confinamento, pode jorrar com intensidade para o interior da escavação.

Ao prever essas estruturas por meio de sondagens rotativas, com retirada de amostras, podem-se tomar providências ainda na fase de projeto, como fazer injeções de argamassa e reforço das estruturas, para que durante a construção não ocorram imprevistos que possam causar acidentes e prejuízos para o empreendimento.

Quando surge uma nova falha por alívio de tensões ou quando uma falha existente, em decorrência do aumento das tensões, sofre movimentação, libera uma onda sísmica que se reflete na superfície em forma de abalo sísmico. Basicamente, há dois tipos de ondas sísmicas (Figura 1.55):

- Ondas P: as camadas vibram paralelamente em relação à direção de propagação das ondas transversais, provocando contração e expansão das camadas, na direção aproximadamente horizontal.
- Ondas S: as camadas vibram perpendicularmente em relação à direção de propagação das ondas sísmicas, provocando oscilações verticais rápidas das camadas.

Noções de geologia geral e aplicada

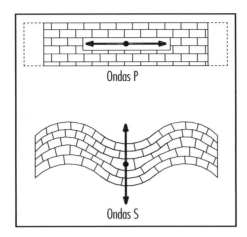

Figura 1.55. Esquema mostrando os dois principais tipos de ondas sísmicas.

As ondas P são mais velozes que as ondas S e, por essa razão, são as primeiras a atingir algum local, seguidas das ondas S.

Os abalos sísmicos ou terremotos provocam grandes perdas de vidas e materiais em regiões povoadas, sendo considerados catástrofes naturais. No projeto e no dimensionamento de estruturas e fundações em regiões sujeitas a sismos, essas ocorrências devem ser consideradas por meio de diversos dispositivos que atenuem os efeitos catastróficos. Os terremotos são medidos pela escala Richter, que varia de 1 a 10. Essa escala foi proposta pelos sismólogos Charles Francis Richter (1900-1985) e Beno Gutenberg (1889-1960), em 1935, no California Institute of Tehchnology (Caltech).

Quando os sismos ocorrem nos fundos oceânicos, provocam ondas gigantescas denominadas *tsunamis*, que podem atingir até 30 m de altura e resultar em grandes catástrofes nas regiões litorâneas. Essas grandes ondas são precedidas de um recuo da água do mar no litoral, isto é, há um abaixamento repentino do nível do mar e, em seguida, vem a onda gigante. Esse é um indício da ocorrência de uma catástrofe natural iminente.

Em regiões profundas, essas ondas provocam somente oscilações na superfície da água, mas, quando atingem regiões mais rasas, perto do litoral, adquirem grandes proporções em decorrência da concentração de energia. Desse modo, essas ondas podem viajar nos oceanos a grandes velocidades, chegando a atingir entre 500 km/h e 800 km/h.

1.5.2 Dobramentos

Os dobramentos são curvaturas produzidas nas camadas rochosas por esforços tectônicos, atectônicos ou intrusões de massas magmáticas ou domos salinos. As dobras ocorrem de forma lenta em estratos relativamente planos sob a ação dos esforços compressivos ou flexivos. As deformações sofridas pelas camadas são de natureza plástica, pois permanecem mesmo após o término dos esforços (Figura 1.56).

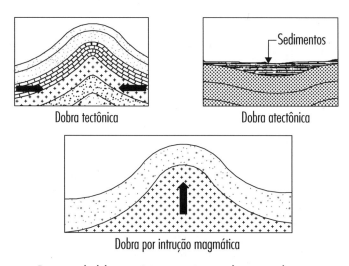

Figura 1.56. Esquemas de dobras tectônicas, atectônicas e de intrusão de massa magmática.

As dobras tectônicas são produzidas, principalmente, pelos esforços oriundos das movimentações das placas continentais, que induzem esforços compressivos nas camadas rochosas e originam grandes cadeias montanhosas. As dobras atectônicas surgem pelo acúmulo de sedimentos, principalmente em regiões marinhas litorâneas, pois estas recebem grandes quantidades de materiais transportados por cursos d'água. As intrusões magmáticas forçam camadas superiores de rochas, provocando o dobramento e o levantamento dessas estruturas, o que reflete diretamente no relevo.

Do ponto de vista estrutural, as dobras ocorrem por efeito de flambagem e produzem flexão nas camadas rochosas, resultando em tensões de tração (na parte convexa da dobra) e de compressão (na parte côncava da dobra). Na região central das camadas, ocorrem tensões de cisalhamento, que produzem movimentos relativos entre as camadas e produzam estrias de atrito. As tensões de tração provocam fraturas por alívio de tensão, ao passo que as de compressão provocam fraturas em cunhas de cisalhamento. Dependendo das características mecânicas das rochas, podem ocorrer dobras com ondulações elevadas ou fraturamentos com movimentos relativos. Rochas denominadas "competentes" oferecem maior resistência ao dobramento, como granitos, gnaisses, arenitos e quartzitos; já as rochas "incompetentes" oferecem menor resistência e sofrem intensas ondulações; como xistos, folhelhos e argilitos.

É possível encontrar dobras simétricas ou assimétricas e anticlinais ou sinclinais. Dobras simétricas são aquelas em que o eixo de simetria é vertical; as assimétricas têm o eixo de simetria inclinado. Denomina-se dobra anticlinal aquela que tem a concavidade voltada para baixo; a dobra sinclinal possui a concavidade voltada para cima. Na natureza, as dobras podem ocorrer de várias formas, dependendo da estrutura rochosa e dos esforços. Além de simétrica e assimétrica, a dobra pode ser isoclinal, revirada, deitada, falhada, de arrasto e em leque (Figura 1.57).

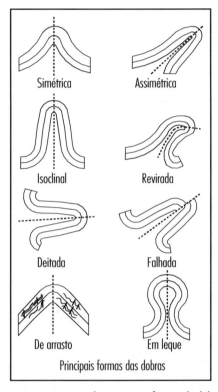

Figura 1.57. Esquema das principais formas de dobras.

1.5.3 Fraturas, diáclases e juntas

Fraturas, diáclases ou juntas são termos muito utilizados em geologia e têm o mesmo significado, isto é, são sinônimos. São descontinuidades dos maciços, formando blocos com dimensões variadas, que podem possuir orientações preferenciais. Essas feições estruturais dos maciços rochosos, geralmente, não apresentam indícios de movimentos relativos entre os blocos, tendo origem tectônica ou atectônica e dimensões normalmente restritas ao maciço. A mais comum é a tectônica, em que as tensões produzem planos aproximadamente ortogonais.

Outra causa é o resfriamento e a consolidação de derrames de magmas, que, em decorrência da retração, produzem, por atrito com a superfície da base, disjunções ou fraturas colunares de forma hexagonal (Figura 1.58). A variação de temperatura também é responsável por fraturamentos de blocos de rochas.

Figura 1.58. Fraturas em maciço de basalto mostrando disjunções colunares.

1.5.4 Levantamento espacial de estruturas rochosas

Em uma área de interesse para o projeto de uma obra, deve-se realizar, além dos levantamentos topográficos planialtimétricos diretos no campo ou por aerofotogrametria, também o reconhecimento do subsolo por meio de sondagens e mapeamentos das estruturas geológicas. O mapeamento das estruturas geológicas, como fraturas, dobras, foliações e estratificações, deve ser feito considerando, além do tipo litológico e das espessuras das camadas, as inclinações em relação a um plano horizontal e as direções relacionadas à linha norte-sul. A inclinação de uma estrutura rochosa é denominada mergulho, considerando-se o ângulo de inclinação em relação a um plano

Noções de geologia geral e aplicada

horizontal. A direção é definida pelo rumo formado pela interseção da estrutura com o plano horizontal e a linha norte-sul. O rumo é definido como o ângulo no intervalo fechado de 0° a 90° dentro dos quatro quadrantes (NE, SE, SO, NO). Desse modo, a "atitude" de uma estrutura rochosa é a sua direção (rumo) e o seu mergulho.

As medições são feitas no campo utilizando a bússola de geólogo, que fornece de forma prática e rápida a direção e o mergulho das estruturas e das feições litológicas (Figura 1.59).

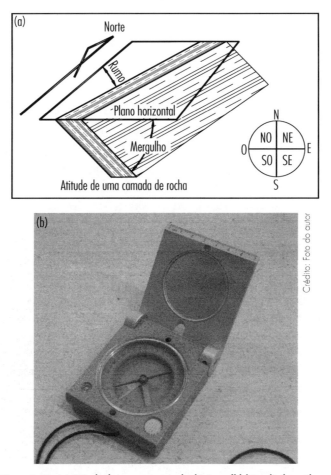

Figura 1.59. (a) Atitude de uma estrutura litológica e **(b)** bússola de geólogo.

O levantamento de estruturas geológicas mostra os afloramentos, os tipos ou as unidades litológicas, as atitudes das camadas e as principais feições da compartimentação do maciço, como as descontinuidades. Além desses elementos, devem-se também definir a posição do nível d'água e, se possível, as pressões hidrostáticas. Esse conjunto de informações é apresentado em planta topográfica, com as curvas de nível, os afloramentos e as atitudes das estruturas que interessam para o projeto.

Por exemplo, na abertura de um corte para a construção de uma estrada, a ocorrência de dois planos de fratura pode provocar instabilização em forma de cunha do talude em um dos lados da obra (Figura 1.60).

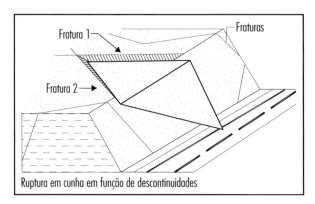

Figura 1.60. Ruptura em cunha em virtude de planos de fraturamentos que se cruzam de forma oblíqua e na direção do talude.

Evidentemente, o correto mapeamento da subsuperfície, no nosso meio ambiente tropical úmido, com espessas camadas de rochas intemperizadas e solos, é muito difícil, pois os maciços encontram-se com maior frequência encobertos pelas camadas superficiais. Também há dificuldade de acesso para a obtenção dos dados com a bússola. Muitas informações podem ser obtidas em sondagens rotativas, mas o número de furos, geralmente, não permite um levantamento detalhado, principalmente das descontinuidades com médias e pequenas dimensões.

Em cortes em rochas, pode ocorrer instabilização de blocos resultantes de dois planos de fraturas, aliviados na face do talude pela escavação. Aconselha-se, nesses casos, um levantamento geológico detalhado da região atravessada pelo corte, pois o custo da pesquisa de campo e da estabilização durante o projeto e a construção da obra é bem menor que após a obra concluída e em operação. A ocorrência de instabilizações do maciço e a necessidade de interferências geram custos elevados. A metodologia de análise da estabilidade desses tipos de estruturas é apresentada por Hoek e Bray (1977).

Para o projeto das fundações de grandes estruturas, não basta que a cota de apoio seja em rocha com baixo grau de alteração, pois, dependendo da compartimentação estrutural do maciço, podem ocorrer problemas. Maciços fraturados com materiais de preenchimento deformáveis, sob a ação de esforços, sofrem movimentações relativas, resultando em recalques das estruturas.

Portanto, sempre que se trabalhar com maciços rochosos, em escavações ou como suporte de fundações, deve-se realizar um estudo detalhado da litologia e do comportamento mecânico face às descontinuidades. Esses estudos são realizados com o auxílio de sondagens indiretas e diretas, por meio de métodos geofísicos complementados com sondagens rotativas, com a obtenção de testemunhos (amostras).

1.5.5 Utilização de mapas geológicos na engenharia civil

Os mapas geológicos são confeccionados por meio de levantamentos realizados por geólogos de engenharia ou geólogos estruturais diretamente na superfície e em conjunto com informações obtidas de estudos de subsuperfície. Graças à familiarização com técnicas de topografia, visão espacial e conhecimentos geotécnicos, os engenheiros civis geralmente não encontram dificuldades para análise e interpretação de mapas geológicos para fins de projetos.

Esses mapas podem ser obtidos utilizando várias ferramentas, normalmente em conjunto, como fotos aéreas, levantamentos topográficos planialtimétricos, levantamentos geofísicos, levantamentos diretos no campo com o auxílio de bússola de geólogo, poços profundos executados na região, sondagens diretas com a coleta de amostras, amostragem integral etc. O grau de detalhamento do mapa geológico e os elementos que são estudados dependem do tipo de estrutura a ser projetada, sendo obrigatórias as seguintes informações: litologia, mineralogia, compartimentação do maciço, das dimensões e dos materiais de preenchimento das fraturas, profundidade do manto de intemperismo e posição do lençol d'água.

Na interpretação dos mapas geológicos, o profissional deve verificar a possibilidade de obter informações sobre as camadas horizontais, as camadas verticais e as camadas inclinadas que ocorrem na subsuperfície da área. Essas camadas são obtidas por meio da construção de perfis geológicos do terreno, com base nas informações dos mapas (Figura 1.61).

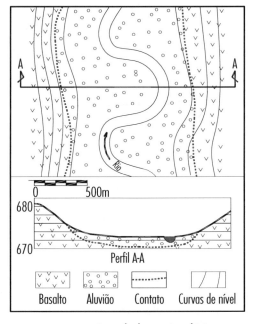

Figura 1.61. Exemplo de mapa geológico.

As camadas sedimentares, quanto à idade geológica, apresentam-se numa sequência em que os estratos inferiores são mais antigos que os superiores, valendo também para as estruturas litológicas sobrepostas. Quando ocorrem dobramentos reversos, podem aflorar camadas mais antigas em locais topograficamente mais elevados (Figura 1.62), levando muitas vezes a erros de datação de levantamentos de campo sem um estudo geológico mais aprofundado da subsuperfície. Esses erros podem ocorrer principalmente na observação das camadas por furos de sondagens isolados, sem uma análise global do maciço.

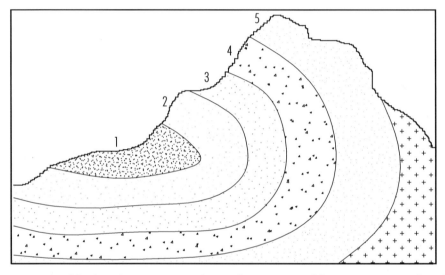

Figura 1.62. Camadas dobradas sobrepostas mostrando camada mais recente (1) em posição topográfica inferior e, sequencialmente, camadas mais antigas em posição mais elevada em contato com a superfície.

1.5.6 Representação gráfica dos dados geológicos

Uma das formas mais usuais em geologia para a representação dos dados obtidos no campo, como planos de fraturas, juntas, falhas, xistosidades, estratificações etc., é a projeção estereográfica dos dados. Diversos outros tipos de projeções podem ser usados, mas a projeção esférica é a que apresenta melhor resultado do ponto de vista prático, permitindo o estudo do problema em três dimensões.

Considera-se que todos os planos e todas as linhas medidas no campo posicionam-se corretamente no centro de uma esfera, interceptando a superfície da esfera por meio de grandes círculos (planos) ou polos (retas) (Figura 1.63).

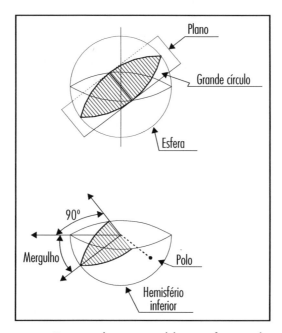

Figura 1.63. Projeção polar e equatorial de uma esfera e os planos.

Os planos são representados na esfera considerando o centro e a inclinação. O polo é o ponto que, partindo de uma reta perpendicular ao centro da esfera, atinge a superfície; pode ser representado no hemisfério superior ou inferior.

As informações obtidas pelo grande círculo e a posição do polo na superfície da esfera no hemisfério inferior são apresentadas na representação bidimensional da Figura 1.64, denominada método de representação de área igual.

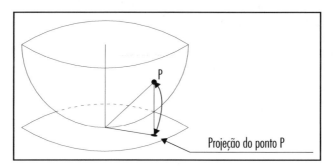

Figura 1.64. Método de representação por projeção de área igual.

Para a representação de descontinuidades ou estruturas geológicas, são utilizados os diagramas de Schmidt-Lambert. Esses diagramas são desenhados em papel, onde são representados os grandes círculos (linhas do meridiano) e os paralelos espaçados de 10° em 10°, aqui apresentados de forma simplificada (Figura 1.65).

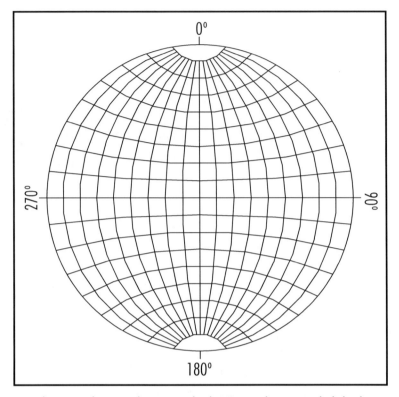

Figura 1.65. Projeção de área igual equatorial com intervalos de 10° para o lançamento de dados de campo no diagrama.

Para determinar a posição do polo e o grande círculo no diagrama, deve-se proceder conforme o esquema a seguir (Figura 1.66):

- Posiciona-se o diagrama com o norte para cima e, em seguida, marca-se a direção da descontinuidade dentro dos quatro quadrantes (NE, SE, SO e NO) (Figura 1.66a).

- A partir do meridiano central para a direita ou para a esquerda, marca-se o ângulo de mergulho contando os meridianos, assim, define-se o polo (Figura 1.66b).

- Considerando uma circunferência com centro no polo, traça-se o grande círculo passando pelo ponto marcado pela direção (Figura 1.66c).

- A utilização dos polos para a representação da posição espacial de uma descontinuidade é mais prática do que utilizar os grandes círculos, pois uma série de curvas próximas geram confusão (Figura 1.66d).

- A concentração de pontos demonstra a posição espacial de determinadas feições litológicas, como fraturas, falhas etc., que obedecem a determinada orientação.

Noções de geologia geral e aplicada

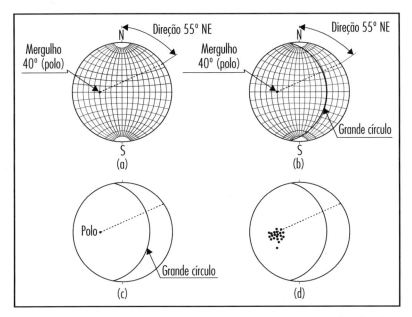

Figura 1.66. Esquema das etapas principais para o traçado do grande círculo e do polo.

2
CAPÍTULO

Estudos de reconhecimento do subsolo

2.1 INVESTIGAÇÃO DO SUBSOLO

Os objetivos principais da investigação do subsolo para fins de engenharia civil são pesquisar os tipos de solos e/ou rochas e suas características geológicas e geotécnicas, litologias, mineralogias, espessuras de camadas, elementos estruturais, posições dos níveis de água etc., para o projeto e a construção de obras civis.

Essas informações de um modo geral são utilizadas para a escolha dos tipos de fundações e o dimensionamento dos elementos estruturais de suporte da obra, no estudo do subsolo objetivando a capacidade portante, a deformabilidade e a permeabilidade para a construção de barragens ou obras subterrâneas, e na pesquisa de materiais naturais para construção, como argilas, areias e jazidas de rochas. Também não é possível a execução de cortes de estradas ou terraplenagens em solos e/ou rochas sem prévio estudo do subsolo, principalmente para a determinação dos parâmetros de resistência dos solos atravessados e para o dimensionamento dos taludes. Encontrando-se rocha, deverá ser mapeado o topo rochoso para que possa ser considerado no projeto e na execução da escavação, em termos de custos.

Outra atividade que exige obrigatoriamente o conhecimento dos materiais do subsolo é a pesquisa de áreas de empréstimo para terraplenagem ou substituição de camada de solo em construção e pavimentação de vias urbanas e rodovias e de camadas finais de terraplenagem em ferrovias.

O procedimento mais comum para a realização de estudos da subsuperfície é a perfuração do terreno nos locais previamente determinados, obtendo-se amostras dos solos ou das rochas atravessadas, para, em seguida, serem analisadas em laboratório. Pode-se também obter informações do terreno utilizando-se sistemas que meçam a resistência oferecida pelo solo ao ser penetrado por um amostrador ou um equipamento instrumentado.

Em um programa de sondagens, devem ser levados em conta os objetivos, como tipo de obra, dimensões, posições dos pilares, esforços aplicados, natureza do subsolo e sistemas construtivos disponíveis e utilizados. Nessas condições, os estudos geotécnicos para a construção de uma residência térrea são diferentes dos estudos para o projeto e construção de um edifício com vários pavimentos, ou de um trecho de metrô, de um túnel, de uma estrada, de um aterro sanitário, ou de uma barragem.

No estudo do subsolo, necessita-se inicialmente dispor do maior número possível de informações sobre o terreno, como, por exemplo, mapas geológicos da região, cartas geotécnicas, resultados de sondagens já executadas nas proximidades e observação de construções existentes; assim, obtêm-se informações sobre os tipos de fundações utilizados e a existência ou não de recalques e fissuras. O contato com moradores antigos da região ou com profissionais atuantes é muito importante, pois podem ser obtidas informações sobre obras existentes, sistemas construtivos utilizados e comportamento estrutural e geotécnico.

Portanto, antes de iniciar uma campanha de investigação do subsolo para um projeto, é preciso munir-se do maior número possível de informações sobre o terreno e a futura obra a ser executada, para que sejam indicados os métodos de sondagem adequados para aquela finalidade.

2.2 MÉTODOS DE INVESTIGAÇÃO

Os métodos de investigação do subsolo são classificados em duas categorias principais: indiretos e diretos.

Os métodos indiretos são também denominados geofísicos e fornecem informações não muito detalhadas, servindo como estimativas das estruturas das diversas camadas, litologias e posições dos níveis de água que ocorrem na região. São classificados quanto à técnica utilizada, sendo os principais: eletrorresistividade, sísmico, e *Ground Penetrating Radar* (GPR).

Os dois primeiros métodos são muito utilizados em geologia e engenharia de minas, para a prospecção de petróleo, água subterrânea e minérios. Fornecem uma noção das estruturas rochosas sem a coleta direta de amostras, mas possuindo uma vantagem que é a abrangência de grandes áreas com um custo reduzido. Em engenharia civil, esses métodos podem ser utilizados em pesquisa inicial da subsuperfície para o projeto de grandes obras. Os resultados dessas pesquisas devem ser complementados com estudo direto por meio de sondagens e coleta de amostras para análise mais detalhada e quantificação dos esforços a serem transmitidos. O *Ground Penetrating Radar* é um sistema mais recente que utiliza ondas eletromagnéticas através da subsuperfície para determinar as ocorrências de camadas de solos e/ou rochas e as posições dos níveis de água, mas não informa o tipo de material.

Os métodos diretos fornecem informações por meio da coleta de amostras deformadas ou indeformadas ou da resistência oferecida pela cravação de amostrador ou instrumentação geotécnica no subsolo. As amostras coletadas são analisadas em laboratório, permitindo classificar os materiais e suas características mecânicas e fornecer informações qualitativas e quantitativas de rochas e solos estudados.

Outro sistema de perfilagem do subsolo é o *Cone Penetration Test* (CPT) ou piezocone (CPTU), que fornece informações obtidas pela resistência à penetração com velocidade constante de cone de dimensões padronizadas, podendo determinar as posições dos níveis de água, as respectivas poro-pressões e as informações geoambientais. Esse sistema não permite amostragem, podendo-se estimar os tipos de solos atravessados e os parâmetros geotécnicos por meio de correlações.

2.2.1 Métodos indiretos ou geofísicos

A seguir são descritos sucintamente os principais métodos geofísicos utilizados na prática profissional.

2.2.1.1 Método por eletrorresistividade

Este método tem demonstrado ser útil nas investigações em engenharia civil, principalmente para a determinação da posição do lençol d'água subterrâneo. De modo geral, a resistividade elétrica de um terreno é medida colocando eletrodos alinhados a distâncias iguais. Aos eletrodos externos conectam-se em série um jogo de baterias e um miliamperímetro, sendo estes os eletrodos de corrente, que consistem em barras de metal pontiagudas cravadas no terreno. Entre os eletrodos internos, denominados eletrodos de potencial, conecta-se um potenciômetro, para medir a voltagem. Esses eletrodos são porosos, com uma solução de sais para assegurar um bom contato elétrico com o solo (Figura 2.1).

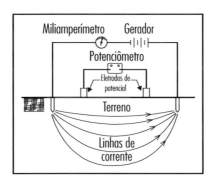

Figura 2.1. Esquema geral do método de eletrorresistividade (*continua*).

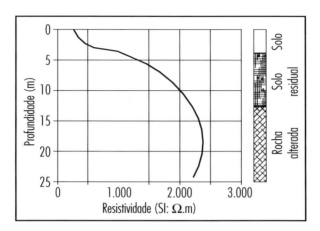

Figura 2.1. Esquema geral do método de eletrorresistividade (*continuação*).

O método de eletrorresistividade pode ser utilizado para medir a resistividade em diversas profundidades em determinado ponto ou para medir a resistividade para pontos diferentes ao longo de um perfil para certa profundidade. No primeiro caso, aumenta-se progressivamente a distância entre os eletrodos para determinar o fluxo de corrente com a profundidade. No segundo caso, os quatro eletrodos mantêm-se a distâncias constantes e movimenta-se todo o conjunto ao longo do alinhamento a ser medido, realizando-se as medidas de resistividades em diferentes locais.

No mercado, existem equipamentos especiais para este tipo de levantamento do subsolo, principalmente para localização de água subterrânea.

Os tipos litológicos e as espessuras das camadas são determinados pelos valores de leitura da resistividade com a profundidade. Esses valores podem ser iguais para diferentes tipos de rochas; assim, os resultados obtidos podem não ser definitivos, servindo somente para uma estimativa das ocorrências na subsuperfície.

2.2.1.2 Método sísmico

Baseia-se na propagação de ondas sísmicas provocadas artificialmente através do subsolo e captadas por geofones colocados em posições definidas na superfície. As ondas propagadas através dos solos ou das rochas apresentam diferentes velocidades em função da elasticidade de cada meio.

Rochas de estrutura compacta transmitem mais velozmente as ondas elásticas, ao passo que rochas de composição heterogênea e porosa, como conglomerados, arenitos porosos ou solos, apresentam menores velocidades de propagação. Outra variação das velocidades das ondas está relacionada com a anisotropia das rochas. Por exemplo, rochas metamórficas, como gnaisses, apresentam maior velocidade de propagação na direção das foliações e menor na direção perpendicular às foliações. Isso ocorre também com rochas como ardósias, quartzitos micáceos etc.

Estudos de reconhecimento do subsolo

As ondas podem ser geradas por impactos de "martelos" fixados em veículos especiais equipados para esse tipo de ensaio, ou pela detonação de explosivos próximos da superfície.

Este método é muito utilizado na pesquisa de petróleo e de minerais, sendo também muito empregado em engenharia civil, no estudo geotécnico prévio para o projeto de grandes obras, como estradas, barragens, túneis e fundações de grande porte.

Para a execução da pesquisa, inicialmente posicionam-se os receptores alinhados sobre o terreno. Denominados geofones, esses receptores são separados entre si por um valor em torno de 30 m, ou mais, dependendo do tipo de ensaio e dos objetivos. Detona-se um explosivo a determinadas profundidade e distância dos geofones ou realiza-se um impacto do martelo; em seguida, medem-se o tempo e a intensidade mecânica no solo em cada geofone. Os geofones transformam essas energias de ondas em impulsos elétricos que são processados e transformados em espessuras de camadas e tipos litológicos na subsuperfície do terreno (Figura 2.2).

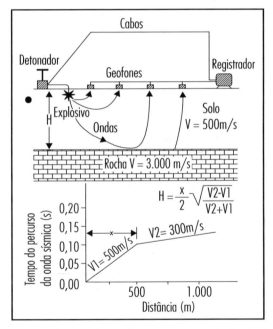

Figura 2.2. Esquema do método sísmico para estudo do subsolo.

Esse tipo de reconhecimento do subsolo não deve ser o único empregado em engenharia civil, pois fornece dados aproximados, devendo servir somente de estimativa prévia do terreno para planejamento da obra. O método sísmico deve ser complementado com os métodos diretos, que fornecem amostras e dados qualitativos e quantitativos dos materiais que ocorrem na área.

O método sísmico foi muito empregado no Brasil para as pesquisas iniciais no projeto de grandes barragens, servindo para a determinação expedita da espessura de coberturas de aluviões e das profundidades do topo rochoso.

O método de eletrorresistividade e o método sísmico têm de ser executados com equipamentos adequados e por empresa especializada, com corpo técnico que processe corretamente os dados obtidos.

2.2.1.3 Ground Penetrating Radar (GPR)

É um dos métodos mais recentes utilizados para a pesquisa do subsolo. Também denominado georradar, *subsurface radar* ou radar de penetração terrestre, é um sistema indireto e não invasivo para exploração da subsuperfície, como caracterização dos estratos e monitoramento do subsolo (Figura 2.3).

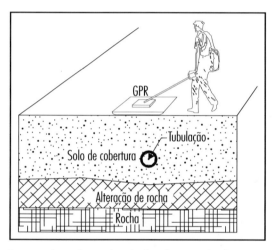

Figura 2.3. Esquema da sondagem do subsolo pelo *Ground Penetrating Radar* (GPR).

Este método está sendo largamente utilizado para várias finalidades de pesquisa do subsolo. Em engenharia civil, encontra aplicações, principalmente, em estudos como verificação de camadas em pavimentos, infraestrutura ferroviária, localização do nível d'água, posição de tubulações enterradas, detecção de vazios no subsolo, verificação de problemas ambientais de contaminação do solo e da água, investigações forenses, entre outros. É também uma ferramenta importante na pesquisa arqueológica, entre outras áreas de atuação. O primeiro sistema de radar para o estudo do subsolo foi desenvolvido na Austrália, entre 1929 e 1930, por Stern, para pesquisar a profundidade de geleiras. A partir daí, esse tipo de sondagem foi esquecido, sendo novamente utilizado a partir de 1964 também para pesquisar geleiras e água subterrânea. Atualmente, uma série de equipamentos comercializados no mundo todo utiliza o sistema GPR para diversas finalidades, como pesquisa de camadas do subsolo e de tubulações enterradas (água, esgoto, drenagem etc.).

Os sistemas utilizam a propagação de ondas eletromagnéticas e são acompanhados de um sistema de leitura e aquisição de dados, que processam os sinais e transformam-nos em imagens da subsuperfície do terreno em tempo real. A

Estudos de reconhecimento do subsolo

profundidade de investigação pode variar de 1 m até valores acima de 20 m de profundidade, dependendo do equipamento e da condutividade/resistividade elétrica dos materiais da subsuperfície.

Atualmente, inúmeros trabalhos têm sido apresentados sobre o GPR, principalmente na International Conference on Ground Penetrating Radar, realizada anualmente desde 1991.

2.2.2 Métodos diretos

Os métodos diretos consistem na obtenção de amostras de solos ou rochas por meio de perfurações ou de resultados de equipamentos mecânicos ou eletrônicos introduzidos no subsolo. Os métodos diretos são subdivididos em dois tipos básicos: métodos manuais e métodos mecânicos.

Nos métodos manuais, a coleta de amostras é obtida diretamente com o auxílio de ferramentas simples, que escavam o solo e retiram certa quantidade que é enviada ao laboratório para análise. Os principais métodos manuais são as coletas diretas de amostras deformadas e indeformadas, as aberturas de poços e trincheiras e as sondagens a trado manual. Para a retirada de amostras deformadas e indeformadas, deve ser consultada a norma ABNT NBR 9604, sobre abertura de poços e trincheiras de inspeção em solo, com retirada de amostras deformadas e indeformadas.

Nos métodos mecânicos, utilizam-se equipamentos mecanizados, que normalmente são instrumentados para a obtenção de amostras ou dados geotécnicos das camadas de solos ou rochas atravessadas.

2.2.2.1 Métodos manuais

A seguir, há uma descrição dos principais métodos manuais de amostragem de solos.

Coleta de amostras deformadas

A coleta de amostras deformadas de solos tem por finalidade a caracterização e a classificação do tipo de solo, ensaios de granulometria completa e plasticidade, ensaios de compactação, ensaios de California Bearing Ratio (CBR), cisalhamento e permeabilidade em amostras compactadas, ensaios mineralógicos etc.

Esse tipo de amostragem é bastante simples e muito importante, pois com esses ensaios pode-se determinar o tipo de solo e se o solo estudado pode ser utilizado para infraestrutura de uma estrada, construção de um aterro compactado de barragem ou aterros em obras de terraplenagem. Com as amostras deformadas, também são realizados os ensaios de compactação em laboratório, definindo as propriedades físicas que o solo deve ter quando compactado no campo.

Em uma obra de terraplenagem, os solos são escavados em um local de empréstimo ou em uma "caixa de corte" e, em seguida, transportados e lançados no local do aterro e compactados com uma energia preestabelecida. Nessas condições, as estruturas do solo passam a ser alteradas, pois ele foi removido e transportado, destruindo toda a estrutura original. Para o ensaio de compactação, portanto, as amostras de solo são trazidas do campo em condição deformada.

Para o projeto de uma barragem, a permeabilidade e a resistência ao cisalhamento do maciço são determinadas compactando-se amostras em laboratório, por meio do ensaio de compactação (Ensaio de Proctor), com as mesmas características físicas com as quais o aterro será executado.

A coleta de amostras deformadas é feita colocando-se, em um saco plástico, em torno de 5 kg a 10 kg de material. Em seguida, o saco é fechado de forma a não permitir a perda de umidade e etiquetado, constando local da amostra, número da amostra, número do furo e profundidade. As amostras deformadas podem ser coletadas próximo da superfície, dentro de poços de sondagem, em trincheiras ou em furos executados a trado.

Coleta de amostras indeformadas

As amostras indeformadas são utilizadas para obtenção de parâmetros geotécnicos que procuram simular as condições reais de solicitações dos solos. Por exemplo, podem-se citar os parâmetros de resistência c (coesão) e ϕ (ângulo de atrito interno) para o dimensionamento de um talude escavado em solo com determinada profundidade; os ensaios de adensamento para a previsão de recalques em fundações diretas; e os ensaios de permeabilidade para o cálculo da percolação de água no terreno natural sob o aterro de uma barragem.

Essas amostras podem ser obtidas em poços, trincheiras ou nas proximidades da superfície, retirando-se blocos de solo que são acondicionados e transportados para o laboratório. Argilas moles em profundidade podem ser amostradas (de forma semi-indeformada) em furos de sondagem com tubos especiais de parede fina denominados *shelby tubes*.

A retirada de amostras indeformadas é feita executando-se uma escavação em torno da amostra, que normalmente tem o formato de um bloco cúbico, podendo ter as dimensões 20 cm × 20 cm × 20 cm; 30 cm × 30 cm × 30 cm; ou 40 cm × 40 cm × 40 cm. O amostrador dos blocos é composto de uma caixa desmontável que envolve a amostra no local e é montado e selado com parafina (Figura 2.4).

Estudos de reconhecimento do subsolo

Figura 2.4. Caixa de coleta de amostra e bloco parafinado pronto para ensaios no laboratório.

A ABNT NBR 9604 especifica que as dimensões dos blocos de solo indeformados devem ter no mínimo 15 cm e no máximo 40 cm de aresta. Na escavação dos poços para coleta de amostras, devem ser tomadas providências e cuidados, e devem ser obedecidos os procedimentos contidos no item 5.1 da ABNT NBR 9604. As trincheiras devem ter largura mínima de 1 m, e na abertura devem ser tomados os mesmos cuidados quanto ao escoramento das paredes laterais, para evitar acidentes de escorregamento e soterramento, obedecendo aos procedimentos do item 5.2 da ABNT NBR 9604.

A seguir são apresentadas as etapas de amostragem de blocos indeformados de solo no terreno:

1. Escolhido o local da amostragem, escava-se em torno da amostra com largura suficiente para permitir o tombamento e a retirada do bloco.
2. Coloca-se a caixa com quatro lados montados em volta da amostra e preenchem-se os espaços laterais e o topo com areia ou serragem.
3. Cuidadosamente, utilizando colheres de pedreiro, corta-se a base da amostra e tomba-se lentamente o bloco, segurando a base para não deslizar para fora da caixa.

4. Retira-se a caixa com o bloco de amostra, posiciona-se com a base para cima, envolve-se com tecido fibroso (juta ou sintético) e aplica-se parafina derretida com o auxílio de um pincel até ficar com espessura suficiente que impeça a perda de umidade e a movimentação da amostra dentro da caixa.
5. Após a amostragem no campo, a caixa contendo o bloco é transportada com cuidado até o laboratório e permanece em câmara úmida até ser aberta para a retirada de corpos de prova.

Quando a retirada de blocos é realizada dentro de poços ou trincheiras, estes devem possuir dimensões (diâmetro ou largura) suficientes para permitir o trabalho de um operário na escavação da amostra e de um técnico para a retirada da amostra sem danificar a estrutura do solo.

Os poços normalmente possuem diâmetro mínimo de 80 cm, e as amostras são coletadas de metro em metro; são utilizados em projetos de barragens ou alguns tipos de fundações. As trincheiras são utilizadas em estudos para projetos de barragens e executadas ao longo do eixo da futura barragem, manualmente ou por equipamento mecanizado. Os principais problemas das trincheiras são o grande volume de escavação e a limitação de profundidade, pois a partir de determinados valores, dependendo do tipo de solo, o escoramento torna-se problemático.

As etapas da retirada de blocos indeformados estão ilustradas na Figura 2.5.

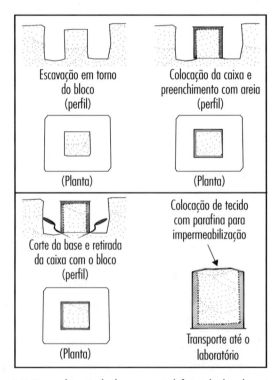

Figura 2.5. Etapas da retirada de amostra indeformada de solo no terreno.

Sondagem a trado manual

A utilização de trados manuais ou mecânicos é uma forma prática e rápida de obtenção de amostras deformadas de solos para ensaios em laboratório, pois permite atingir maiores profundidades sem grandes escavações.

Para a realização desse tipo de sondagem, deve-se reportar à norma ABNT NBR 9603. Os trados manuais podem perfurar até 12 m, e os mecânicos, dependendo do terreno, até 20 m. Os diâmetros dos trados variam de $2^{1/2}$" (63,5 mm) até 10" (254 mm), com dimensões intermediárias de 4" (101,6 mm), 6" (152,4 mm) e 8" (203,2 mm).

Esse tipo de sondagem não pode ser executado em rochas ou solos concrecionados ou com a presença de camadas de pedregulhos.

Há dois tipos básicos de confecção de trados: concha e espiral (Figura 2.6).

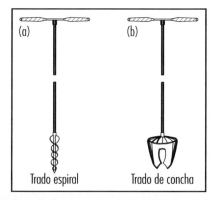

Figura 2.6. Tipos de trados: (a) espiral; (b) e (c) concha.

As hastes são formadas por tubos de aço em barras com 1 m de comprimento cada, interligadas por luva rosqueada, possuindo na extremidade superior um sistema de alavancas em forma de "T" para o giro e a cravação no terreno.

As amostras são coletadas de metro em metro. O solo que fica retido na hélice em espiral ou dentro da concha, em torno de 5 kg a 10 kg é colocado em sacos plásticos que são fechados e etiquetados com o local da amostragem, o número do furo e a cota da amostra.

Esse tipo de sondagem com coleta de amostras deformadas é muito utilizado na pesquisa de jazidas de solo para a construção de barragens ou aterros de estradas. No projeto de barragens de pequeno e médio porte, procura-se realizar uma pesquisa nas proximidades para verificar a existência de solos adequados para essa finalidade. O terreno é marcado por meio de uma malha de pontos equidistantes, com a altimetria de cada local onde é realizado um furo, até atingir o nível d'água ou diferentes tipos de solos. Com as amostras coletadas de metro em metro em cada furo, executam-se, no laboratório, ensaios de caracterização, compactação, permeabilidade e cisalhamento das amostras compactadas para verificar se o solo atende às condições geotécnicas exigidas para uma barragem.

Para o projeto e a construção de estradas, as amostras são coletadas ao longo do eixo do traçado e nas laterais (seções transversais) e enviadas ao laboratório para os ensaios. Com os resultados, definem-se as características dos materiais escavados para a construção dos aterros e das bases dos pavimentos rodoviários ou das camadas finais de terraplenagem para ferrovias. Quanto mais próxima da obra estiver localizada a jazida, mais econômico será o transporte do material.

Este tipo de sondagem também determina a posição do nível de água, que pode ser estimado pelas amostras retiradas. A profundidade pode ser medida com o auxílio de um sensor elétrico fixado na extremidade de um fio, que, em contato com a água, emite um sinal sonoro na superfície.

Com as sondagens a trado, pode-se traçar o perfil qualitativo de um terreno, classificando as diversas camadas atravessadas e apresentando profundidades, espessuras e tipos de solos que ocorrem (Figura 2.7).

Com os diversos perfis levantados e a altimetria do terreno, pode-se determinar o volume de material a ser escavado acima do nível de água para ser utilizado na construção dos aterros.

Um tipo bastante prático utilizado para a pesquisa de jazidas de materiais naturais, como argilas ou areias, é o varejão, uma espécie de haste metálica que é cravada manualmente no terreno, normalmente em locais alagados, permitindo estimar a profundidade da camada estudada. Esse sistema não fornece amostras nem a espessura da camada com precisão, mas oferece de forma rápida, prática e barata uma noção da jazida.

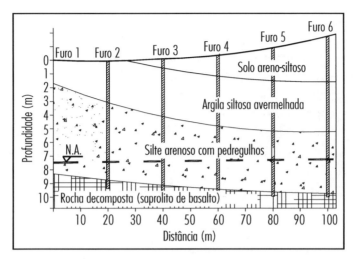

Figura 2.7. Perfil geotécnico obtido pelos furos de sondagens a trado manual.

2.2.2.2 Métodos mecânicos

São muito variados e baseiam-se na obtenção de informações qualitativas e/ou quantitativas por meio de equipamentos especiais que atravessam as camadas de solo, obtendo amostras ou fornecendo dados que são correlacionados para a obtenção de parâmetros geotécnicos que servem para dimensionamentos em projetos de engenharia civil.

Um dos métodos mais utilizados no Brasil e em quase todos os demais países é o método à percussão denominado *Standard Penetration Test* (SPT). Além do SPT, há outros processos de perfilagem do terreno com fins de caracterização das camadas para projetos de fundações ou estimativas de parâmetros geotécnicos, como o *Cone Penetration Test* (CPT), o piezocone (CPTU), o *Mini Cone Penetration Test* (MCPT), o ensaio de palheta (*Vane Test*), o ensaio pressiométrico e a sondagem rotativa em rochas.

Standard Penetration Test

Simplesmente denominado SPT, é um dos métodos de sondagem do subsolo mais utilizados no Brasil e no mundo todo, principalmente pela facilidade de execução no campo, pelo custo e pelas correlações existentes para a estimativa de parâmetros geotécnicos e o dimensionamento de estruturas de fundações. Esse tipo de sondagem permite a obtenção de dados qualitativos e quantitativos das camadas atravessadas.

O SPT, desenvolvido nos Estados Unidos em torno de 1925, foi proposto por Terzaghi para sondagens de reconhecimento para fins de fundações. No Brasil, é utilizado em mais de 90% das sondagens do subsolo para projetos de fundações profundas.

Com o SPT, é possível obter os tipos de solos atravessados por meio da retirada de amostras deformadas a cada metro, que, após passarem por rápida caracterização visual e tátil, são enviadas ao laboratório para caracterização mais precisa. Obtêm-se também, para cada metro, o número (N_{SPT}) e a posição do nível d'água. Como, além da sondagem, fornece amostra dos solos, é também um ensaio *in situ*. Esse tipo de sondagem consiste na cravação, no solo, de um barrilete amostrador padronizado, por meio de impactos aplicados por um martelo sobre um sistema de hastes de aço. Em vários países e no Brasil, já existem equipamentos mecanizados para a aplicação dos impactos do martelo sobre as hastes e o amostrador, evitando-se os possíveis erros resultantes da operação manual.

O equipamento necessário é composto de tripé, roldana, corda, martelo, guincho, hastes, barrilete amostrador, coxim de impacto, tubos flexíveis, bomba, depósito de lama e ferramentas perfurantes (Figura 2.8).

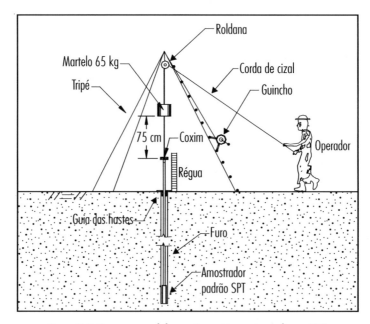

Figura 2.8. Esquema geral dos equipamentos para sondagem SPT.

Uma das características importantes da sondagem SPT é a possibilidade de o engenheiro civil manusear diretamente o solo obtido ao longo da perfilagem do terreno, podendo sentir as características geotécnicas pela identificação visual e táctil e confrontá-las com os resultados de laboratório.

Os procedimentos de campo e o barrilete amostrador são normalizados no Brasil pela ABNT NBR 6484. O barrilete utilizado é composto de duas meias-canas usinadas em aço de forma a se encaixar perfeitamente. É rosqueado na parte superior por uma luva e na parte inferior por uma ponteira padrão bizelada (Figura 2.9).

Estudos de reconhecimento do subsolo

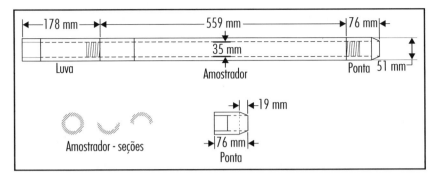

Figura 2.9. Esquema do amostrador SPT padronizado no Brasil.

A sondagem é executada de metro em metro posicionando-se o amostrador no centro do fundo do furo pré-executado e, em seguida, aplicando-se sobre o barrilete amostrador impactos com o martelo pesando 65 kg, de uma altura de 75 cm em queda livre, até penetrar o amostrador 45 cm no solo. Mede-se o número de golpes para penetrar os primeiros 15 cm, continuando o ensaio para os próximos 15 cm e, finalmente, para os últimos 15 cm.

Anota-se o número de golpes para cada 15 cm, considerando no cômputo final somente os dois últimos 15 cm, isto é, os 30 cm finais. Desprezam-se os primeiros 15 cm pela possibilidade de alteração da estrutura do solo em decorrência da escavação do furo.

Logo, tem-se:

$$N_{SPT} = \frac{\text{número de golpes}}{30 \text{ cm finais}}$$

Após a execução do ensaio a cada metro, retiram-se as hastes com o amostrador, soltam-se a luva e a ponteira e retira-se a amostra de solo do interior para ser enviada ao laboratório, constando na planilha de campo data, local, número do furo e cota.

Os furos acima do nível d'água, desde que o solo permita, normalmente são executados com trado manual; a partir do nível d'água, são feitos com o uso de ferramenta cortante denominada trépano, com circulação de água para a retirada do material desagregado. Para a circulação, a água é injetada, com o auxílio de uma bomba, no interior das hastes, sai sob pressão na face do trépano e retorna à superfície pelo espaço anular entre as hastes e o furo. O furo é executado pelos impactos no trépano através das hastes, manualmente, por movimentos de percussão e rotação feitos pelos operários na superfície.

Normalmente, escavam-se 55 cm, posicionando-se em seguida o amostrador que cravará os próximos 45 cm, os quais são então alargados pelo trado ou trépano.

Esse tipo de sondagem não pode ser executado em solos concrecionados ou com camadas de pedregulhos ou blocos de rocha, pois, além de fornecerem valores altos de penetração, podem danificar a ponteira. A profundidade de alcance depende do tipo de terreno e do porte da obra. Em geral, procura-se atingir camadas de solo com valores acima de trinta golpes para penetrar 30 cm, em média um golpe para penetrar um centímetro. Na prática, observa-se que o número de golpes aumenta para cada 15 cm cravados, e isso é explicado pelo aumento do atrito do amostrador em contato com o solo.

A ABNT NBR 8036 fornece alguns critérios para a orientação da profundidade de sondagens de simples reconhecimento para fundações de edifícios.

Um dos problemas encontrados no Brasil nesse tipo de sondagem é a confiabilidade dos resultados (repetibilidade), pois nem sempre as especificações da ABNT NBR 6484 são seguidas rigorosamente, ocorrendo, muitas vezes, entre outros problemas no campo, variações na altura de queda, martelos descalibrados, amostradores e hastes fora de padrão, anotações erradas etc.

O ideal, e o mínimo para a boa técnica, é que um engenheiro civil acompanhe, em tempo integral, toda sondagem SPT no campo, seguindo rigorosamente as normas técnicas e assumindo a responsabilidade pela sondagem e pela apresentação dos dados. Lembrando que os resultados do SPT revestem-se de grande importância na escolha do tipo de fundação e no correto dimensionamento dos elementos estruturais das fundações. Valores errados do SPT implicam em dimensionamentos em desacordo com a realidade dos métodos utilizados em projetos de fundações, podendo resultar em grandes prejuízos na segurança da futura obra. Vale lembrar também que o custo de uma campanha de sondagens executada dentro das normas e da boa técnica não é elevado diante dos custos finais das obras.

No Brasil, Ranzini (1988) propôs um método de ensaio em que, além do SPT padrão, após a cravação total do amostrador, procedesse a medição do torque pelo movimento de rotação do amostrador. A medição é feita com o auxílio de um torquímetro fixado em um pino adaptador rosqueado na haste e centralizado por um disco. Na aplicação do esforço de rotação, procura-se ler o maior valor alcançado no torquímetro, isto é, o torque máximo, podendo-se medir também o valor residual de torque após a leitura máxima. Essas leituras são realizadas a cada metro de sondagem e são anotadas na caderneta de campo, com os dados que serão enviados ao escritório para confecção do relatório final da sondagem.

Define-se como índice de torque a relação entre o valor do torque máximo ($T_{máx}$) em (kgf.m) ou (kN.m) pelo valor N_{SPT}, ou seja, $T_{máx}/N_{SPT}$. Esse tipo de ensaio é representado por N_{SPTT} e é menos sujeito a variação na execução da penetração do amostrador.

Um dado importante na execução de qualquer sondagem é a perfeita locação topográfica dos furos, bem como a cota de cada furo na superfície do terreno.

Estudos de reconhecimento do subsolo

A obtenção da posição do nível d'água é feita com o auxílio de um sensor elétrico colocado dentro do furo que emite um sinal sonoro quando em contato com a água. Encontrado o nível d'água, deve-se permanecer por algum tempo medindo-o para verificar se a água está subindo por artesianismo. Para a observação do nível d'água freático, deve-se reportar à norma ABNT NBR 6484.

Com os resultados do SPT em cada camada, podem-se obter as correlações de consistência para as argilas e de compacidade para as areias e siltes (Tabelas 2.1). A terminologia de solos e rochas é obtida da ABNT NBR 6502. A identificação e a descrição de amostras de solos obtidas em sondagens SPT são feitas seguindo as prescrições da ABNT NBR 7250. Assim, deve-se reportar a essas normas.

Tabelas 2.1. Correlações de compacidade e consistência entre os resultados do N_{SPT}.

Compacidade de areias e siltes	Índice de resistência à penetração (N_{SPT})
Fofa	≤ 4
Pouco compacta	5 - 8
Medianamente compacta	9 - 18
Compacta	19 - 40
Muito compacta	> 40

Consistência de argilas	Índice de resistência à penetração (N_{SPT})
Muito mole	≤ 2
Mole	3 - 5
Média	6 - 10
Rija	11 - 19
Muito rija ou dura	> 19

Os resultados finais da sondagem SPT são apresentados em forma de relatório em que constam o local das sondagens com datas, a planta de locação dos furos com as cotas da superfície de cada um, os resultados dos ensaios de laboratório e os perfis de cada furo (Figura 2.10). Esses relatórios têm de ser preparados e assinados pelo profissional habilitado responsável, com a emissão de Anotação de Responsabilidade Técnica (ART) sobre os serviços.

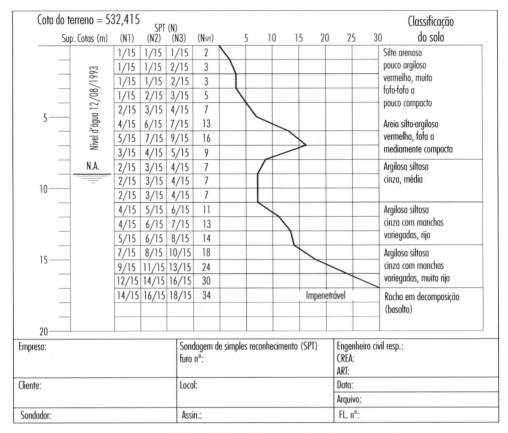

Figura 2.10. Exemplo de perfil de sondagem *Standard Penetration Test* (SPT).

Com os resultados de cada furo alinhado, pode-se traçar o perfil do terreno pesquisado, apresentando as diversas camadas atravessadas e a posição do nível d'água (Figura 2.11).

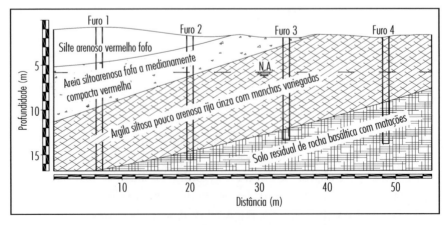

Figura 2.11. Esquema de perfil do subsolo obtido por sondagens SPT.

Estudos de reconhecimento do subsolo

Os valores do N_{SPT} podem ser utilizados para correlações empíricas na obtenção de estimativas de alguns parâmetros geotécnicos dos solos.

Para a estimativa da tensão admissível em sapatas, foram propostos alguns métodos, como Teixeira e Godoy (1996 apud HACHICH et al., 1996). Considerando o intervalo do N_{SPT} de 5 a 20, estima-se a tensão admissível (σ_{adm}) como:

$$\sigma_{adm} = \frac{N_{SPT}}{0,05} \ (kN/m^2)$$

O N_{SPT} para esse caso é o valor médio entre o valor da cota da sapata e os valores dos dois metros abaixo.

Cone Penetration Test (CPT)

A perfilagem do terreno com o cone mecânico estático, também denominado cone de penetração estática (cone holandês), é considerada um ensaio *in situ* e teve seu início na década de 1930, no Laboratory of Soil Mechanics, de Delft, na Holanda.

Primeiramente, deveria ser concebido um equipamento que permitisse a obtenção da resistência à penetração na ponta e o atrito lateral no equipamento, com a aplicação de cargas estáticas.

Barentsen (1936 apud QUARESMA et al., 1996) apresentou dois tipos de equipamentos. O primeiro tinha o objetivo de obter informações sobre a consistência de depósitos aluviais, na região oeste da Holanda, para aplicações na construção de rodovias; o segundo estimava parâmetros para projetos de fundações profundas.

Uma das principais características desse tipo de ensaio *in situ* era a obtenção de parâmetros geotécnicos, com base na resistência de ponta e no atrito lateral, e a correlação direta com o comportamento de fundações por estacas.

Graças a diversos pesquisadores, a partir daí, houve aperfeiçoamentos, resultando em novos projetos de penetrômetro, como o apresentado por Begemann (1965), denominado *friction jacket cone*. Pode-se considerar como a última das modificações qualitativas do cone mecânico a introdução da luva de atrito lateral por esse autor. O cone de Begemann possui uma luva de atrito com 150 cm² de área lateral.

Na realização do ensaio com o cone de Begemann, crava-se o conjunto até a cota desejada. Após a cravação do conjunto, movimenta-se somente a ponta, cravando-a 4 cm no solo e obtendo-se a resistência de ponta do cone. Para a obtenção da resistência oferecida pela luva lateral, crava-se mais 4 cm do conjunto luva mais cone, bastando subtrair da resistência total oferecida pelo conjunto a resistência de ponta.

As normas ABNT NBR 12069 e MB 3406 especificam para o cone diâmetro entre 34,8 mm e 36 mm e velocidade de penetração de 20 mm/s, sendo atualmente adotada internacionalmente essa velocidade.

Em 1948, foi introduzido o cone elétrico por Geuze (1948 apud ESQUÍVEL, 1995), e seu uso foi generalizado a partir de 1960. De acordo com De Ruiter (1971), existem basicamente dois tipos de cones elétricos, sendo que o primeiro mede somente a resistência de ponta e o segundo mede, além da resistência de ponta, também o atrito lateral.

Piezocone (CPTU)

Internacionalmente denominado piezocone (CPTU), o equipamento mede a resistência de ponta, o atrito lateral e também a poro-pressão da água nas camadas atravessadas. Seu surgimento ocorreu na década de 1980 e a denominação piezocone foi proposta por De Ruiter (1982).

O piezocone possui, na lateral do cone e na luva de atrito, pedras porosas por onde são lidas as poro-pressões (Figura 2.12).

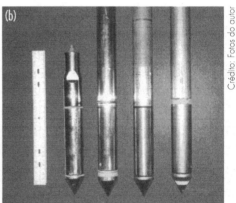
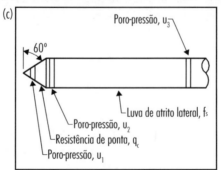

Figura 2.12. (a) Caminhão equipado com piezocone (Louisiana Transportation Research Center, LTRC, Louisiana State University); (b) piezocones com 10 cm² de área; (c) esquema mostrando as posições da instalação dos elementos porosos.

Antes do início dos ensaios, o equipamento tem de estar calibrado e com as pedras porosas preenchidas com água e deaeradas.

Modernamente, esse equipamento é acompanhado por um sistema de leitura e aquisição de dados, de forma a obter, em tempo real, os resultados da pesquisa (Figura 2.13).

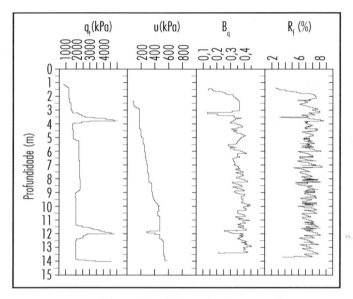

Figura 2.13. Esquema de perfilagem do solo com o piezocone.

Esse equipamento pode ser montado em um veículo automotor (caminhão) que é posicionado no local do ensaio e nivelado. As hastes são compostas de tubos separados, com fiação interna, que vão sendo emendados por roscas nas extremidades e pressionados contra o terreno por sistema de reação ligado à estrutura do caminhão de ensaio.

Nessas condições, o equipamento é cravado continuamente a uma velocidade de 2 cm/s, parando somente para a instalação das hastes de cravação. Os resultados são interpretados via computador e apresentados em forma de gráficos, que são armazenados e enviados ao escritório para a confecção de relatório final.

O equipamento de campo pode também ser montado em veículo miniaturizado, com sistema de lagarta para movimentação (Figura 2.14). Esse equipamento pode realizar, além dos ensaios com piezocone, também o *Standard Penetration Test* (SPT), com maior confiabilidade, pois o martelo é acionado mecanicamente de forma a manter a constância quanto à altura de queda. Graças às dimensões reduzidas, pode ter acesso a locais de difícil operação com o caminhão. O sistema de reação é feito por três hélices que são cravadas no terreno, permitindo o nivelamento do equipamento.

Figura 2.14. Equipamento miniaturizado sobre lagartas e sistema de reação para perfilagem do subsolo com CPT, CPTU e SPT (Departamento de Engenharia Civil da Unesp, em Bauru).

De acordo com Danziger e Lunne (1994 apud QUARESMA et al., 1996), as aplicações dos ensaios com o piezocone em engenharia civil podem ser divididas em três grupos:

- Classificação aproximada e estratigrafia dos solos atravessados.
- Estimativas na obtenção de parâmetros geotécnicos.
- Aplicação direta ao projeto de fundações profundas (estacas).

Estudos de reconhecimento do subsolo

Os valores obtidos diretamente nas perfilagens permitem a estimativa de parâmetros. Os principais parâmetros obtidos das medidas nos ensaios com CPT são resistência de ponta (q_c) e atrito lateral (f_s).

Já com CPTU, os principais parâmetros são a poro-pressão $(u_1$ e $u_2)$; a correção da resistência de ponta (q_t), sendo: $q_t = q_c + k_c.u.(1 - a)$, onde u é a poro-pressão lida diretamente no ensaio, $k_c = u_2/u$ (fator de correção da posição entre o elemento poroso e a poro-pressão u_2 medida na base do cone entre a ponteira e a luva), e a é a relação entre a área interna da base e a área lateral da luva ou do cone; e a correção do atrito lateral medido f_s (f_t), sendo: $f_t = f_s - u_s.A_{sb}/A_1 + u_1.A_{st}/A_1$, onde f_s é atrito lateral medido, A_{sb} e A_{st} são as áreas da base e do topo da luva de atrito, respectivamente, e A_t é a área lateral da luva de atrito.

Com esses valores, podem-se classificar de forma aproximada as camadas de solo e estimar alguns parâmetros geotécnicos.

Os parâmetros estimados por correlação com o piezocone são:

- Parâmetros de resistência: com base em correlações, podem-se estimar os parâmetros de resistência dos solos por meio dos resultados de q_t. Esses valores são aproximados, devendo ser considerados somente como estimativas e confrontados com ensaios em laboratório, pois essas pesquisas são muito específicas e localizadas.
- Ângulo de atrito efetivo (ϕ'): com base em correlações de ensaios em câmaras de calibração e valores conhecidos de atrito efetivo de areias, Robertson e Campanella (1983 apud LUNNE; ROBERTSOBN; POWELL, 1997) apresentaram uma carta para a estimativa deste parâmetro.
- Correlação entre o CPT e o SPT: o *Standard Penetration Test* (SPT) é um dos sistemas de reconhecimento do subsolo mais utilizado em vários países. Entretanto, considerando os esforços de padronização e normalização do SPT, ainda existem vários problemas associados com a repetibilidade do ensaio. Muitos autores têm apresentado trabalhos sobre as correlações entre o N_{SPT} e a resistência do cone q_c. Na prática da engenharia civil, prefere-se ter disponíveis os resultados do CPT correlacionados com o SPT, equivalente com o N_{SPT}. Nessas condições, verifica-se a necessidade de correlações CPT/SPT confiáveis. Isso deve-se pela falta da existência de correlações confiáveis de CPT e CPTU, principalmente na prática de projetos de fundações, por serem sistemas relativamente novos e ainda pouco difundidos no meio técnico. Portanto, tem-se:

$$q_c = K.N_{SPT}$$

Onde: K (MPa/golpe/0,30 m) é um coeficiente de correlação entre q_c do cone e N_{SPT}.

Atualmente, vários trabalhos de pesquisa têm versado sobre o piezocone, com a ampliação do campo de aplicações dessa ferramenta. Pode-se citar a pesquisa desenvolvida por Salles (2013) sobre a obtenção do módulo de deformabilidade do solo por meio de provas de carga com a utilização do cone elétrico (CLT) proposto por Reiffsteck et al. (2009).

Mini Cone Penetration Test (MCPT)

É um equipamento desenvolvido para a classificação de perfis de solos com vista à aplicação em infraestrutura de transportes. O equipamento foi apresentado por De Lima e Tumay (1991), Tumay (1998) e Tumay e Kurup (1999) e trata-se de um cone miniaturizado com 12,7 mm de diâmetro que é cravado no solo através de uma haste contínua flexível que pode ser enrolada, chegando a atingir 15 m de profundidade. O equipamento é montado em um veículo de porte médio que é nivelado e cravado, possuindo um sistema de leitura e aquisição de dados em tempo real (Figura 2.15).

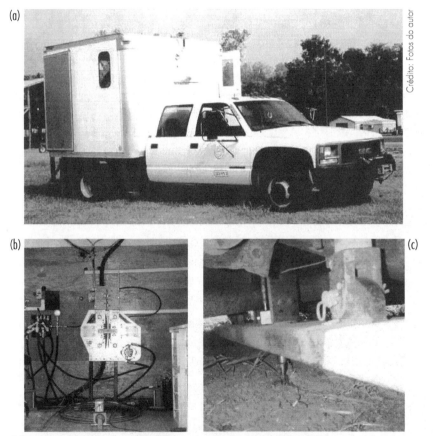

Figura 2.15. (a) Veículo equipado com o MCPT; (b) sistema de aplicação dos esforços; (c) cravação do minicone no terreno (Louisiana Transportation Research Center, LTRC, Louisiana State University).

Ensaio de palheta (*Vane Test*)

É um ensaio *in situ* desenvolvido para a determinação direta da resistência ao cisalhamento de argilas moles não drenadas. De acordo com Schnaid (2000), teve origem na Suécia, ao ser proposto por John Olsson em 1919, e sofreu vários aperfeiçoamentos a partir daí.

O ensaio é realizado cravando no fundo de um furo de sondagem pré-executado uma palheta com dimensões padronizadas. Depois, aplica-se um torque, de forma que ocorra o cisalhamento do solo pelo giro das palhetas (Figura 2.16).

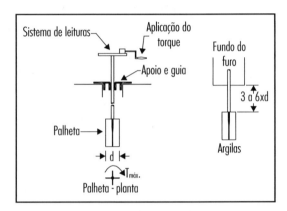

Figura 2.16. Ensaio de palheta (*Vane Test*) - esquema do equipamento e ensaio.

A medida do torque *versus* a rotação permite obter a resistência ao cisalhamento não drenada do solo (s_u).

A velocidade de rotação da palheta é 6° por minuto e o torque (T) é lido com o auxílio de um torquímetro na superfície. A palheta possui diâmetro usual (d) de 65 mm e comprimento de 130 mm, existindo também palheta com diâmetro de 50 mm e comprimento de 100 mm. As hastes são fabricadas em aço de alta resistência para suportar os torques e possuem diâmetro de 13 mm, protegidas por um tubo externo com diâmetro de 20 mm.

Para a determinação da resistência não drenada das argilas, utiliza-se a seguinte fórmula:

$$s_u = \frac{86 \cdot T_{máx}}{\pi \cdot d^3} \quad (kN/m^2)$$

Onde: $T_{máx}$ é o torque máximo lido para um giro de 360° e (d) é o diâmetro da palheta.

A palheta é cravada de 3 a 6 vezes o diâmetro abaixo do fundo do furo para evitar ou minimizar os efeitos da escavação, que produz amolgamento na argila e altera os resultados.

Esse tipo de ensaio, como os demais para solos, não pode ser utilizado em camadas concrecionadas ou com pedregulhos, pois isso danifica as palhetas.

2.3 SONDAGENS EM ROCHAS

Quando se executa uma sondagem de reconhecimento da subsuperfície, nos trechos onde ocorrem solos, os métodos utilizados são os descritos anteriormente. Cada método deve ser utilizado para a finalidade adequada. O sistema que é mais empregado no Brasil é o SPT, principalmente pelas correlações existentes e pelas metodologias para estimativas de parâmetros geotécnicos e dimensionamento de fundações. Os demais métodos, apesar dos importantes estudos realizados por diversos pesquisadores no Brasil, ainda são recentes no meio geotécnico nacional, necessitando de maiores pesquisas para aplicabilidades mais confiáveis.

Quando da realização de sondagens, após atravessar as camadas de solos, encontram-se rochas, e, em função das necessidades do projeto, as investigações devem ser prolongadas através de camadas mais profundas. Para isso, deve-se partir para as sondagens em rochas.

2.3.1 Sondagem rotativa em rochas

Quando a sondagem por qualquer um dos métodos descritos anteriormente encontrar blocos de rocha, solos concrecionados ou rochas, e havendo a necessidade de prolongar o estudo do subsolo, deve-se partir para sondagem rotativa em rochas.

As sondagens rotativas têm, de um modo geral, custos mais elevados que as sondagens em solos, portanto, somente devem ser realizadas quando a obra exigir, em função dos esforços transferidos para o subsolo.

Os equipamentos utilizados para as sondagens rotativas são compostos basicamente por (Figura 2.17):

- Motor, podendo ser movido a diesel, gasolina ou eletricidade.
- Torre metálica com guincho para o içamento dos equipamentos, principalmente das hastes e da coroa.
- Hastes, formadas por tubos de aço especiais, emendados por luvas rosqueadas e de alta resistência à torção.
- Cabeçote, normalmente como parte do conjunto motor e operação das hastes.
- Compressor e misturador de lama com tubulações.
- Barriletes, compostos de coroas diamantadas ou pastilhas de widia (carboneto de tungstênio).

Estudos de reconhecimento do subsolo

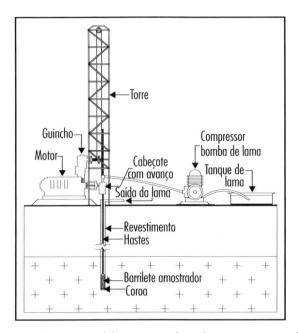

Figura 2.17. Esquema geral de um sistema de sondagem rotativa em rochas.

Os equipamentos podem variar no mercado, dependendo das dimensões dos furos e dos fabricantes.

As sondagens rotativas são executadas com circulação de água ou lama bentonítica para resfriamento da broca e transporte de partículas para a superfície. A lama é preparada com argila bentonita industrializada, adquirida embalada. A água ou a lama é injetada sob pressão com o uso de um compressor e um misturador, descendo até o barrilete pelo interior das hastes e saindo por ranhuras existentes no interior do amostrador e da coroa.

As amostras vão sendo cortadas e penetradas no interior do amostrador. A retenção das amostras é feita por sistemas de hastes metálicas que funcionam com pequenas molas, permitindo a entrada da amostra e impedindo por atrito sua saída.

As coroas podem ser maciças ou ocas, possuindo vários diâmetros e comprimentos, sendo normalmente fabricadas em aço de alta resistência. Apresentam na extremidade uma camada de pastilhas de widia ou diamantes industriais, para a abrasão e o corte da rocha (Figura 2.18).

As coroas maciças servem somente para a abertura de furos na rocha, como poços ou furos para atirantamentos. As coroas ocas são utilizadas para o corte e a obtenção de testemunhos da rocha atravessada. As coroas são classificadas pelo tipo de material abrasivo, pelo quilate dos diamantes industriais e pelos diâmetros.

Figura 2.18. Coroas para perfuração e sondagens em rochas.

As dimensões dos testemunhos de sondagem e a recuperação são geralmente de quatro diâmetros diferentes, sendo formados normalmente por quatro jogos de tubos de revestimentos, acoplamentos e coroas, conforme indicados nas Tabelas 2.2.

Tabelas 2.2. Dimensões normalmente utilizadas para coroas, hastes, revestimento e testemunho.

Tipo de amostrador	Revestimento ϕ_{ext} (mm)	Coroa ϕ_{ext} (mm)	Hastes ϕ_{ext} (mm)	Testemunho ϕ_{aprox} (mm)
EX	46	36,5	33,3	22
AX	57	46,8	41,3	30
BX	73	58,7	48,4	41
NX	89	74,6	60,3	54

Estudos de reconhecimento do subsolo

Dimensões recomendadas				
Tipo de coroa	Diâmetro externo (mm)	Diâmetro interno (mm)	Área (mm²)	Perímetro (mm)
EW	37,3	21,5	730	117
AW	48	30,1	1.068	149
BW	59,6	42	1.405	187
NW	75,3	54,7	2.104	236
HW	98,8	76,2	3.107	310
AQ	47,9	27	1.230	150
BQ	59,8	36,5	1.763	188
NQ	75,6	46,6	2.710	237
HQ	96	63,5	4.072	301

(Fonte: cortesia de Christensen-Roder)

Além desses, podem ser obtidos testemunhos de sondagem com diâmetros maiores, dependendo do equipamento e do nível de detalhamento que deve ser obtido na amostragem. Quanto maior o diâmetro, mais precisas as observações geológicas, principalmente sobre as feições estruturais, como fraturas, vesículas, estratificações, foliações etc. Em maciços muito fraturados, os diâmetros pequenos devem ser evitados, pois dificultam a coleta do testemunho e a análise da estrutura da rocha.

As amostras obtidas nos furos são acondicionadas em caixas de madeira com separadores para cada cilindro de amostra, na sequência do furo. Nas caixas são anotados local, número do furo, data, cotas das amostragens e características visuais das amostras, como materiais de preenchimento das fraturas, espessuras das aberturas e coloração dos minerais.

Com base nas amostras retiradas, nas características litológicas, nas classificações, na recuperação e nas posições dentro do furo, traça-se a perfilagem do maciço (Figura 2.19). Nesse tipo de sondagem, deve-se ter a participação de um geólogo de engenharia para a determinação mais precisa da litologia das amostras e do maciço.

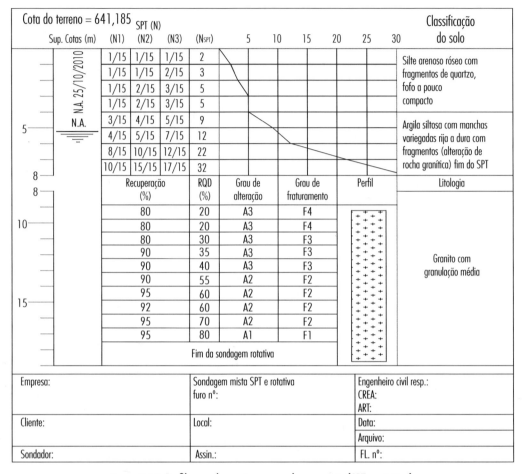

Figura 2.19. Perfilagem de maciço por sondagem mista (SPT e rotativa).

Conforme exposto no capítulo 4, tem-se:

RQD (*Rock Quality Designation*):

RQD < 25% ⇒ maciço muito fraco;

RQD de 25 a 50% ⇒ maciço fraco;

RQD de 50 a 75% ⇒ maciço médio ou regular;

RQD de 75 a 90% ⇒ maciço de boa qualidade;

RQD de 90 a 100% ⇒ maciço de excelente qualidade.

F (grau de fraturamento):

F_1 < 1 ⇒ maciço muito pouco fraturado;

F_2 de 1 a 5 ⇒ maciço pouco fraturado;

F_3 de 6 a 10 ⇒ maciço com fraturamento médio;
F_4 de 11 a 20 ⇒ maciço muito fraturado;
F_5 > 20 ⇒ maciço extremamente fraturado.

A (grau de alteração):
A_1 ⇒ rocha sã ou praticamente sã;
A_2 ⇒ rocha alterada;
A_3 ⇒ rocha muito alterada.

2.3.2 Sondagem integral em rochas

A sondagem integral ou amostragem integral foi proposta pelo professor Manuel Coelho Mendes da Rocha, engenheiro civil português e professor do Instituto Superior Técnico de Lisboa, que presidiu o Laboratório Nacional de Engenharia Civil (LNEC) de Lisboa, Portugal, de 1954 a 1974.

Esse tipo de sondagem tem por objetivo a determinação das aberturas das fraturas, do material de preenchimento, da direção e do mergulho (atitude) das descontinuidades das rochas atravessadas. As sondagens rotativas comuns fornecem somente os testemunhos com as partes soltas, não mostrando espacialmente a estrutura do maciço. A sondagem integral consiste em retirar testemunhos que possam esclarecer com certa precisão a geometria espacial dessas feições estruturais.

Para obtenção de amostra integral, deve-se proceder da seguinte forma (Figura 2.20):

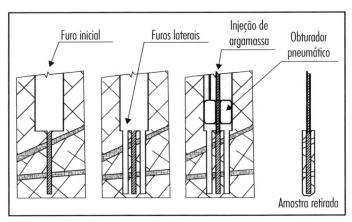

Figura 2.20. Esquema da amostragem integral em sondagens em rochas.

- Em um furo preexistente com diâmetro relativamente grande, executa-se no centro um furo com broca maciça com diâmetro 25,4 mm no trecho da amostragem.

- No furo interno de $\phi = 25,4$ mm, introduz-se uma haste oca perfurada para saída de argamassa. Essa haste deve ser referenciada na superfície, com direção norte-sul e cota da superfície do terreno e da amostragem. Na parte superior do furo inicial de 25,4 mm, deve ser posicionado um obturador.
- Através da haste, injeta-se argamassa sobre pressão de forma a penetrar nas fraturas e solidarizar as paredes internas do furo inicial ($\phi = 25,4$ mm).
- Em volta do furo de $\phi = 25,4$ mm, executa-se um furo centrado com coroa oca com diâmetro maior, deixando um espaço anular entre o primeiro e o segundo furos.
- Finalmente, retira-se todo o conjunto contendo a haste e a rocha retida pela argamassa no espaço anular entre o furo inicial e o furo externo.

A amostragem integral permite um estudo mais detalhado das descontinui-dades e das camadas mais alteradas e com materiais desagregados. Com esse tipo de amostragem, podem-se montar perfis dando uma visão tridimensional ou cons-truir maquetes com as posições espaciais de cada elemento estrutural atravessado.

O custo para a realização dessa amostragem é bem maior que o da sondagem rotativa convencional, e somente é utilizada em projetos que necessitam de um conhecimento detalhado do maciço. Em projetos de fundações de barragens de grandes dimensões, fundações de pontes, escavação de túneis e obras em que o estudo espacial das estruturas dos maciços deve ser posicionado espacialmente em detalhes, esse tipo de amostragem de rocha é necessário.

3 CAPÍTULO

Noções de mecânica dos solos

Este capítulo aborda de forma simplificada e resumida alguns dos principais tópicos da mecânica dos solos, como classificação dos solos, resistência ao cisalhamento, compactação e adensamento, procurando apresentar conhecimentos básicos ao estudante para a continuidade dos estudos nas disciplinas obrigatórias da área de geotecnia.

A mecânica dos solos é uma ciência da engenharia civil que trata do estudo dos solos do ponto de vista de tensões e deformações. Os solos são compostos de uma fase sólida, formada por partículas granulares, envolta por uma fase fluida, constituída de água e ar ou gases.

O homem vem trabalhando com os solos como suporte de fundações de edificações, escavações, aterros etc. desde os primórdios da civilização, sendo que nessa fase da História as obras geotécnicas eram realizadas de forma empírica e repetitiva, sem muitos conceitos científicos. O período que vai do século XVIII até o início do século XX é denominado por Skempton (1985) como o período clássico da mecânica dos solos, principalmente com as teorias de Coulomb, Rankine, entre outros.

Historicamente, essa ciência é bastante recente, pois o primeiro trabalho que deu origem a ela foi o livro publicado em 1925 por Karl von Terzaghi, intitulado *Erdbaumechanik*, que lançou os fundamentos da mecânica dos solos nas atividades da engenharia civil.

O primeiro congresso internacional International Congress on Soil Mechanics and Foundations Engineering (ICSMFE) foi realizado em 1936, na Universidade de Harvard, Cambridge (Estados Unidos), quando foi fundada a International Society of Soil Mechanics and Geotechnical Engineering (ISSMGE). A partir daí, a mecânica dos solos teve um grande desenvolvimento, tornando-se uma ciência muito ampla e de vital importância para o projeto e a execução das obras geotécnicas.

3.1 CLASSIFICAÇÃO DOS SOLOS

Como visto no capítulo 1, dependendo da origem, os solos podem ser classificados em solos residuais e solos sedimentares. Os solos residuais possuem as feições litológicas reliquiares da rocha matriz, sendo a distribuição das partículas função dos minerais que compunham a rocha de origem. Um solo originário de granito possui uma matriz contendo argila e silte, com partículas de quartzo que não se decompuseram quimicamente, ao passo que um solo originário de ardósia possui maior quantidade de argila.

Os solos sedimentares apresentam heterogeneidade maior, pois, dependendo das rochas de origem e dos agentes transportadores, podem ter uma grande variedade de materiais, desde pedregulhos até areias e siltes, argilas e materiais orgânicos.

Existem vários sistemas de classificação dos solos, normalmente com base nas dimensões das partículas e nas características dos argilominerais que compõem os solos.

A seguir, são abordadas simplificadamente as principais propriedades físicas dos solos (índices físicos e forma das partículas), a granulometria, os limites de Atterberg, os principais sistemas de classificação e a capilaridade. Esse assunto é tratado com maior profundidade na disciplina obrigatória Mecânica dos Solos, teoria e laboratório, nos cursos de graduação em engenharia civil.

3.1.1 Propriedades físicas dos solos

As principais propriedades físicas dos solos estudadas em engenharia civil são os índices físicos e a forma das partículas. As partículas, as quais são definidas as formas, encontram-se na granulometria de pedregulhos, areias e siltes. Os argilominerais, por serem microscópicos, possuem formas e características particulares.

3.1.1.1 Índices físicos

Os solos possuem três fases (sólida, líquida e gasosa), e seu comportamento é dependente da quantidade relativa dessas três fases. Das relações entre essas fases surgem os índices físicos, como teor de umidade (w), porosidade (n), índice de vazios (e), grau de saturação (S_r), peso específico (γ), peso específico seco (γ_d),

Noções de mecânica dos solos

peso específico saturado (γ_{sat}) e peso específico submerso (γ_{sub}). A Figura 3.1 mostra esquematicamente um modelo das três fases dos solos, onde são obtidas a relações dos índices físicos.

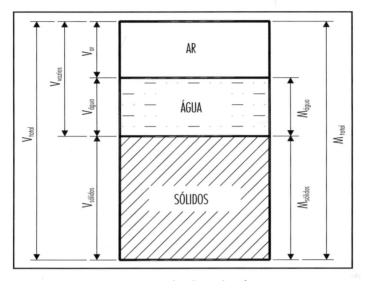

Figura 3.1. Fases do solo – índices físicos.

No laboratório, são determinadas a massa específica dos sólidos e a massa específica natural do solo, de acordo com ensaios definidos nas normas ABNT NBR 6508 e ABNT NBR 10838.

A relação entre as massas mais utilizada é o teor de umidade (w), que é a relação entre a massa de água (M_w) e a massa de sólidos (M_s) presentes na amostra.

$$w = \frac{M_w}{M_s}$$

A porosidade (n) é definida como a relação entre o volume de vazios (V_v) e o volume total da amostra (V).

$$n = \frac{V_v}{V}$$

O índice de vazios (e) é definido pela relação entre o volume de vazios e o volume de sólidos (V_s).

$$e = \frac{V_v}{V_s}$$

O grau de saturação (S_r) representa a relação entre o volume de água (V_w) e o volume de vazios.

$$S_r = \frac{V_w}{V_v}$$

Esses índices são adimensionais e, com exceção do índice de vazios, são expressos em porcentagem. Os demais índices físicos relacionam pesos com volumes: peso específico (γ) é a relação entre o peso total e volume total do solo; peso específico seco (γ_d) é a relação entre o peso das partículas sólidas e o volume total; peso específico saturado (γ_{sat}) é o peso específico natural do solo se todos os vazios entre as partículas forem preenchidos pela água; peso específico submerso (γ_{sub}) é o peso específico do solo quando saturado e submerso, sendo o peso específico saturado menos o peso específico da água; peso específico da água (γ_w) é considerado constante para aplicações em mecânica dos solos e seu valor é 10 kN/m³; o peso específico do ar é desprezado.

3.1.1.2 Forma das partículas

As partículas dos solos, em especial os pedregulhos e as areias, podem apresentar-se na natureza com várias formas geométricas, principalmente em função do agente transportador. As principais formas são angulares, subangulares, subarredondadas e arredondadas (Figura 3.2).

Essas diversas formas indicam o tempo e o meio de transporte sofrido pela partícula até sua deposição. As partículas angulosas demonstram transportes curtos, principalmente pela ação da gravidade, ou nenhum transporte, como, por exemplo, partículas de quartzo em solos residuais de granito. As partículas arredondadas são típicas de transporte fluvial e sofrem a ação da abrasão por contato com outras partículas. Areias de praias também tendem a adquirir a forma arredondada em razão dos impactos das ondas e da movimentação das partículas.

As areias transportadas pelo vento (areias eólicas) normalmente possuem partículas finas (areias médias, finas ou siltes), geralmente de forma arredondada e bem selecionada, pois a deposição pelo vento faz as partículas de mesmo diâmetro depositarem-se em determinado local. Com isso, geralmente os sedimentos eólicos possuem elevada porosidade, fornecendo excelentes aquíferos, como o aquífero Guarani, no Brasil.

A forma das partículas de areia tem muita influência no comportamento mecânico, pois os contatos e os encaixes entre as partículas fazem com que aumente o atrito ao deslizamento. Partículas com formato lamelar ou muito angular possuem menor resistência na seção transversal de menor espessura, ficando assim sujeitas à ruptura quando solicitadas por esforços externos. As mais arredondadas permitem o deslizamento entre uma partícula e outra, diminuindo a resistência por atrito.

Noções de mecânica dos solos 165

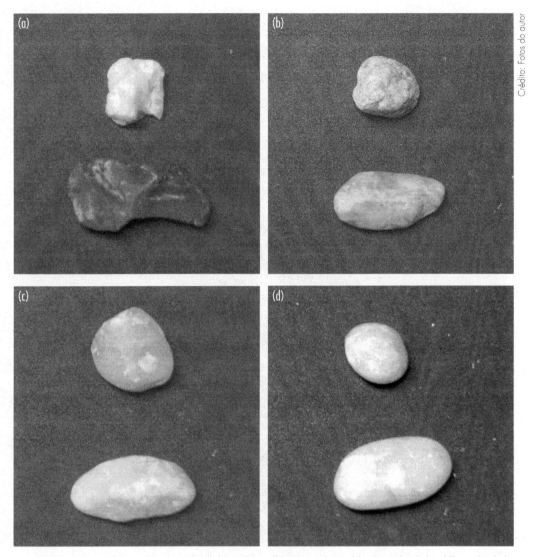

Figura 3.2. Principais formas das partículas: (a) angulares; (b) subangulares; (c) subarredondadas; (d) arredondadas.

A verificação da forma das partículas dos pedregulhos pode ser feita macroscopicamente, utilizando um paquímetro. As areias e os siltes necessitam de um microscópio com escala para definição das formas e contagem das partículas.

3.1.1.3 Granulometria

Define os tamanhos das partículas e sua distribuição na massa do solo. As dimensões das partículas são determinadas de duas formas: por peneiramento para os grãos mais grossos (pedregulhos e areias) e por sedimentação para os grãos mais finos (siltes e argilas).

O peneiramento é realizado em laboratório, devendo-se obedecer a norma ABNT NBR 7181. Consiste basicamente em medir o peso do material que passa em cada peneira (Figura 3.3), referente ao peso seco da amostra, como porcentagem que passa pela malha de cada peneira.

Figura 3.3. (a) Peneirador e (b) peneira para o ensaio de granulometria.

Noções de mecânica dos solos

Após o peneiramento, a granulometria é representada em um gráfico em função das aberturas das peneiras em milímetros (representando o diâmetro das partículas), em escala logarítmica, e da porcentagem de matéria que passa em cada peneira (Figura 3.4 e Tabela 3.1).

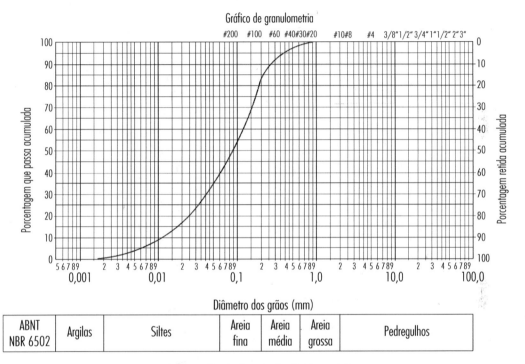

Figura 3.4. Ensaio de granulometria completa.

Tabela 3.1. Peneiras e respectivas aberturas de acordo com a ABNT NBR 5734.

Peneira número	Abertura (mm)
200	0,074
100	0,15
50	0,3
40	0,42
30	0,6
16	1,2
10	2,0
4	4,8
3/8"	9,5
3/4"	19,1
1"	25,4
2"	50,8

A distribuição granulométrica da parte fina dos solos (siltes e argilas) é obtida pelo ensaio de sedimentação, com base na Lei de Stokes, versando que a velocidade de queda das partículas em um meio viscoso é proporcional ao quadrado do diâmetro da esfera. Esse ensaio é mais demorado e, para a realização, utilizam-se provetas e densímetros para medir a densidade da suspensão do solo em água destilada ao longo do tempo; determinando-se a porcentagem de partículas que ainda não precipitaram associada ao diâmetro das partículas que ainda estão em suspensão.

De acordo com a curva granulométrica, pode-se considerar a distribuição das partículas do solo em função dos diâmetros (Figura 3.5).

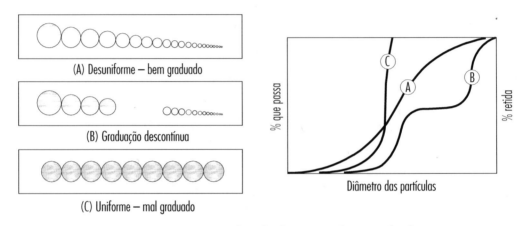

Figura 3.5. Esquemas mostrando as distribuições granulométricas de solos.

Pode-se fazer uma leitura de um solo tipo (A) desuniforme (bem graduado, contendo partículas distribuídas desde a mais grossa até a mais fina); (B) descontínuo ou aberto (com intervalos que não possuem partículas naqueles diâmetros); e (C) uniforme (mal graduado, contendo partículas com aproximadamente o mesmo diâmetro).

3.1.1.4 Limites de Atterberg

O químico sueco Albert Mauritz Atterberg (1846-1916) definiu o seguinte princípio: quando uma argila está em suspensão na água, flui como se fosse um líquido, sem praticamente nenhuma resistência a esforços. Conforme vai perdendo água por evaporação, a argila passa por diferentes estados: líquido, plástico, semissólido e sólido. Esses estados são definidos por limites, constituintes do teor de umidade da argila para passar de um estado para outro, sendo:

- Limite de liquidez (LL) (%);
- Limite de plasticidade (LP) (%);
- Limite de contração (LC) (%).

Noções de mecânica dos solos

169

O limite de liquidez é obtido seguindo as prescrições da norma ABNT NBR 6459. O ensaio é feito em laboratório utilizando o aparelho calibrado de Casagrande (Figura 3.6), proposto e padronizado pelo engenheiro civil e professor Arthur Casagrande, em 1932, na Universidade de Harvard (Estados Unidos). O limite de liquidez é definido como o teor de umidade do solo com o qual uma ranhura executada com um bizel especial necessita de 25 golpes para se fechar na concha do aparelho de Casagrande.

Figura 3.6. Aparelho de Casagrande.

O limite de plasticidade é obtido em laboratório de acordo com as prescrições da norma ABNT NBR 7180. Consiste em determinar o menor teor de umidade do solo abaixo do qual não é possível moldar, com a palma da mão, um cilindro de solo com 3 mm de diâmetro e 10 cm de comprimento, realizando movimentos de rolagem sobre uma superfície de vidro (Figura 3.7).

Figura 3.7. Ensaio do limite de plasticidade em laboratório.

O limite de contração é obtido em laboratório de acordo com as prescrições da norma ABNT NBR 7183. Consiste em medir o teor de umidade a partir do qual o solo não mais se contrai, mesmo perdendo peso. Nessas condições, o índice de vazios do solo é o mesmo, estando saturado ou totalmente seco.

Com o limite de liquidez (LL) e o limite de plasticidade (LP), é obtido o índice de plasticidade (IP):

$$IP = LL - LP$$

O IP e o LL do solo são os índices utilizados nos sistemas de classificação dos solos.

3.1.1.5 Sistemas de classificação dos solos

Os sistemas de classificação dos solos mais empregados em engenharia civil são os denominados sistemas unificados de classificação, propostos por Casagrande, em 1948, para o U. S. Bureau of Reclamation (USBR) (Figura 3.8 e Tabela 3.2), juntamente com o sistema de classificação da American Association of State Highway and Transportation Officials (AASHTO) (Tabela 3.3), para fins rodoviários.

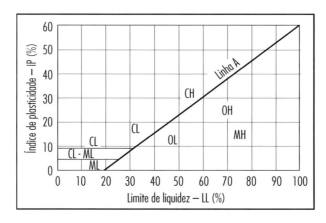

Figura 3.8. Carta de plasticidade de Casagrande para classificação dos solos.

Tabela 3.2. Subdivisões do sistema unificado de classificação dos solos de Casagrande.

Classificação	Tipos	Símbolos
Solos grossos (menos que 50% passando na # 200)	Pedregulhos ou solos pedregulhosos	GW, GP, GM e GC
	Areias ou solos arenosos	SW, SP, SM e SC
Solos finos (mais que 50% passando na # 200)	Solos siltosos ou argilosos	Baixa compressibilidade (LL<50) ML, CL e OL
		Alta compressibilidade (LL>50) MH, CH e OH
Solos orgânicos	Turfas	P_t

Noções de mecânica dos solos

171

Na Tabela 3.2 com a classificação por Casagrande, os símbolos representam: GW, pedregulho bem graduado; GP, pedregulho mal graduado; GM, pedregulho siltoso; GC, pedregulho argiloso; SW, areia bem graduada; SP, areia mal graduada; SM, areia siltosa; SC, areia argilosa; ML, silte; CL, argila pouco plástica; OL, argila e silte orgânico; MH, silte plástico; CH, argila muito plástica; OH, argila e silte orgânico; P_t, turfas.

Na classificação para fins rodoviários da American Association of State Highway and Transportation Officials (AASHTO), os solos são definidos em sete grupos, mais solos orgânicos.

Tabela 3.3. Sistema de classificação dos solos pela American Association of State Highway and Transportation Officials (AASHTO), para fins rodoviários.

Classificação	Materiais e solos granulares (P_{200} < 35%)							Solos silto-argilosos (P_{200} > 35%)			
Grupos	A-1		A-3	A-2				A-4	A-5	A-6	A-7
Subgrupos	A-1-a	A-1-b		A-2-4	A-2-5	A-2-6	A-2-7				A-7-5 A-7-6
#P_{10}	< 50	-	-	-	-	-	-	-	-	-	-
#P_{40}	< 30	< 50	> 50	-	-	-	-	-	-	-	-
#P_{200}	< 15	< 25	< 10	< 35	< 35	< 35	< 35	> 35	> 35	> 35	> 35
LL	-	-	-	< 40	> 40	< 40	> 40	< 40	> 40	< 40	> 40
IP	< 6	< 6	NP	< 10	< 10	>10	>10	< 10	< 10	> 10	> 10
Índice de grupo (IG)	0	0	0	0	0	< 4	< 4	< 8	< 12	< 16	< 20
Tipos de materiais e solos	Fragmentos de rocha, pedregulho e areia		Areia fina	Pedregulhos e areias siltosas ou argilosas				Solos siltosos		Solos argilosos	
Classificação como subleito de estradas	Excelente a bom						Regular a mau				

Para a classificação dos solos na Tabela 3.3, deve-se determinar as porcentagens de solo passando nas peneiras # 10, # 40 e # 200; o limite de liquidez (LL) e o índice de grupo (IG):

$$IG = 0,2.a + 0,005.a.c + 0,01.b.d$$

Sendo:

a: % que passa na # 200 – 35; se for maior que 75% adota-se a = 40%, se for menor que 35% adota-se a = 0;

b: % que passa na # 200 – 15; se for maior que 55% adota-se 40%, se for menor que 15% adota-se b = 0;

c: valor do LL – 40; caso o LL ≥ 60% adota-se c = 20, caso o LL < 40% adota-se c = 0;

d: valor do IP – 10; se IP > 30% adota-se d = 20, se IP < 10% adota-se d = 0.

Essa classificação qualifica os solos para bases de estradas (rodovias e ferrovias) e para a construção de aterros. Na Tabela 3.3 deve-se considerar também o grupo A-8, sendo solo altamente argiloso ou turfas, como solo inadequado para bases de estradas.

3.1.1.6 Capilaridade dos solos

As propriedades dos solos são profundamente afetadas pela água, principalmente pela água de absorção. Um tipo especial é a água capilar, que nos solos tem início a partir do nível livre da água, isto é, do lençol freático. A partir daí, sobe até a superfície do terreno, podendo mover-se em qualquer direção. A água capilar ocorre na faixa em que o solo não é saturado, daí a denominação solos não saturados.

O estudo de solos não saturados tem se revestido de grande importância no meio geotécnico, tendo ocorrido a realização de vários eventos sobre esse assunto. Engenheiros civis interessados na área podem recorrer ao livro *Soil Mechanics for Unsaturated Soils*, de Fredlund e Rahardjo (1993), além dos anais dos eventos brasileiros sobre solos não saturados, promovidos pela Associação Brasileira de Mecânica dos Solos e Engenharia Geotécnica (ABMS).

A superfície da água que se movimenta em um tubo com pequeno diâmetro interno (tubo capilar) forma um menisco em razão da tensão superficial no contato entre a água e o ar. A tensão superficial é um fenômeno provocado pela tensão intermolecular na superfície da água, formada pelas pontes de hidrogênio. A tensão superficial gera aderência à superfície e um esforço na direção contrária, tendendo a puxar as superfícies do tubo. Como as superfícies não se deslocam, a água sobe até uma determinada altura de equilíbrio de forças. Nos solos, como não ocorrem tubos capilares, a água desloca-se através dos vazios entre as partículas, formando pequenos condutos de geometria complexa.

A tensão capilar entre as partículas induz a tensão de sucção, ou coesão aparente, pois, quando o solo encontra-se totalmente seco ou totalmente saturado, ela desaparece.

De acordo com Fredlund e Rahardjo (1993), essa tensão de sucção foi primeiramente estudada por Buckingham (1907), Gardner e Widtsoe (1921), Richard (1928), Schofield (1935), Edlefesen e Anderson (1943), Bolt e Miller (1958), Corey e Kemper (1961) e Corey et al. (1967).

Considere um tubo de vidro limpo de pequeno diâmetro interno inserido verticalmente em água sob as condições atmosféricas, conforme mostrado na Figura 3.9. Observa-se que a água eleva-se internamente no tubo até determinada altura, como resultado da tensão superficial e da rigidez das paredes do tubo.

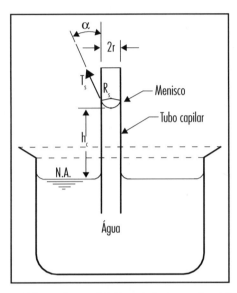

Figura 3.9. Tubo capilar, modelo físico do fenômeno da capilaridade.

A resultante vertical da tensão superficial é ($2\pi r T_s \cos\alpha$), que é a responsável pela elevação da coluna de água até uma altura (h_c) – altura de capilaridade, ou melhor, ($\pi r^2 h_c \rho_w g$), em que:

$$2\pi r T_s \cos\alpha = \pi r^2 h_c \rho_w g \qquad (3.1)$$

Sendo:
r o raio interno do tubo capilar;
T_s a tensão superficial da água;
α o ângulo de contato da água com a parede interna do tubo;
h_c a altura capilar;
g a aceleração da gravidade.

A equação (3.1) pode ser reescrita, fornecendo a altura máxima no tubo capilar (h_c):

$$h_c = \frac{2T_s}{\rho_w g R_s} \qquad (3.2)$$

Sendo R_s o raio da curvatura do menisco = $r/\cos\alpha$.

Quando a água pura está em contato com a superfície de vidro, o ângulo α é igual a zero, portanto:

$$h_c = \frac{2T_s}{\rho_w gr} \qquad (3.3)$$

Essa analogia pode ser feita com os interstícios entre as partículas dos solos.

A ascensão capilar em solos depende dos diâmetros dos grãos e da compacidade (dimensões dos interstícios entre as partículas), podendo variar de alguns milímetros a algumas dezenas de metros em argilas (Tabela 3.4).

Tabela 3.4. Valores experimentais aproximados da ascensão capilar em alguns tipos de solos.

Tipos de solos	Altura capilar (h_c)
Pedregulhos	Alguns milímetros
Areias	Até 2 m
Siltes	Até 4 m
Argilas	> 10 m

Portanto, em solos não saturados, a tensão de sucção induz uma coesão aparente no solo, aumentando a resistência ao cisalhamento. Ao ser totalmente seco ou saturado, o solo perde essa coesão, e sua resistência mecânica diminui.

3.2 RESISTÊNCIA AO CISALHAMENTO DOS SOLOS: CONCEITOS BÁSICOS

O conhecimento da resistência ao cisalhamento tem grande importância para a análise e a solução dos problemas mais importantes da engenharia civil em mecânica dos solos. Portanto, apresentam-se de forma resumida e simplificada noções sobre os principais parâmetros de resistência dos solos. A utilização dos parâmetros de resistência tem aplicação direta em projetos de estabilidade de taludes, barragens, muros de arrimo, fundações, entre outros.

Aqui, o termo tensão envolve dois conceitos, ou seja, tensão em um ponto e tensão em um plano. A tensão em um plano é a grandeza física definida pela força atuante em uma superfície e a área dessa superfície, sendo a grandeza vetorial (força) e a grandeza escalar (área), portanto, força dividida pela área. A tensão em um ponto é uma grandeza física que permite a descrição do vetor tensão (tensor de tensões) atuando em qualquer plano que contenha o ponto considerado. A associação de infinitos planos de tensão passando por um ponto considerado define o estado de tensão.

Noções de mecânica dos solos

A componente paralela a um plano de tensões é denominada tensão de cisalhamento (τ) e a componente ortogonal ao plano é denominada de tensão normal (σ).

Quando um elemento de solo é submetido a um estado de tensões, sofre ruptura por cisalhamento, podendo em função do tipo e características físicas do solo apresentar comportamentos diferentes de tensão-deformação.

3.2.1 Tipos de ruptura em solos

Quando o solo é submetido a tensões cisalhantes, podem ocorrer os tipos de rupturas mostrados na Figura 3.10.

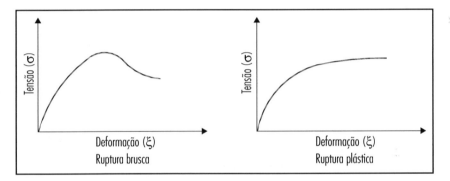

Figura 3.10. Tipos de ruptura em solos.

Na ruptura brusca, o solo atinge certo limite de resistência e a partir daí rompe, diminuindo a resistência e mantendo um valor residual. Na ruptura plástica, o solo atinge determinado valor máximo de resistência e a partir daí continua se deformando de forma plástica, mantendo um valor residual.

3.2.2 Atrito entre sólidos

Considerando-se um elemento com área (A) apoiado sobre uma superfície plana e submetido a uma carga vertical (N), tem-se (Figura 3.11):

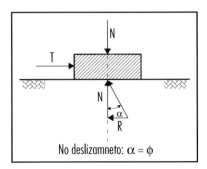

Figura 3.11. Esquema da resistência ao cisalhamento entre sólidos.

Levando-se em conta somente o atrito entre as superfícies e aplicando-se uma carga normal (N_1) e um esforço tangencial (T_1), desenvolve-se um componente (R_1) igual a (T_1) em sentido contrário. Aumentando-se (T) até atingir o deslizamento, desenvolve-se o ângulo (α) até atingir uma obliquidade máxima (ϕ) denominada ângulo de atrito. Observa-se que o ângulo de atrito é um parâmetro característico do contato entre as superfícies, sendo um valor constante no estado limite de deslizamento, e que o componente resistente ao deslizamento (R) aumenta conforme aumenta o esforço N.

Nessas condições, tem-se:

$$\tau = \frac{T}{A}(\text{kN/m}^2)$$

$$\sigma = \frac{N}{A}(\text{kN/m}^2)$$

Sendo (A) a área entre as superfícies.

Portanto, a resistência tangencial máxima será:

$$\tau = \sigma.\text{tg}\phi \ (\text{kN/m}^2)$$

Sendo:

σ a tensão normal;

$tg\phi$ o coeficiente de atrito entre as superfícies;

τ a resistência ao cisalhamento considerando somente o atrito entre as superfícies.

Essa fórmula representa a resistência ao cisalhamento de areias e siltes limpos.

Colando-se as superfícies, retirando-se o esforço normal (N) e aplicando-se somente o esforço tangencial (T) até a ruptura, obtém-se a resistência oferecida (c) de coesão da "cola" entre as superfícies, sendo:

$$c = \frac{T}{A} \ (\text{kN/m}^2)$$

Noções de mecânica dos solos

A coesão não depende da tensão normal, e sim apenas das características dos materiais ligantes entre as superfícies.

Sendo a resistência ao cisalhamento de solos puramente coesivos, como argilas:

$$\tau = c \ (kN/m^2)$$

Para solos que possuem coesão em razão de argilas ou outros minerais e atrito por causa de partículas de areias e siltes, a equação da resistência ao cisalhamento fica:

$$\tau = c + \sigma.tg\phi \ (kN/m^2)$$

Considerando-se o elemento imerso em água, tem-se a ação da poro-pressão ou empuxo (μ) tendendo a diminuir as tensões de contato entre as partículas (tensões efetivas), reduzindo a resistência oferecida pelo atrito e, consequentemente, a resistência ao cisalhamento. Portanto, tem-se:

$$\tau = c + (\sigma - \mu).tg\phi \ (kN/m^2)$$

Sendo μ a poro-pressão da água entre as partículas do solo ou as superfícies.

3.2.3 Medidas da resistência ao cisalhamento

A medida da resistência ao cisalhamento dos solos tem como primeiro objetivo a determinação da envoltória de ruptura, isto é, a relação entre as tensões normal e cisalhante no estado limite de ruptura. Os dois métodos mais comumente utilizados para a determinação da resistência ao cisalhamento dos solos são o ensaio de cisalhamento direto e o ensaio de compressão triaxial.

3.2.3.1 Ensaio de cisalhamento direto

O ensaio é realizado em um equipamento (Figura 3.12) no qual um corpo de prova é colocado em uma caixa de aço dividida ao meio. Carrega-se inicialmente por uma força vertical (N), que corresponde a uma tensão normal (σ) na seção de área (A). A metade inferior da caixa permanece fixa e, enquanto a tensão normal é mantida constante, aplica-se na metade superior um esforço horizontal (T), que cresce gradativamente até o corpo de prova romper por cisalhamento. Nessas condições, (T) corresponde a (τ).

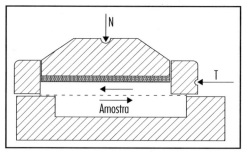

Figura 3.12. Máquina de ensaio de cisalhamento direto e esquema do cisalhamento.

Aumentando-se o esforço normal (N) em cada ensaio, tem-se (Figura 3.13):

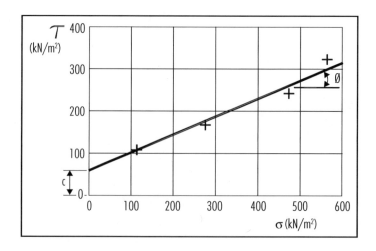

Figura 3.13. Curva envoltória de cisalhamento.

Noções de mecânica dos solos

Esse ensaio possui alguns problemas executivos, como romper a amostra de solo em determinado plano e não no de menor resistência que possa ocorrer no interior da amostra. Os solos residuais e alguns sedimentares possuem descontinuidades na estrutura e, quando solicitados ao cisalhamento, rompem através desses planos, o que não é permitido no cisalhamento direto. Vale considerar também, nesse ensaio, que a tensão compressiva sobre o corpo de prova (tensão normal) não é constante, resultando em diferentes tensões de cisalhamento ao longo do plano de ruptura.

3.2.3.2 Ensaio de compressão triaxial

Um corpo de prova cilíndrico é envolvido por uma membrana de látex impermeável e colocado dentro de uma câmara que é preenchida por água (Figura 3.14).

Aplicando-se pressão na água, o corpo de prova fica submetido a determinada tensão de confinamento (σ_3). As tensões de cisalhamento são provocadas pela aplicação de determinadas tensões verticais (σ') através de um pistão. Essas tensões verticais vão sendo acrescidas até ocorrer a ruptura do corpo de prova, enquanto a tensão de confinamento é mantida constante.

Durante a execução desse ensaio, pode-se drenar o corpo de prova através de pedra porosa colocada na base e ligada a uma bureta, que determina a quantidade de água que sai do corpo de prova.

Verifica-se na Figura 3.14 que, para determinada tensão de confinamento σ_3 (tensão principal menor), há um valor de σ_1 (tensão principal maior) na ruptura, formando um círculo. Aumentando σ_3, aumenta-se σ_1 e forma-se outro círculo maior, e assim por diante. Isso define a envoltória de resistência ao cisalhamento, com o ângulo de atrito (ϕ) e a coesão (c). Nessas condições a superfície de ruptura possui um ângulo (α) em relação à horizontal, como:

$$\alpha = 45° + \frac{\phi}{2}$$

E a inclinação (β) da tensão normal (σ_N) em relação à horizontal é:

$$\beta = 45° - \frac{\phi}{2}$$

Considera-se em um elemento tridimensional que $\sigma_3 = \sigma_2$ (solo isotrópico).

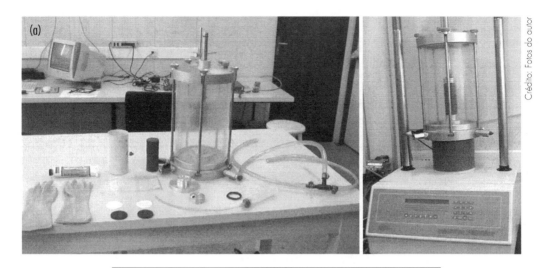

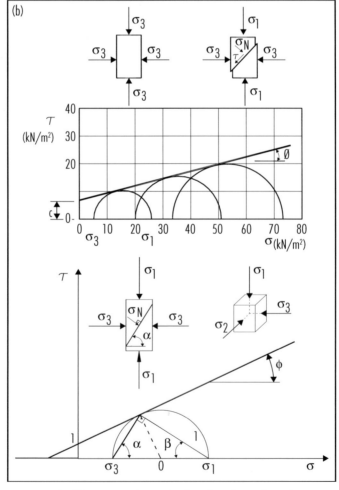

Figura 3.14. (a) Câmara triaxial e (b) esquemas dos círculos de Mohr e da envoltória de resistência ao cisalhamento.

Sendo:

σ_1 a tensão principal maior;

σ_3 a tensão principal menor.

Os círculos da Figura 3.14, denominados círculos de Mohr, devem-se ao engenheiro civil alemão Christian Otto Mohr (1835-1918).

- Critério de Mohr: não existem estados de tensão correspondentes a pares de valores σ e τ situados acima da envoltória de resistência.
- Critério de Coulomb: para a definição da envoltória de resistência de um solo a ser utilizada na análise de um problema, é usual adotar-se para qualquer que seja a curva real dessa envoltória, uma reta média correspondente ao intervalo de tensões em que o solo estará submetido.

A Figura 3.15 mostra formas genéricas de envoltórias de cisalhamento para (a) solos não coesivos (areias e siltes), e (b) solos puramente coesivos (argilas).

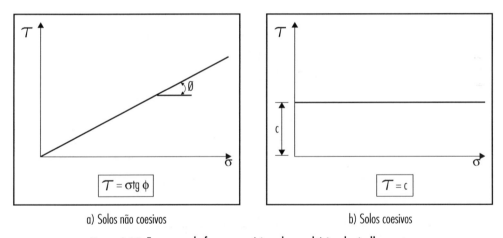

a) Solos não coesivos   b) Solos coesivos

Figura 3.15. Esquemas de formas genéricas de envoltórias de cisalhamento.

Procurando simular as condições reais de solicitações dos solos, foram desenvolvidos no ensaio de cisalhamento triaxial três tipos básicos de ensaios:

- Ensaio não drenado e não adensado – *unconsolidated undrained* (UU): também denominado ensaio rápido – *quick* (Q). Este ensaio permite simular a situação do solo sendo submetido a tensões de cisalhamento de forma rápida e sem permitir a drenagem da água e o adensamento. Como exemplo, isso pode ocorrer na escavação de um talude de corte com o solo do maciço total ou parcialmente saturado. A escavação é realizada de forma relativamente rápida, sem permitir que a água percole pelo talude e alivie as poro-pressões. Outro exemplo é o rebaixamento rápido do nível d'água de uma barragem com o solo saturado no maciço de montante. O solo saturado é solicitado ao cisalhamento sem tempo suficiente de permitir a drenagem.

- Ensaio adensado não drenado – *consolidated undrained* (CU): também denominado ensaio rápido pré-adensado – *rapid* (R). Possibilita a simulação do solo sendo submetido a tensões de cisalhamento, permitindo inicialmente a drenagem (dissipação das poro-pressões) e o adensamento da amostra sob as tensões confinantes e, em seguida, fechando-se o registro e bloqueando-se a drenagem da água, provocando a ruptura do corpo de prova sem variações do volume por adensamento. Este ensaio simula uma situação em que o solo encontra-se sob tensão confinante e ocorre a dissipação das poro-pressões, sofrendo de forma relativamente rápida tensões cisalhantes até a ruptura.

- Ensaio adensado drenado – *consolidated drained* (CD): também denominado ensaio lento – *slow* (S). É permitida a drenagem do corpo de prova enquanto está confinado na câmara triaxial. Dependendo do tipo de solo, o tempo de adensamento pode demorar vários dias, como as argilas. Após a drenagem total e o adensamento da amostra, aplica-se a tensão principal até a ruptura sem que ocorra poro-pressão. Este ensaio procura simular uma situação na prática em que solos drenados, ou seja, envoltos por camadas permeáveis, passam a ser sobrecarregados e atingem a ruptura sem a ocorrência de poro-pressões nos interstícios do solo.

Os conhecimentos sobre a resistência ao cisalhamento dos solos são aplicados na solução de vários problemas geotécnicos, nos quais a ruptura ocorre conceitualmente pelo deslizamento entre duas superfícies, sob tensões cisalhantes. Dentre esses problemas, podem-se citar (Figura 3.16):

- Taludes em solos: sob a ação da gravidade, ocorrem tensões cisalhantes no interior dos maciços, tendendo a movimentar uma parte do maciço em relação a outra. Quando as tensões cisalhantes excedem as tensões resistentes, produzem a ruptura dos taludes.

- Estruturas de arrimo: da mesma forma que em taludes, ocorre a mobilização de uma cunha de ruptura aplicando empuxos sobre o muro de contenção.

Noções de mecânica dos solos

- Fundações: os esforços oriundos das estruturas são transmitidos às fundações. Os elementos estruturais das fundações transmitem tensões compressivas e cisalhantes aos solos no entorno e na base dos elementos.
- Fundações rasas: as tensões transmitidas por fundações rasas (sapatas) são transferidas ao solo produzindo tensões cisalhantes.

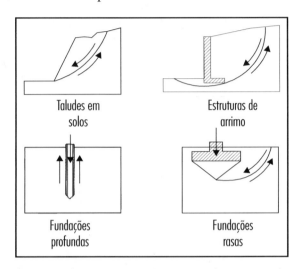

Figura 3.16. Alguns exemplos em que as tensões potenciais de ruptura são de cisalhamento.

3.3 COMPACTAÇÃO DOS SOLOS

No projeto e na construção de maciços terrosos, como aterros de estradas ou barragens de terra, uma das mais importantes atividades é a compactação do solo. A compactação do maciço aumenta a resistência ao cisalhamento do solo, diminui a compressibilidade, reduz a permeabilidade e oferece certas condições de homogeneidade ao maciço.

A compactação é realizada no campo com equipamentos mecanizados adequados a cada finalidade e tipo de solo. Procura-se obter o teor de umidade e a energia, objetivando um peso específico aparente máximo, conforme determinado no laboratório por meio do ensaio de compactação. O ensaio de compactação foi proposto pelo engenheiro civil norte-americano Ralph Roscoe Proctor (1894-1962), em 1933.

3.3.1 Ensaio de compactação ou Proctor

Consiste em compactar uma amostra de solo no interior de um molde cilíndrico de dimensões padronizadas, com 1.000 cm³. São compactadas, dentro do cilindro, três camadas de solo com um soquete com massa de 2,5 kg que cai em queda livre da altura de 30,5 cm, aplicando 26 golpes em cada camada (Figura 3.17).

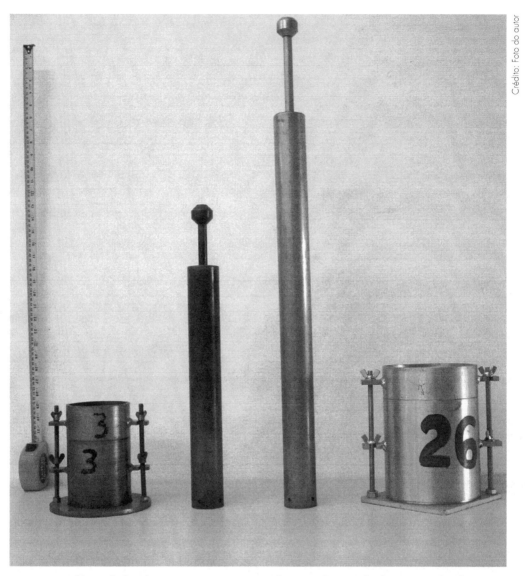

Figura 3.17. Moldes e cilindros de compactação para o ensaio de Proctor (à esquerda, Proctor normal; à direita, Proctor modificado).

Realizam-se vários ensaios, variando-se o teor de umidade do solo, obtendo-se para a energia constante de cada ensaio, o peso específico aparente (γ_s) e o teor de umidade (w) em porcentagem (Proctor normal). Com esses valores, traça-se a curva γ_s = f (w), com base normalmente em cinco ensaios com diferentes teores de umidade (Figura 3.18).

Noções de mecânica dos solos

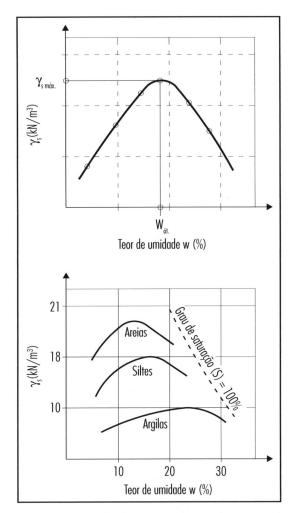

Figura 3.18. Curva de Proctor e curvas típicas resultantes do ensaio para argilas, siltes e areias, com a mesma energia de compactação e curva de saturação 100%.

A Figura 3.18 mostra também as curvas de compactação para argilas, siltes e areias com a mesma energia. O ponto de máximo dessas curvas define os valores ($\gamma_{s\,máx}$ e w_{ot}), que produzem o maior valor do peso específico aparente para o teor de umidade ótimo, com a energia constante aplicada pelo soquete no solo dentro do cilindro de ensaio.

O peso específico aparente do solo é determinado pesando-se o cilindro vazio, com o solo compactado no interior e o volume interno do cilindro previamente conhecido.

$$\gamma_s = \frac{\gamma}{1+w}$$

Sendo:

γ o peso específico obtido nos ensaios;

w a umidade do solo em cada ensaio (%);

γ_s o peso específico aparente;

$\gamma_{s\,máx}$ o peso específico aparente máximo;

w_{ot} o teor de umidade ótimo.

Vale considerar que, na compactação, as partículas do solo e a água são consideradas incompressíveis e a diminuição do volume do solo, em razão da energia de compactação aplicada, ocorre em virtude da diminuição do volume de ar, isto é, do escape do ar existente nos vazios entre as partículas.

Experimentalmente, obtém-se, ligando os pontos de máximo entre as três curvas, a curva de grau de saturação entre 80%, 90% e 100%.

Os valores obtidos dependem da energia de compactação. Graças à produção pela indústria de equipamentos para compactação no campo com maior energia e para construção de bases compactadas de aeroportos ou maciços sujeitos a esforços elevados, foram desenvolvidos os ensaios com energia intermediária e modificada.

O ensaio de Proctor com energia intermediária utiliza o cilindro com 2.000 cm³; o soquete compactador possui massa com 4,54 kg e cai em queda livre da altura de 45,7 cm. São compactadas cinco camadas, aplicando-se 26 golpes em cada camada. Na energia modificada, o cilindro também possui 2.000 cm³, a massa do soquete é de 4,54 kg e a altura de queda livre é de 45,7 cm, e são compactadas cinco camadas com 55 golpes cada uma.

Os ensaios de compactação devem obedecer às especificações da norma ABNT NBR 7182.

3.3.2 Controle de compactação de aterros

Para a construção de aterros, deve-se compactar o solo em camadas com os mesmos teor de umidade ótimo e peso específico aparente máximo obtidos no laboratório. Isto é, deve-se aplicar a mesma energia-padrão de laboratório com o teor de umidade ótimo para o solo do aterro que foi previamente ensaiado.

Normalmente, a primeira camada do aterro serve de teste para calibrar a energia de laboratório com os equipamentos de compactação no campo. O solo é espalhado em camada com altura preestabelecida e é colocada ou retirada água até atingir o w_{ot} de laboratório. Em seguida, a camada é compactada, medindo-se o número de passadas do equipamento de compactação e fazendo-se o controle de compactação pela obtenção do γ_s diretamente na camada de solo. Nessa camada, verifica-se o número de passadas do equipamento que produz no solo o $\gamma_{s\,máx}$ (energia equivalente do ensaio de laboratório).

Noções de mecânica dos solos

A obtenção dos valores de w_{ot} é feita por meio de vários métodos práticos, como o equipamento *Speedy*, que mede diretamente o valor de w (%). Os valores dos γ_s até atingir o $\gamma_{s\,máx}$ são obtidos pelo equipamento denominado frasco de areia. Esses equipamentos são de fácil manejo e largamente utilizados na prática de construção de aterros (Figura 3.19).

Figura 3.19. (a) Aparelho *Speedy* para controle da umidade e (b) frasco de areia para controle do peso específico aparente, no campo.

Dessa forma, o controle no campo é feito obtendo-se o grau de compactação (G_c), sendo:

$$G_c = \frac{\gamma_{s\,campo}}{\gamma_{s\,máx}} 100 \ (\%)$$

Aqui, $\gamma_{s\,campo}$ é o valor do peso específico aparente do solo obtido diretamente na camada compactada no campo.

Depois de verificada a energia equivalente no campo, passa-se a compactar as demais camadas nas mesmas condições, sempre confirmando pelo controle de compactação. Quanto menor for o grau de compactação, menor será o custo dos serviços de terraplenagem, pois é necessário menos energia de compactação, implicando em economia na operação dos equipamentos. Nessas condições, porém, obtêm-se maciços de aterros com qualidade inferior.

Alguns valores de grau de compactação são especificados para determinados tipos de aterros (Tabela 3.5). Esses valores devem ser analisados pelo projetista em função da segurança e da economia na obra.

Tabela 3.5. Valores típicos de grau de compactação especificados para a construção de aterros.

Tipos de aplicação	Grau de compactação mínimo requerido (%)
Aterros para suporte de construções ou bases rodoviárias	90 - 95 (Proctor modificado) ou 95 - 100 (Proctor normal)
Subleito rodoviário	95 - 100 (Proctor modificado)
Base rodoviária de material agregado	95 - 100 (Proctor modificado)
Aterros de barragens	100 (Proctor modificado)

3.4 ADENSAMENTO DOS SOLOS

Quando uma camada de solo é submetida a tensões, estas desenvolvem-se na interação entre as partículas granulares, isto é, no contato entre as partículas, denominadas tensões efetivas (Figura 3.20). Se, em uma determinada profundidade, o solo estiver saturado com certa altura de água, as partículas passam a sofrer uma subpressão hidrostática, ou poro-pressão, aliviando as tensões efetivas.

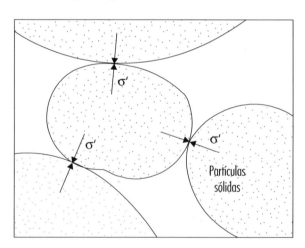

Figura 3.20. Esquema mostrando as tensões efetivas (σ') de contato entre as partículas do solo.

Se essa camada saturada sofrer um acréscimo de tensão, em função de um aterro, uma fundação ou qualquer tipo de obra, a água, sendo considerada incompressível, passa de imediato a absorver esses esforços em forma de acréscimo de pressão. Nessas condições, a água tende a fluir através dos vazios entre as partículas do solo e escapar para camadas mais próximas.

Noções de mecânica dos solos

3.4.1 Analogia hidromecânica de Terzaghi

O mecanismo de transferência da pressão da água e das tensões efetivas é mais bem explicado pela analogia hidromecânica de Terzaghi (Figura 3.21), em que um cilindro representa o espaço vazio entre as partículas do solo, a mola ligada a um pistão representa a tensão efetiva de contato entre as partículas (esqueleto sólido do solo) e a água preenche totalmente esse vazio.

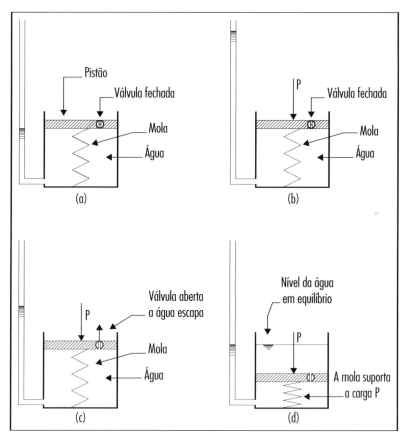

Figura 3.21. Analogia hidromecânica de Terzaghi.

A Figura 3.21a apresenta um cilindro com pistão e mola totalmente preenchido por água com o registro fechado. A mola representa as tensões de contato entre as partículas. Aplicando-se um esforço P sobre o pistão e estando o registro fechado, a água absorve a pressão sem sobrecarregar a mola (Figura 3.21b). Ao abrir o registro e permitir o escape da água (Figura 3.21c), começa a ocorrer uma diminuição da pressão da água e um consequente aumento da tensão na mola. A mola se deforma até atingir o valor limite de equilíbrio entre a resistência da mola e o esforço aplicado (Figura 3.21d). Nessas condições, as pressões da água se dissipam até atingirem um estado de equilíbrio (Figura 3.21d e 3.22).

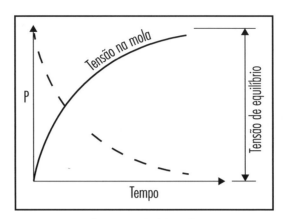

Figura 3.22. Transferência gradual dos esforços *versus* tempo.

Observa-se que a água, no início do processo, teve um aumento brusco de pressão e, com a abertura da válvula, começou a se dissipar e diminuir a pressão. Na mola, com a válvula fechada, não ocorreu acréscimo de tensão, mas com a abertura e o escape da água houve um acréscimo de tensões e deformações até atingir o equilíbrio de forças.

Esse fenômeno ocorre em solos saturados, quando submetidos a esforços adicionais. Inicialmente, a água absorve as pressões, mas, em função da permeabilidade do solo e das camadas no entorno, passa a percolar e, consequentemente, aumentar as tensões efetivas entre as partículas, provocando a diminuição do volume do solo. Essa diminuição do volume causa deformações verticais na camada de solo, resultando como consequência em recalques por adensamento. Portanto, os recalques causados por adensamento são resultado de escape da água, rearranjos das partículas e diminuição do volume da massa de solo submetido a um acréscimo de tensões.

Na prática, observa-se que, quando um solo saturado é sobrecarregado, sofre uma deformação inicial em razão da elasticidade dos materiais componentes da estrutura sólida e, em seguida, passa a se deformar por adensamento. Essa deformação inicial é denominada recalque imediato.

3.4.2 Ensaio de adensamento

O ensaio de adensamento ou edométrico é realizado em laboratório com equipamento chamado prensa de adensamento (Figura 3.23), em que uma amostra de solo indeformado ou compactado é submetida a tensões variáveis ao longo do tempo, medindo-se as deformações verticais sem deformações laterais. Um dos objetivos do ensaio é a obtenção da tensão de pré-adensamento (σ_0), ou seja, a maior tensão que o solo já sofreu na natureza. O ensaio é realizado de acordo com as normas ABNT NBR 12007 e MB 3336.

Noções de mecânica dos solos

Figura 3.23. Prensas de adensamento em laboratório de mecânica dos solos.

Com as variações das tensões e das deformações, traça-se o gráfico de adensamento (Figura 3.24), no qual as ordenadas são as variações do índice de vazios da amostra (e) e as abscissas são as variações de tensões verticais em escala logarítmica.

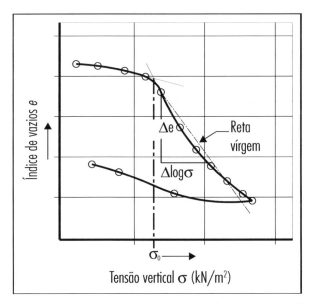

Figura 3.24. Representação dos resultados do ensaio de adensamento em função da variação dos índices de vazios com as tensões verticais.

O ponto sobre a curva de adensamento que define a tensão de pré-adensamento é determinado pelo processo de Casagrande ou pelo processo de Pacheco Silva. À esquerda dessa reta vertical de σ_0 ocorre a recompressão do solo, em razão da relaxação sofrida pelo alívio de tensões na natureza. À direita da reta vertical de σ_0 ocorre a compressão do solo sob tensões maiores que as já submetidas na natureza.

Desse modo, a tensão de pré-adensamento σ_0 é a maior tensão vertical que o solo já suportou na natureza. Considerando que uma amostra de solo foi retirada a 1 m de profundidade e, no passado geológico do local, a superfície do terreno encontrava-se vários metros acima da cota atual, o solo, nessas condições, foi confinado pela coluna de solo sobrejacente que existiu e, por processos geológicos, sofreu erosão e estabeleceu-se no nível atual (Figura 3.25).

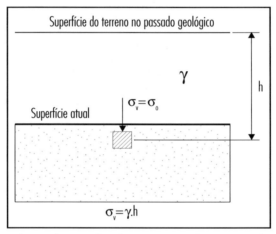

Figura 3.25. Esquema mostrando um elemento de solo que, no passado, esteve confinado por camadas superiores eliminadas por processos erosivos.

A obtenção da tensão de pré-adensamento do solo é muito importante na prática da engenharia civil geotécnica, pois, aplicando-se no solo tensões abaixo desse valor, as deformações são desprezíveis. Isso pode ser utilizado para o dimensionamento de fundações rasas, como sapatas ou *radiers*, ou para a execução de aterros com determinadas alturas, que não ultrapassem a tensão de pré-adensamento sobre camadas de solos preexistentes.

No trecho da curva compreendido entre o início do ensaio e o ponto de pré-adensamento, há o histórico de tensões já sofrido pelo solo, isto é, uma recompressão do solo até o valor máximo de tensão que o solo já sofreu na natureza. Com o alívio de tensões, em razão do desconfinamento natural, o solo sofreu expansão equivalente à variação entre o índice de vazios inicial e o de pré-adensamento.

Ultrapassando valores de tensões além da tensão de pré-adensamento, o solo passa a suportar valores maiores do que os já sofridos. A partir desse valor, o solo começa a produzir deformações pronunciadas, e o trecho reto do gráfico é

Noções de mecânica dos solos

denominado reta virgem de adensamento. A última etapa do ensaio é o descarregamento, em que o solo volta a sofrer ligeira expansão, conforme mostrado na parte final da curva na Figura 3.24.

A reta virgem define um coeficiente angular denominado índice de compressão (C_c), por meio dos valores medidos de σ_1, σ_2, e_1 e e_2, sendo:

$$\Delta e = e_1 - e_2 \qquad e \qquad \Delta \log \sigma = \log \sigma_2 - \log \sigma_1$$

$$C_c = \frac{e_1 - e_2}{\log \sigma_2 - \log \sigma_1} = \frac{\Delta e}{\log \dfrac{\sigma_2}{\sigma_1}}$$

Esse índice, na prática, tem importância para a determinação de recalques de solos que estejam sofrendo compressão com tensão acima da tensão de pré-adensamento (na reta virgem). Nessas condições, o recalque (Δh) em uma camada de altura (h) pode ser calculado por:

$$\Delta h = \frac{\Delta e}{1 + e_1} h$$

Sendo:

$$\Delta e = C_c \log \frac{\sigma_2}{\sigma_1}$$

Finalmente, o recalque Δh sofrido por uma camada de altura h pode ser calculado por:

$$\Delta h = \frac{C_c . h}{1 + e_1} \log \frac{\sigma_2}{\sigma_1}$$

A razão de pré-adensamento *Over Consolidation Ratio* (OCR) é a relação entre a tensão vertical máxima que o solo já sofreu na natureza e a tensão vertical que o solo está sofrendo na atualidade, ou seja:

$$OCR = \frac{\sigma_{máxv}}{\sigma_v} = \frac{\sigma_0}{\sigma_v}$$

Sendo:

$\sigma_{máx\ v} = \sigma_0$ = tensão de pré-adensamento;

σ_v a tensão que o solo está suportando no local de onde foi retirada a amostra (Figura 3.26).

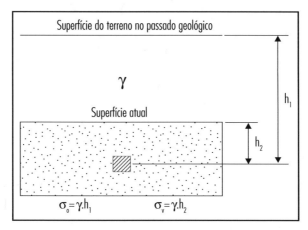

Figura 3.26. Esquema mostrando as tensões máximas (σ_0) e as tensões atuais (σ_v) sofridas pelo solo.

Com esse índice, pode-se classificar o solo quanto às condições de adensamento:

OCR > 1 ⇒ solo denominado pré-adensado (PA), isto é, já sofreu tensões verticais maiores que as que está sofrendo na atualidade. Esse tipo de solo é bastante comum na natureza;

OCR = 1 ⇒ solo denominado normalmente adensado (NA), ou seja, que ainda não sofreu tensões maiores que as sofridas na atualidade, como solos próximos da superfície e que estão sendo formados por processos de sedimentação;

OCR < 1 ⇒ solo denominado subadensado (SA), ou seja, solo que possui baixa densidade e está em processo de adensamento. Este tipo de solo é raro na natureza.

As razões do adensamento dos solos na natureza, além das tensões verticais já sofridas no passado geológico, podem ser também: variação das poro-pressões por rebaixamento do nível d'água; tensões de sucção em virtude do secamento do solo por causa da evaporação nas proximidades da superfície; trocas osmóticas ou químicas e cimentações por precipitação por meio de processos físico-químicos.

A teoria da deformabilidade e do adensamento dos solos é tratada com maior profundidade, teoricamente e em ensaios de adensamento no laboratório, na disciplina obrigatória Mecânica dos Solos, normalmente oferecida no sexto ou no sétimo termo dos cursos de engenharia civil.

CAPÍTULO 4

Noções de mecânica das rochas

A mecânica das rochas é definida pela American National Academy of Science como "ciência teórica e aplicada que trata do comportamento mecânico das rochas sendo, portanto, o ramo da mecânica que estuda as reações das rochas e os esforços que atuam no seu entorno físico" (1963 apud HOEK, 1966, p. 2).

Pode-se considerar que, de uma forma mais ampla e aplicada, é o ramo da engenharia civil e da engenharia de minas que trata do estudo do comportamento mecânico das rochas e dos maciços rochosos, visando à quantificação dos parâmetros físicos para fins de dimensionamento de estruturas inseridas em meios rochosos, enquadrando-se dentro da área de geotecnia e geomecânica.

Na engenharia civil, o conhecimento de mecânica das rochas é aplicado em projetos e execução de obras em maciços rochosos, como túneis, taludes de cortes, fundações de barragens, fundações de pontes e edifícios, escavação em rochas, entre outros. Esse ramo da geotecnia exige, além dos conhecimentos geológicos, conhecimentos de mecânica e de resistência dos materiais.

O papel da geologia é importantíssimo, pois todos os materiais envolvidos nessa área são rochas, dentro do conjunto dos maciços ou das amostras extraídas para estudos em laboratório. Os maciços rochosos possuem um histórico da formação geológica e das tensões ao longo do tempo, apresentando certas características particulares que têm de ser inicialmente estudadas por geólogos especialistas em petrologia, geologia estrutural e de engenharia.

As primeiras informações que devem ser obtidas dizem respeito à litologia, como classificação da rocha (magmática, sedimentar ou metamórfica), mineralogia, textura, estado de alteração, compartimentação geológica, descontinuidades, tipo de formação etc.

Um maciço rochoso do ponto de vista físico é um sistema complexo, pois, além das características dos materiais constituintes, que não são constantes, possuem uma série de descontinuidades como fraturas, diáclases ou juntas sob tensões, resultantes de fenômenos tectônicos, atectônicos ou da água subterrânea a que o maciço foi submetido ao longo do tempo geológico. Pode-se considerar, sem muito erro, que, em um maciço rochoso, do ponto de vista mecânico, a heterogeneidade é a regra e a homogeneidade, a exceção.

Neste capítulo, são abordados alguns aspectos básicos sem maiores aprofundamentos, pois o leitor interessado no assunto deve se reportar à bibliografia contida no final do livro.

4.1 ALGUMAS PROPRIEDADES MECÂNICAS DAS ROCHAS

As principais propriedades mecânicas das rochas são: resistência à compressão simples (σ_c), resistência à tração (σ_t), módulo de elasticidade (E), coeficiente de Poisson (η) e resistência ao cisalhamento (τ). Essas propriedades podem ser obtidas em laboratório por meio de amostras extraídas dos maciços ou *in situ*, como a resistência ao cisalhamento. No maciço rochoso, além dessas propriedades, devem-se analisar também as condições do fluxo interno da água e do nível d'água, o estado de sanidade das rochas, as condições do relevo e a instabilidade do conjunto.

4.1.1 Resistência à compressão simples

Na obtenção da resistência à compressão simples (sem confinamento), o comportamento da rocha é afetado pelas dimensões dos corpos de prova e pelas velocidades de aplicação das cargas. Em corpos de prova com pequenas alturas em relação ao diâmetro, não ocorrem de forma adequada planos de cisalhamento, afetando os resultados.

Recomenda-se uma relação altura (L) sobre diâmetro (d) do corpo de prova igual a 2,5 para assegurar uma distribuição uniforme de tensões, permitindo que o plano de cisalhamento possa se desenvolver livremente, sem a interferência da base e do atuador da prensa.

Noções de mecânica das rochas

A velocidade de aplicação das cargas é uma variável de ensaio que influi sobre a resistência. Hendron Jr. (1970), com base em pesquisas realizadas por Wuerker (1959) e Watstein (1961), considera que as velocidades de incremento de cargas entre 70 kPa/s e 700 kPa/s oferecem melhores resultados.

Outro problema que pode ocorrer na prática é a preparação das superfícies de contato na prensa. Pesquisas demonstraram que o material de capeamento, por ser menos resistente, tende a deformar e induzir tensões radiais nas extremidades do corpo de prova. Nessas condições, o mais indicado é a preparação das superfícies de contato o mais uniforme possível e a aplicação dos esforços diretamente na rocha. Para isso, podem-se utilizar equipamentos especiais de corte e acabamento das superfícies do corpo de prova.

Definidas as dimensões dos corpos de prova e a velocidade de aplicação das cargas, o corpo de prova é colocado na prensa e levado à ruptura (Figura 4.1).

Prensa para ensaios

Corpo de prova de arenito

Corpo de prova de granito

Figura 4.1. Corpos de prova cilíndricos de rochas prontos para serem ensaiados.

Com a carga (P) de ruptura e a área média (A) do corpo de prova, obtém-se a tensão de ruptura (σ_c) da amostra de rocha.

$$\sigma_c = \frac{P}{A} \ (kN/m^2)$$

4.1.2 Resistência à tração

A determinação da resistência à tração (σ_t) em corpos de prova de rocha não é obtida de forma direta como a resistência à compressão. Uma forma é solicitar um corpo de prova fixado nas extremidades com resinas epóxi e submetê-lo a esforços de tração em uma máquina de ensaio universal.

O método mais utilizado é o "método brasileiro", desenvolvido pelo engenheiro civil e professor Fernando Luiz Lobo Barboza Carneiro (1913-2001). Consiste em submeter um corpo de prova cilíndrico a esforços diametrais até a ruptura.

Nesse ensaio, um corpo de prova cilíndrico com comprimento (L) e diâmetro (d) é colocado em uma prensa entre duas peças metálicas que vão aplicar esforços diametrais (Figura 4.2) com uma carga (P_d).

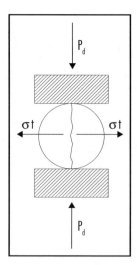

Figura 4.2. Esquema de corpo de prova cilíndrico de rocha na compressão diametral para obtenção da resistência à tração.

A amostra rompe, separando-se em duas partes segundo o eixo de carga diametral. As tensões de tração são calculadas pela fórmula:

$$\sigma_t = \frac{2.P_d}{\pi.d.L} \ (kPa)$$

Verifica-se na prática que a resistência à tração em corpos de prova de rocha situa-se em torno de 5% a 10% da resistência à compressão simples.

No ensaio de resistência à compressão simples e no ensaio de tração, deve-se observar que a tensão de ruptura, provavelmente, não é totalmente reproduzível. Pode-se considerar que pequenas imperfeições na rocha, como partículas, microfraturas e pequenas zonas alteradas, resultam na falta de homogeneidade e concentram tensões, dando início à ruptura, que se transfere para outras zonas da amostra e propaga-se até a ruptura total.

A resistência obtida em um corpo de prova extraído do maciço representa valores pontuais, não resultando dimensionalmente no comportamento mecânico do maciço.

Em razão da anisotropia de certas rochas, como as metamórficas e as sedimentares, as resistências à compressão e à tração são diferentes em variadas direções, como ilustrado na Figura 4.3. Como exemplo, pode-se citar que um xisto submetido à compressão simples com os esforços aplicados na direção perpendicular às foliações (Figura 4.3a) oferece maior resistência. O mesmo pode ocorrer com gnaisses, ardósias, quartzitos, arenitos e outras rochas anisotrópicas. Com os esforços aplicados na direção transversal às foliações, provavelmente, vai haver resistência intermediária, dependendo do contato entre as superfícies (Figura 4.3b), e um corpo de prova com as foliações na direção paralela às foliações oferece menor resistência (Figura 4.3c).

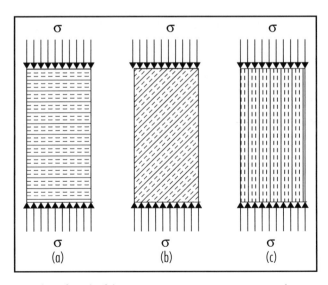

Figura 4.3. Esquemas mostrando o efeito das foliações na resistência à compressão simples em corpos de prova de rocha.

O estado de alteração, em razão do intemperismo, também contribui de forma considerável para a resistência à compressão ou à tração da rocha.

Experimentalmente, verifica-se que granitos sem alteração (rocha sã) com granulação menor (granulação fina) oferecem resistência maior quando comparados com o mesmo granito com granulação maior (média ou grossa) isso se deve às distribuições das tensões no interior do corpo de prova.

Deve-se ter em mente que, quando se fala de determinado tipo de rocha, não significa que todas as rochas que possuem aquela nomenclatura comportam-se mecanicamente da mesma forma. Existe uma variedade grande de basaltos, granitos, gnaisses, arenitos, enfim, qualquer tipo de rocha possui variações na natureza. Essas variações podem ser de mineralogia, cristalização, distribuição das partículas no seu interior, porosidade, estado de alteração química ou outras características litológicas.

Deve-se considerar que, nesse campo de atuação, não se lida com ciência exata, mas com a natureza, que se comporta de forma diferente dos materiais artificiais usualmente utilizados em engenharia civil, como o concreto e o aço, que possuem propriedades mecânicas bem definidas e controle tecnológico na produção.

A Tabela 4.1 mostra valores aproximados obtidos experimentalmente em laboratório com alguns tipos de rochas.

Tabela 4.1. Valores médios aproximados obtidos experimentalmente em laboratório, em ensaios de compressão simples para algumas rochas.

Rocha	Resistência à compressão simples – valor médio experimental (MPa)
Granito são com granulação média a fina	180
Basalto são	210
Gnaisse são (perpendicular à foliação)	170
Arenito silicificado (perpendicular à estratificação)	180
Ardósia (perpendicular à foliação)	160
Calcário	120
Conglomerado silicificado	150

Vale lembrar que esses valores podem sofrer variações, pois a resistência à compressão da rocha depende do estado de alteração, da granulometria, da existência ou não de microfissuras e das condições do ensaio, como velocidades de aplicação das cargas e preparação dos corpos de prova.

4.1.3 Módulo de elasticidade

O módulo de elasticidade (E), ou módulo de Young, é a relação entre a tensão normal e a deformação normal unitária para cada material. O módulo de elasticidade é uma propriedade dos materiais elásticos, como as rochas, o aço, o concreto, a madeira etc. O módulo de elasticidade das rochas pode ser determinado no laboratório, com amostras retiradas no campo, ou no campo, diretamente no maciço.

No laboratório, o ensaio é realizado instrumentando a amostra com medidores eletrônicos de deformações de alta precisão e sistema de leitura e aquisição de dados.

Sendo:

$$E = \frac{\Delta \sigma}{\Delta \xi}$$

A Figura 4.4 mostra os módulos de elasticidade obtidos de três formas, sendo E_s o módulo secante, E_t o módulo tangente e E_i o módulo inicial. A Tabela 4.2 apresenta valores experimentais médios de módulos de elasticidade para alguns tipos de rochas.

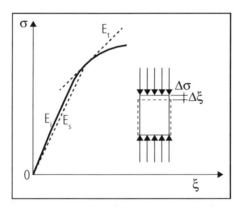

Figura 4.4. Esquema de tensões *versus* deformações com módulos de elasticidades.

Tabela 4.2. Valores do módulo de elasticidade e do coeficiente de Poisson médios para algumas rochas.

Rocha	Módulo de elasticidade (E) GPa Médio	Coeficiente de Poisson (μ) Médio
Basaltos	56,6	0,24
Granitos	53,2	0,22
Arenitos	15,1	0,20
Mármores	41,5	0,29
Gnaisses	60,2	0,23

4.1.4 Coeficiente de Poisson

O coeficiente de Poisson (μ) é definido pela relação entre a deformação transversal (diametral) e a deformação longitudinal (axial) em um corpo de prova. Para determinar em laboratório, deve-se instrumentar o corpo de prova, medindo-se as deformações no sentido do eixo longitudinal e o aumento do diâmetro, em função das cargas aplicadas.

Na Tabela 4.2 há alguns valores experimentais médios do módulo de elasticidade e do coeficiente de Poisson, medidos diretamente em corpos de prova, para alguns tipos de rocha. Esses valores somente devem ser considerados como estimativas, observando-se por meio de resultados de pesquisas apresentados por vários pesquisadores uma variação entre os valores, pois as condições de ensaios e os materiais, na prática, podem variar.

4.1.5 Resistência ao cisalhamento

Na análise da estabilidade de maciços rochosos, o fator mais importante que deve ser considerado é a compartimentação geológica do interior do maciço.

Importantes no que diz respeito à resistência ao cisalhamento dos maciços rochosos são as descontinuidades com seus planos, os materiais de preenchimento e as resistências oferecidas pelo atrito entre as superfícies.

A escolha dos valores apropriados para os parâmetros de resistência (c) e (ϕ) não depende somente da avaliação feita em laboratório ou no campo pelos ensaios, mas de cuidadosa interpretação dos dados face ao comportamento de maciços rochosos *in situ* por meio de casos históricos ou experiência profissional.

Deve-se ter em mente que os resultados obtidos pelos ensaios em corpos de prova em laboratório ou pelos ensaios executados na rocha no local da obra não representam o comportamento do maciço quanto ao cisalhamento, pois este está condicionado mais aos planos de fraturas, ao material de preenchimento das fraturas, à sanidade da rocha, à geometria e às dimensões dos blocos.

A resistência ao cisalhamento das rochas é bastante complexa para ser representada somente pela fórmula:

$$\tau = c + \sigma.tg\phi$$

Esta fórmula expressa que a resistência ao cisalhamento ou ao corte de uma rocha é diretamente proporcional à tensão normal (σ) exercida sobre a superfície mais a resistência oferecida pela coesão (c) do material.

O efeito de um esforço cortante sobre uma rocha pode ocorrer de duas formas. Na primeira, uma parte do material, sob tensões cisalhantes, desliza sobre

Noções de mecânica das rochas

superfícies aproximadamente planas, constituindo uma descontinuidade, confinadas sobre determinada tensão normal e obedecendo às características físicas de rugosidade e interligações das duas superfícies. Na segunda forma, a rocha não possui descontinuidades e flui de forma plástica sem a formação perceptível de uma superfície de separação, sendo solicitado ao cisalhamento somente a coesão dentro da matriz rochosa.

No segundo caso em particular, a fluência plástica é característica de rochas que possuem valores elevados de coesão e baixos ângulos de atrito interno, de forma que, ao serem solicitadas às tensões de cisalhamento, a coesão tem papel fundamental até atingir a ruptura. Como exemplos de rochas com esse tipo de comportamento, podem ser destacados: basaltos microcristalinos, sem vesículas, formados a partir de derrames recém-solidificados e ainda com poucas descontinuidades; e arenitos e siltitos pouco fraturados, argilosos, silicosos, carbonáticos ou ferruginosos nos quais as partículas estão fortemente unidas por um cimento natural com comportamento plástico. Podem enquadrar-se também alguns argilitos ou determinadas regiões de maciços de outros tipos de rochas compactas, com granulação fina e poucas descontinuidades.

A resistência ao cisalhamento das rochas pode ser determinada em laboratório em amostras previamente preparadas ou no campo (Figura 4.5). Quando realizado no campo, o ensaio pode ser feito em uma escavação (galeria) ou a céu aberto com o auxílio de sistemas de reação.

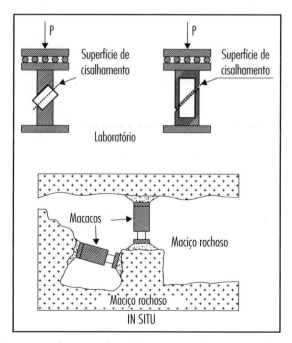

Figura 4.5. Esquemas de ensaios de cisalhamento em rocha no laboratório e no campo.

Tanto os ensaios de campo como os de laboratório não conseguem representar o real comportamento do maciço, sendo que os ensaios de campo buscam essa melhor representação. Assim, por conta das heterogeneidades e da complexidade estrutural, aliadas às condições de alteração química a que a rocha é submetida ao longo do tempo, esses resultados servem somente como estimativas da resistência ao cisalhamento da rocha, devendo ser utilizados com cautela.

Os gráficos da Figura 4.6 mostram os diversos tipos de cisalhamento mais comuns que podem ocorrer em rochas, como: (a) o material atinge um valor limite de pico, rompendo e permanecendo com resistência residual em razão do atrito ao longo da superfície de ruptura; (b) a resistência está diretamente ligada às superfícies de contato entre os blocos e a resistência ao cisalhamento depende da tensão normal entre as superfícies; e (c) o material oferece uma resistência inicial por causa das ligações entre as partículas (coesão) e da resistência entre as superfícies em função do atrito.

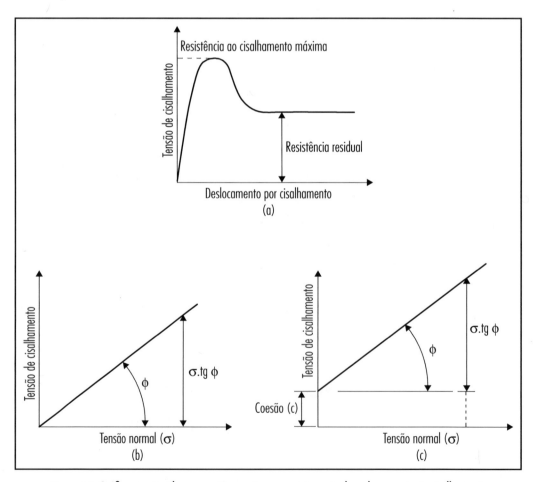

Figura 4.6. Gráficos mostrando esquematicamente o comportamento de rochas quanto ao cisalhamento.

A irregularidade das superfícies das descontinuidades da rocha no interior do maciço tem influência no parâmetro de resistência por atrito, pois na realidade, para que se dê o movimento relativo entre as superfícies, ocorre a expansão do material por causa do deslizamento de uma irregularidade sobre a outra, com inclinação (α) em relação aos esforços tangenciais (Figura 4.7a), até ocorrer pequenos cisalhamentos nos contatos entre as superfícies nas irregularidades e diminuir a espessura do material (Figura 4.7b). A partir daí, permanece o atrito residual aproximadamente constante entre as superfícies.

Nessas condições, tem-se:

$$\tau = \sigma.tg(\phi+\alpha)$$

Sendo α o ângulo formado entre as superfícies das irregularidades e a direção das tensões de cisalhamento τ.

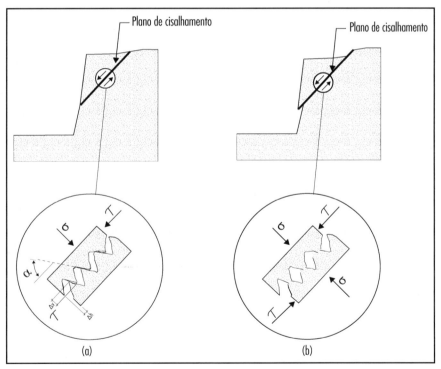

Figura 4.7. Esquemas mostrando a influência das irregularidades no atrito entre as superfícies: (a) deslocamentos paralelos e perpendiculares das irregularidades sobre o plano de cisalhamento; (b) rupturas das irregularidades por cisalhamento (quebra dos dentes) e atrito residual.

Valores típicos dos parâmetros de resistência (c) e (ϕ) e do peso específico das principais rochas, obtidos experimentalmente, são apresentados de forma resumida na Tabela 4.3.

Tabela 4.3. Valores típicos aproximados de parâmetros de resistência e peso específico em rochas.

Propriedades mecânicas aproximadas de algumas rochas			
Rocha	Coesão (kPa)	Ângulo de atrito ϕ (°)	Peso específico (kN/m³)
Basalto	24.000	42	29
Granito	25.000	42	27
Arenito	5.000	35	20
Calcário	15.000	40	32

A determinação dos valores de (α) é bastante difícil, dependendo de trabalho meticuloso de campo para determinação e classificação das irregularidades.

Patton e Hendron Jr. (1974) apresentaram no Second International Congress of the International Association for Engineering Geology, em São Paulo, trabalho que indica valores do ângulo (α) para maciços rochosos variando entre 10° e 46°, separados em irregularidades de primeira e de segunda ordem.

As irregularidades de primeira ordem são consideradas ondulações na superfície da rocha com dimensões de alguns metros de comprimento por aproximadamente 1 m de desnível. As irregularidades de segunda ordem são consideradas rugosidades que apresentam dimensões relativamente pequenas, da ordem de alguns metros de comprimento por centímetros de desnível.

Verifica-se que, quando começa a se desenvolver o movimento relativo entre as superfícies, as irregularidades começam a romper por cisalhamentos dos "dentes", iniciando primeiramente pelas de menor dimensão e resistência, como as irregularidades de segunda ordem. Continuando o deslizamento, passam a sofrer rupturas as irregularidades com maiores dimensões, como as de primeira ordem. Como esses fenômenos de ruptura são bastante complexos, fica difícil avaliar a movimentação de um maciço somente pela teoria clássica de cisalhamento, considerando os parâmetros de coesão e ângulo de atrito. Torna-se evidente nesses casos particulares que a resistência ao cisalhamento está diretamente relacionada à tensão normal aplicada entre as superfícies.

4.2 PRINCIPAIS TIPOS DE RUPTURAS EM MACIÇOS ROCHOSOS

Em razão da complexidade estrutural dos maciços rochosos, torna-se difícil a determinação precisa dos esforços atuantes e resistentes, para que sejam utilizados no dimensionamento das obras de contenção, como taludes, túneis ou apoios em fundações em rochas.

Noções de mecânica das rochas

Os maciços rochosos são o resultado de toda uma história geológica local, desde a origem, sua constituição mineralógica e o clima, até os esforços que sofreu ao longo do tempo e a ação do intemperismo físico e químico.

As rupturas dos maciços rochosos, normalmente, estão ligadas a estruturação do maciço, litologias, clima local, sanidade das rochas e condições de água subterrânea. Dependendo desses fatores, podem-se ter várias condições de maciços (Figura 4.8 e Tabela 4.4). Esses mecanismos de ruptura e deslocamentos podem variar desde queda isolada de bloco e avalanches até rupturas circulares em rochas extremamente fraturadas. Na literatura específica, encontram-se vários trabalhos publicados e métodos propostos, como Hoek e Bray (1977), Hoek (1983; 1994) e Bieniawski (1974; 1989), para a classificação de rupturas em maciços, principalmente para determinadas finalidades, como túneis, taludes, barragens, fundações, mineração etc.

Figura 4.8. Alguns maciços rochosos em taludes de estradas: (a) Disjunções colunares em basalto; (b) Corte em quartzito; (c) Contato entre arenito e derrame de basalto.

Na Figura 4.8a, pode-se observar a complexidade estrutural do ponto de vista de avaliação da estabilidade de taludes rochosos em função das descontinuidades formadas por disjunções colunares inclinadas em basalto. Fica muito difícil quantificar os esforços atuantes e os esforços resistentes para a determinação do fator de segurança. Na Figura 4.8b, apresenta-se corte aproximadamente vertical em quartzito. A Figura 4.8c apresenta um contato entre o arenito Botucatu e o derrame de basalto da Formação Serra Geral. Na parte inferior está o arenito, encimado pelo basalto. Tanto o basalto como o arenito apresentam-se com desprendimento de blocos que se desenvolvem com o passar do tempo e da ação do intemperismo por meio de suas descontinuidades.

Tabela 4.4. Alguns tipos de rupturas observadas em maciços rochosos.

 Tombamento, rolamento e queda de blocos	Este tipo de ruptura ocorre em maciços rochosos intemperizados compostos de blocos de rocha com sistemas de fraturamento sem um padrão definido, distribuídos de forma aleatória em todas as direções. Os blocos desprendem, tombam e rolam. Rochas: arenitos, siltitos, argilitos, quartzitos, granitos e partes centrais ou topos de derrames de basaltos.
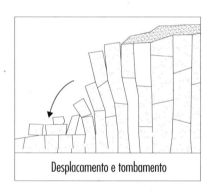 Desplacamento e tombamento	Ocorre em maciços formados por camadas aproximadamente verticais em razão de dobramentos ou adernamentos. Apresentam-se em bases de derrames de basalto com disjunção colunar. Os blocos tabulares ou as colunas tombam. Rochas: arenitos, quartzitos, ardósias, filitos, gnaisses e basaltos com disjunções colunares.
 Flambagem da base e escorregamento	Maciços formados por camadas aproximadamente paralelas inclinadas no sentido da encosta por causa de dobramentos ou adernamentos. Os blocos tabulares escorregam e comprimem os da base, que sofrem flambagem e deslocamentos. Rochas: arenitos, quartzitos, ardósias, filitos, gnaisses, basaltos com disjunções colunares inclinadas.

Noções de mecânica das rochas

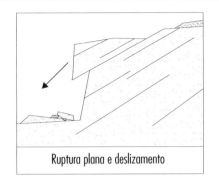
Ruptura plana e deslizamento

Maciços com descontinuidades sub-horizontais na direção do talude que favorecem o cisalhamento no contato entre os blocos do topo do talude. Rochas: arenitos, quartzitos, gnaisses, ardósias e mármores.

Deslizamento e queda de blocos

Maciços com descontinuidades sub-horizontais e subverticais no sentido do talude, com desprendimento por esforços de tração, deslizamento por cisalhamento de blocos e consequente queda. Rochas: mármores, calcários, quartzitos, granitos, basaltos, diabásios, arenitos e siltitos.

Tombamento e descalçamento

Maciços com descontinuidades sub-horizontais no sentido contrário ao talude, provocando o desprendimento por causa da ação da gravidade e de esforços de tração, com tombamento de blocos e descalçamento da base ou da parte média do talude. Rochas: calcários, arenitos carbonáticos, mármores, siltitos e argilitos.

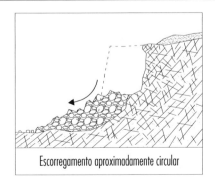
Escorregamento aproximadamente circular

Maciços altamente fraturados, o que resulta em rupturas aproximadamente circulares, com o material do escorregamento depositado na base do talude. Rochas: basaltos e granitos extremamente fraturados e intemperizados; e rochas de vários tipos muito fraturadas e alteradas.

A Tabela 4.4 apresenta exemplos ilustrativos, de forma simplificada, de algumas condições estruturais de maciços. Na natureza, podem ocorrer infinitas combinações, como litologias diferentes em contato, estratificações cruzadas e dobradas, falhas, fraturas por alívio de tensões, esfoliações esferoidais, regiões milonitizadas em planos de falhas, contatos entre derrames (*inter-trapp*) com material de preenchimento, vazios de dissolução de rochas carbonáticas, entre outras. Portanto, a estimativa da resistência ao cisalhamento ou do comportamento estrutural do maciço como um todo, por análise de equilíbrio-limite, torna-se muito difícil e o profissional envolvido nesse tipo de problema deve recorrer a especialistas em geologia estrutural e de engenharia, com o estudo e o mapeamento geológico detalhado dos maciços estudados.

Intrinsecamente, a resistência ao cisalhamento entre duas superfícies de rocha, ao longo de um plano de descontinuidade, está relacionada a resistência cisalhante da rocha, rugosidade das superfícies em contato, posição espacial das descontinuidades, material de preenchimento e pressões da água no maciço.

Para a classificação das rugosidades nas superfícies dos blocos de rochas, Barton e Choubey (1977) propuseram um método denominado *Joint Roughness Coefficient* (JRC), que consiste em medir de forma comparativa a rugosidade da superfície, conforme uma carta proposta por esses autores, com valores dos coeficientes variando de 0 a 20 e o tipo de rugosidade. A análise é feita comparando-se a rugosidade da superfície da fratura da rocha com os perfis e seu respectivo coeficiente. Com o JRC, os ensaios em laboratório e os parâmetros de resistência da rocha, Barton e Choubey (1977) propuseram algumas formulações semiempíricas de estimativa da resistência ao cisalhamento nas descontinuidades do maciço, como:

$$\tau = \sigma . \mathrm{tg}\left[\phi_r + JRC_n . \log_{10}\left(\frac{JCS_n}{\sigma} \right) \right]$$

Sendo:

τ a resistência ao cisalhamento nas descontinuidades;

σ a tensão normal na descontinuidade;

ϕ_r o ângulo de atrito residual na descontinuidade, estimado empiricamente ou por ensaios em laboratório;

JRC (*Joint Roughness Coefficient*) observado diretamente sobre as superfícies da rocha com a carta proposta por Barton e Choubey (1977);

JCS (*Joint Compressive Strength*) a resistência à compressão da rocha, podendo ser estimada pelo martelo de Schmidt (esclerômetro) ou em ensaios em laboratório.

Noções de mecânica das rochas

Verifica-se na prática que a estimativa desses parâmetros é muito difícil, principalmente em virtude da dificuldade de estimar as condições reais das rochas e das descontinuidades constituintes dos maciços, bem como os parâmetros que devem ser utilizados.

4.3 CLASSIFICAÇÃO DE MACIÇOS ROCHOSOS

A classificação de maciços rochosos encontra aplicações em projetos, obras e serviços de engenharia civil e engenharia de minas e em geologia. Na engenharia civil, reveste-se de grande importância, principalmente no projeto e na execução de certas obras, como abertura de cortes em rochas para sistemas viários, obras de contenção em taludes naturais, escavações de túneis, fundações de barragens, fundações de pontes e edifícios envolvendo maciços rochosos, entre outras.

Os sistemas de classificação dos maciços rochosos fazem parte da mecânica das rochas, ciência da geotecnia ou da geomecânica. A International Society for Rock Mechanics (ISRM) foi criada em 1962, na Áustria, e o primeiro congresso internacional de mecânica das rochas foi realizado em 1966, em Lisboa, Portugal. Nas últimas décadas, vários trabalhos têm sido apresentados em congressos e revistas especializadas sobre o assunto.

As classificações dos maciços rochosos devem obedecer à finalidade e à importância do projeto e da obra, evitando que sejam realizados estudos e ensaios desnecessários que possam onerar os custos finais do empreendimento. Portanto, para cada caso, o profissional deve fazer a escolha das metodologias a serem aplicadas, visando a oferecer de forma clara e objetiva as informações que servem de base para a quantificação e o dimensionamento das estruturas envolvidas.

Historicamente, uma das primeiras propostas de classificação empírica dos maciços rochosos para aplicações na construção de túneis foi apresentada por Ritter (1879). A partir daí, foram apresentados vários sistemas por Terzaghi (1946), Lauffer (1958), Deer (1967; 1989), Hoek (1983), Palmström (1986), Bieniawski (1989), entre outros. Alguns sistemas objetivam mais os aspectos qualitativos; outros, além do qualitativo, procuram quantificar alguns parâmetros mecânicos do maciço.

Os estudos dos maciços rochosos devem ser inicialmente realizados por geólogos especialistas em petrologia, geologia estrutural e geologia de engenharia, acompanhados de engenheiros civis responsáveis pelos projetos e pela execução das obras, que vão fornecer as informações básicas para a quantificação dos parâmetros exigidos pela engenharia geotécnica. Esses parâmetros podem ser obtidos em levantamentos de campo, por meio de sondagens, ou em ensaios em laboratórios. Deve-se considerar que ensaios laboratoriais em amostras reduzidas, na maioria das vezes, não representam o comportamento estrutural do conjunto do maciço, sendo praticamente obrigatórios os estudos de campo.

Em virtude da origem (gênese) e da história geológica, os maciços possuem descontinuidades estruturais e comportam-se de forma geral como estruturas anisotrópicas. Pode-se considerar, como já dito anteriormente, que nos maciços, na natureza, a homogeneidade é a exceção e a heterogeneidade é a regra. Quando se analisa um maciço para determinada finalidade em engenharia, deve-se atentar para a escala e as dimensões dos elementos que fazem parte da obra. Nessa linha de raciocínio, um maciço altamente fraturado analisado em pequenas porções pode parecer contínuo e homogêneo, ao passo que em escalas maiores apresenta diversas condições de descontinuidades e é bastante heterogêneo.

Hoek (1983; 1994) propôs um sistema esquemático de identificação de maciços rochosos com base nas dimensões envolvidas na análise e nas diversas condições de heterogeneidade que podem apresentar. O sistema de Hoek (1983; 1994) é também citado por outros autores, como Serra Jr. e Ojima (1998) e Singh e Goel (1999). Tal sistema consiste em observar a intensidade ou quantidade de descontinuidades que ocorrem em uma determinada área analisada e comparar com as dimensões de outras cinco áreas de abrangência dentro do mesmo maciço. Nesse caso, pode-se ter:

- Em uma área relativamente grande: rocha em fragmentos;
- Em uma área um pouco menor: rocha com várias fraturas;
- Em uma área ainda menor: rocha com cerca de duas fraturas;
- Em uma área menor que as anteriores: rocha com uma fratura;
- Em uma área muito pequena: rocha sã sem nenhuma fratura.

4.3.1 Principais sistemas de classificação de maciços rochosos

Apresentam-se os principais sistemas com base em pesquisas e propostas de vários autores. Para um maior aprofundamento sobre o assunto, o estudante ou o profissional deve reportar-se às referências bibliográficas, como livros, revistas especializadas e anais dos congressos nacionais e internacionais de mecânica das rochas. Boa parte desses sistemas de classificação de maciços rochosos foi desenvolvida com o objetivo de escavação em túneis e minas, sendo alguns com aplicações em abertura de cortes em rochas ou em projetos de fundações.

Deve-se considerar que esses sistemas de classificação não apresentam resultados precisos, possuindo limitações quanto à utilização dos parâmetros estimados. O profissional envolvido nesse tipo de projeto deve buscar maiores informações em levantamentos geológicos, ensaios *in situ* e propriedades mecânicas do maciço rochoso e fazer planejamento quanto às sequências de escavação, com monitoramento por meio de instrumentações e observações diretas.

Noções de mecânica das rochas

As classificações devem obedecer a uma sistemática, incluindo formação geológica, mineralogia, litologia, feições estruturais, condições de alteração dos materiais, compartimentação do maciço, resistência mecânica da rocha, condições hidráulicas, clima e aspectos do relevo.

A seguir, apresentam-se, de forma resumida, os principais sistemas de classificação para fins de engenharia civil geotécnica.

4.3.1.1 *Sistemas de classificação global dos maciços rochosos*

Para a classificação de um maciço rochoso, deve-se atentar a características litológicas, alterações das rochas e características estruturais e mecânicas.

Classificação litológica

Determina o tipo de rocha com a respectiva nomenclatura técnica, como, por exemplo: rocha metamórfica – gnaisse; rocha magmática – basalto; rocha sedimentar – arenito silicificado etc.

Essa classificação pode ser feita no campo ou no laboratório por um geólogo, primeiramente por método visual aproximado de forma macroscópica. Também podem ser enviadas amostras para um laboratório, onde são preparadas lâminas para microscopia ou material para a determinação dos minerais por difração de raios X.

O conhecimento dos minerais componentes da rocha é importante para projetos e obras, pois se pode prever o comportamento de um maciço ao longo do tempo, como, por exemplo: um maciço composto de arenito carbonático pode apresentar dureza alta quando escavado para a construção de um corte de estrada e, ao longo do tempo, em razão da percolação de água pelas fraturas e em consequência da dissolução dos carbonatos, vir a tornar-se instável, com o desprendimento e a queda de blocos, pondo em risco a utilização da obra.

Quanto à gênese, as rochas, como já foi visto, classificam-se em magmáticas, sedimentares e metamórficas. Para esse tipo de classificação, dispõe-se de diversos métodos, como a mineralogia ou, no caso de aplicação em engenharia civil, a classificação macroscópica simplificada.

Classificação de Terzaghi (1946)

Fornece informações qualitativas com base nas características litológicas e estruturais dos maciços. Inicialmente, teve como objetivo o estudo dos maciços para a abertura de túneis com suportes em estruturas de aço. Acompanhado de qualquer método de classificação, deve-se ter inicialmente a litologia pela gênese, isto é, magmática, sedimentar ou metamórfica.

O método de Terzaghi (1946) considera, de modo geral, os seguintes aspectos:

- Rocha intacta: não apresenta nenhuma abertura nem junta visível, com características de rocha sã.
- Rocha estratificada: consiste em estratos individuais com pequena ou nenhuma resistência à separação ao longo das camadas. Pode apresentar indícios de baixa resistência em juntas transversais. Nesse tipo de maciço, a condição de fragmentação é relativamente grande.
- Rocha moderadamente fraturada: as juntas ou fraturas apresentam-se com pequenas aberturas, sendo os blocos interconectados uns aos outros, de forma que paredes verticais não necessitam de estruturas de contenção lateral.
- Maciço compartimentado: os blocos apresentam-se separados, intactos ou quase intactos quimicamente. Possuem imperfeições nas interligações, necessitando de estrutura de suporte nas paredes laterais.
- Maciço fragmentado: apresenta-se em pequenos fragmentos de rocha sã, sendo estes intensamente diaclasados. Possui partículas pequenas com comportamento aparente das areias, principalmente quanto à percolação da água.
- Maciço completamente fragmentado: locais com água sob pressão e fluxo em direção ao fundo do túnel, necessitando de suporte contínuo ao longo de paredes e teto de forma circular.
- Rocha com pouco material expansivo: com o alívio de tensões por causa da escavação, a rocha expande-se para o interior do túnel sem que seja possível a observação direta. Essa expansão se dá principalmente pelas rochas e pelos minerais com características expansivas.
- Rocha com material expansivo com pouca profundidade: as mesmas características do item anterior.
- Rocha com material expansivo: a rocha apresenta expansão considerada, verificando-se uma convergência acentuada, principalmente nas paredes laterais, após a abertura do túnel. São rochas que contêm argilominerais expansivos, como a montmorilonita. Devem ser considerados suportes circulares em toda a extensão.

A Tabela 4.5, com base no exposto anteriormente, apresenta a classificação do maciço de forma resumida e simplificada, fornecendo a classe do maciço de I a IX.

Noções de mecânica das rochas

Tabela 4.5. Sistema de classificação de maciços rochosos de Terzaghi.

Classe do maciço	Condições da rocha
I	Rocha intacta
II	Rocha estratificada
III	Rocha moderadamente fraturada
IV	Maciço compartimentado
V	Maciço fragmentado
VI	Maciço completamente fragmentado
VII	Rocha com material pouco expansivo
VIII	Rocha com material expansivo com pouca profundidade
IX	Rocha com material expansivo

Esse sistema sofreu modificações com a introdução do método do *Rock Quality Designation* (RQD) (DEER et al., 1967).

Estado de alteração das rochas

O estado de alteração da rocha ou grau de alteração é uma característica que deve estar presente em qualquer relatório de sondagem, pois demonstra de forma indireta o comportamento mecânico do maciço. A terminologia relativa ao estado de alteração de rochas encontra-se na ABNT NBR 6502.

O grau de alteração de uma rocha pode ser obtido em laboratório por meio de ensaios de decomposição acelerada, como, por exemplo, o ensaio com etilenoglicol.

A estimativa do grau de alteração de uma rocha é feita no campo de forma aproximada, pois cada tipo de rocha apresenta diferentes aspectos quando alterada, principalmente em razão de constituição mineralógica, estrutura e agentes intempéricos mais atuantes no local.

No campo, podem-se estimar as características de sanidade das rochas de forma expedita, visual e macroscópica, conforme apresentado a seguir:

- Rocha extremamente alterada ou decomposta: apresenta material homogeneamente decomposto, constituindo em solo residual, podendo apresentar características reliquiares da rocha matriz (rocha-mãe), como foliação, estrias, planos de fraturas, estratificação etc. Apresentam cores homogêneas ou variadas, dependendo dos minerais constituintes, sendo o comportamento geotécnico estudado pela mecânica dos solos aplicada a solos residuais.

Dependendo do tipo de rocha, podem apresentar partículas de quartzo que não se decompõem na natureza.

- Rocha muito alterada: predomina a rocha decomposta ou o solo residual, contendo porções de rocha pouco alterada e fraturada. Normalmente, apresenta em torno de 65% de material alterado.
- Rocha medianamente alterada: predomina material pouco alterado ou são, contendo blocos de rocha alterada e fraturada. Normalmente, apresenta em torno de 30% de material alterado.
- Rocha pouco alterada: predomina a rocha sã, apresentando coloração diferenciada em razão do ataque químico sobre alguns minerais. Possui pequenas fraturas com ou sem material de preenchimento. A resistência mecânica normalmente é pouco inferior à da mesma rocha sã.
- Rocha sã: não apresenta vestígios de ter sofrido ataque químico dos minerais, podendo possuir pequenas fraturas com pouco ou nenhum material de preenchimento. Apresenta-se, de forma geral, compacta e dura. Pode apresentar nas superfícies das juntas ligeira oxidação, sem comprometimento da qualidade mecânica.

Algumas rochas podem apresentar características de rocha sã, mas, ao serem submetidas aos agentes naturais, sofrer alterações relativamente rápidas, como em alguns basaltos.

No campo, esse tipo de classificação é de difícil caracterização, pois, em alguns tipos de rochas, o aspecto visual não pode ser usado para determinar o grau de alteração. Em laboratório, podem ser realizados ensaios de decomposição acelerada, que podem fornecer resultados melhores, mas de difícil definição quanto ao estado em que se encontra a rocha.

Guidicini e Nieble (1976) apresentaram um método de classificação macroscópica, definindo três classes (A_1, A_2 e A_3): rocha sã, rocha alterada e rocha muito alterada, respectivamente.

Classificação estrutural ou mecânica

Para a classificação estrutural ou mecânica, devem-se verificar o grau de resistência e o grau de fraturamento. Bieniawski (1979) apresentou um método de classificação com base na resistência à compressão uniaxial da rocha intacta e na compressão pontual. A resistência à compressão uniaxial da rocha intacta é obtida em laboratório ensaiando corpos de prova com dimensões predefinidas.

Nessas condições, tem-se:

$\sigma_c > 250$ MPa $\Rightarrow$ rocha excepcionalmente dura;
σ_c entre 100 e 250 MPa $\Rightarrow$ rocha muito dura;
σ_c entre 50 e 100 MPa $\Rightarrow$ rocha dura;
σ_c entre 25 e 50 MPa $\Rightarrow$ rocha de dureza média;
σ_c entre 10 e 25 MPa $\Rightarrow$ rocha fraca;
σ_c entre 2 e 10 MPa $\Rightarrow$ rocha muito fraca;
σ_c entre 1 e 2 MPa $\Rightarrow$ rocha extremamente fraca.

Esse tipo de classificação é somente pontual, representando os corpos de provas ensaiados no laboratório, o que não representa estruturalmente o maciço.

Classificação pelo grau de fraturamento

Quanto ao número de fraturas por metro linear perfurado, existe a classificação pelo grau de fraturamento. O grau de fraturamento é simbolizado por F seguido da letra correspondente e é definido como o número de fraturas por metro perfurado no maciço, em uma determinada direção.

O grau de fraturamento de um maciço rochoso pode ser determinado em várias direções, como vertical, horizontal ou inclinadas (Figura 4.9). A direção se faz necessária dependendo do tipo de obra: a fundação de um edifício em rocha necessita do conhecimento do grau de fraturamento vertical; já o estudo de um maciço para projeto de estabilização por atirantamento necessita do conhecimento das fraturas na direção dos futuros tirantes. Dependendo do caso, a própria direção dos tirantes deve ser em função da compartimentação do maciço em relação às fraturas.

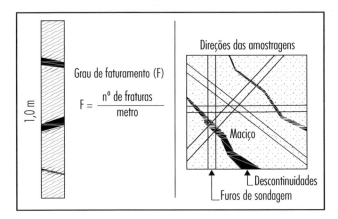

Figura 4.9. Esquema para a obtenção do grau de fraturamento.

Esse sistema é bastante simplificado, pois quantifica somente o número de fraturas sem considerar as aberturas e os materiais de preenchimento.

O grau de fraturamento deve ser acompanhado de informações complementares, como material de preenchimento, pressão da água nas fraturas e tipos de fraturas (falhas, juntas, diáclases). A classificação de um maciço rochoso pelo grau de fraturamento é muito relativa, isto é, depende das dimensões da área de estudo no entorno da obra considerada e da posição espacial da amostragem.

De acordo com Guidicini e Nieble (1976, p. 85), o maciço pode ser classificado, de um modo geral, como: muito pouco fraturado quando ocorrer menos que uma fratura por metro linear (F_1); pouco fraturado quando o número de fraturas for maior que uma e menor que cinco (F_2); de fraturamento médio, ou medianamente fraturado, quando ocorrer mais que cinco e menos que dez fraturas (F_3); muito fraturado quando ocorrer mais que dez e menos que vinte fraturas (F_4); e extremamente fraturado quando ocorrer mais que vinte fraturas por metro linear (F_5). Quando houver fragmentos de tamanhos variados, normalmente com pequenos diâmetros, o maciço é denominado fragmentado ou extremamente fragmentado.

Classificação pelo *Rock Quality Designation* (RQD)

O método RQD foi proposto por Deer et al. (1967; 1988) com o objetivo principal de englobar, em um só método, os critérios de fraturamento e estado de alteração do maciço. O RQD é obtido por meio de barrilete amostrador com diâmetro maior que 54,7 mm e comprimento de amostragem de 200 cm – dimensões recomendadas pela International Society for Rock Mechanics (ISRM). Consiste em medir o comprimento médio de cada segmento de rocha maior ou igual a 10 cm, recuperados nos testemunhos de sondagem.

Faz-se a soma desses segmentos e divide-se pela soma dos comprimentos de todos os segmentos. Pode-se obter também a recuperação como sendo o comprimento de todos os segmentos dividido por 200 cm (Figura 4.10).

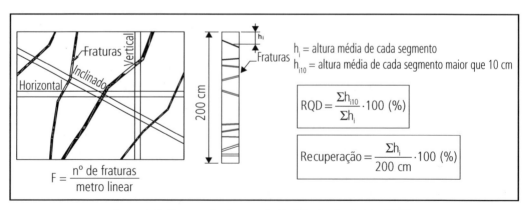

Figura 4.10. Esquema de obtenção do *Rock Quality Designation* (RQD).

Noções de mecânica das rochas

A classificação por esse método é feita com os valores em porcentagens do RQD, e as designações da qualidade do maciço são:

RQD menores que 25%: maciço muito fraco ou muito pobre;

RQD entre 26% e 50%: maciço fraco ou pobre;

RQD entre 51% e 75%: maciço médio ou regular;

RQD entre 76% e 90%: maciço de boa qualidade;

RQD entre 91% e 100%: maciço de excelente qualidade.

Internacionalmente, existem vários outros métodos de classificação de rochas e maciços. No Brasil, os termos relativos para rochas e solos estão contidos na norma ABNT NBR 6502.

CAPÍTULO 5

Água superficial e subterrânea

5.1 ÁGUA SUPERFICIAL

A ciência que estuda a água na Terra é a hidrologia, que nos cursos de engenharia civil é uma disciplina obrigatória e de grande importância, pois por meio do estudo hidrológico é possível verificar as vazões em determinadas seções para dimensionamento de vertedores de barragens, linhas de drenos, projetos de drenagem urbana, drenagens de obras, drenagens de estradas, recursos hídricos e potenciais hidroelétricos de uma bacia.

As águas da precipitação atmosférica que atingem a superfície tendem a tomar dois caminhos básicos distintos: escorrer pela superfície formando as enxurradas e os caudais dos cursos d'água ou infiltrar-se pelos vazios dos solos e das rochas para formar lençóis d'água subterrâneos.

A maior parte das águas superficiais está contida nos cursos d'água, nos lagos ou nas geleiras, além dos oceanos. As águas que brotam das nascentes ao longo de um curso d'água avolumam-se até se tornarem um grande rio, que transporta sedimentos e deságua nos oceanos.

A água ocorre também na forma sólida, como nos glaciais das regiões frias e nos polos da Terra, podendo permanecer nessa condição por milhares ou até milhões de anos. Em seguida, em virtude de movimentos lentos das camadas de gelo, atingem os oceanos e passam para o estado líquido e de vapor.

A água na Terra está em constante movimento. Evaporada dos oceanos, é transportada em forma de gotículas de vapor pelos continentes, onde precipita em forma de chuva ou neve, podendo fluir pela superfície até os oceanos, infiltrar-se nos solos e nas rochas formando os lençóis subterrâneos ou voltar a evaporar a partir do solo ou das plantas.

Toda a água contida na "hidrosfera" faz parte de um grande ciclo fechado, denominado ciclo hidrológico (Figura 5.1). Esse ciclo é movido pela energia solar (dinâmica externa), fazendo com que a água evapore, atinja a atmosfera e volte a precipitar em forma de chuva, que se infiltra ou escoa pela superfície. Desse modo, a energia hidroelétrica tem sua origem na energia solar que move a água por esse grande ciclo.

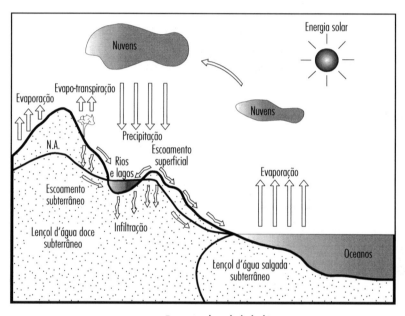

Figura 5.1. Esquema do ciclo hidrológico.

Algumas águas que atingem grandes profundidades da crosta terrestre ou as águas que fazem parte da composição do magma voltam à superfície pela energia e pela dinâmica interna da Terra em erupções ou derrames de lavas. Essa água que atinge a superfície pela primeira vez é chamada "água juvenil", passando, a partir daí, a fazer parte do ciclo hidrológico.

Em todos os lugares da superfície terrestre, é possível observar evidências da ação da água superficial. Mesmo alguns desertos atuais foram, no passado, fundo de lagos e mares extintos.

Os cursos d'água normalmente são formados pelo afloramento do lençol subterrâneo. Somente em locais especiais, como em grandes cadeias montanhosas ou em regiões semiáridas, são formados pela água do degelo ou do escoamento

Água superficial e subterrânea

imediato das precipitações atmosféricas em épocas de chuvas intensas. Os cursos d'água são alimentados, basicamente, por escoamento superficial imediato proveniente das águas de precipitação, escoamento subsuperficial nas camadas próximas da superfície do solo, escoamento subterrâneo do lençol d'água e precipitação direta sobre as superfícies dos cursos d'água.

O escoamento superficial é medido pelo coeficiente de deflúvio, que é a relação entre a quantidade total de água que escoa por uma determinada seção e a quantidade de água precipitada na bacia hidrográfica. A precipitação é definida como sendo a altura de água que cai e acumula sobre uma superfície plana e impermeável. É medida em milímetros de chuva que precipita em determinado período, geralmente de uma hora. A medição da precipitação é feita por aparelhos denominados pluviômetros ou pluviógrafos. Os pluviômetros são espécies de provetas graduadas em milímetros que são colocadas na vertical sob a chuva, fazendo-se periodicamente a leitura da altura da água precipitada (Figura 5.2). Os pluviógrafos medem continuamente o registro pluviométrico em um sistema de armazenamento de dados.

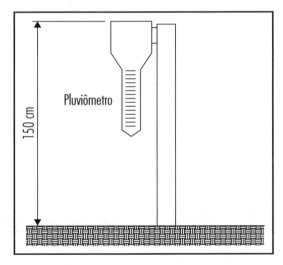

Figura 5.2. Esquema de um pluviômetro para medição da precipitação em milímetros.

O balanço hídrico determina o equilíbrio entre a entrada e a saída de água dentro de uma bacia hidrográfica. A entrada corresponde principalmente a precipitação, e a saída, a escoamento por cursos d'água, infiltração, evaporação, evapotranspiração e exploração da água.

5.1.1 Escoamento e infiltração

O escoamento e a infiltração da água na superfície dependem de vários fatores principais que são expostos a seguir.

5.1.1.1 Permeabilidade dos solos e/ou rochas

É a capacidade que esses materiais têm de permitir o escoamento da água por seus vazios ou fraturas. Os solos são formados por partículas sólidas, ar e água, com o ar e a água ocupando os vazios entre as partículas. Quanto maior a granulometria das partículas, maiores os vazios e o escoamento da água. Portanto, solos pedregulhosos ou arenosos tendem a permitir maior infiltração se comparados a solos finos como siltes e argilas.

Solos muito arenosos têm capacidade de infiltrar com maior facilidade a água da chuva, porém, em decorrência da falta de coesão entre as partículas, são mais erodíveis, isto é, eles se desagregam com maior facilidade, provocando erosões ou voçorocas.

A água que se infiltra pelo solo atinge o lençol d'água subterrâneo, que, por conta da percolação, libera lentamente durante o período de estiagem a água para os pontos de topografia mais baixas, originando as nascentes e mantendo os cursos d'água.

5.1.1.2 Cobertura vegetal

A vegetação nativa é um fator importante na preservação da superfície, pois a água de precipitação, ao atingir as copas das árvores, tende a diminuir a energia potencial de impacto e escoar ou gotejar suavemente até a superfície (Figura 5.3).

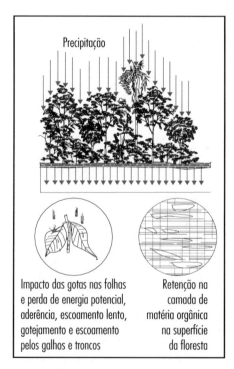

Figura 5.3. Esquema da precipitação em uma floresta com baixo escoamento, grande retenção e infiltração da água no solo.

Água superficial e subterrânea

As folhas e os galhos tendem a reter parte da água precipitada em virtude da tensão superficial da água, da textura e da forma das folhas. A água somente atingirá as camadas mais baixas das árvores quando as folhas começarem a liberar a água na sua superfície, gotejando entre uma e outra folha e escoando pelos galhos e troncos. Ao atingir a superfície com pouca energia, a água encontra uma camada de matéria orgânica formada por restos de troncos, galhos e folhas que servem como camada de absorção, detendo a água por determinado tempo até a saturação. A infiltração ocorrerá apenas após a saturação da camada orgânica superficial da floresta, e o escoamento, quando a vazão que atinge a superfície do solo for maior que a permitida pela infiltração.

Locais em que as florestas foram substituídas por culturas agrícolas ou pastagens tiveram mudança das condições originais e apresentam maior escoamento superficial, daí as plantações em curvas de nível que já vêm sendo praticadas pelo homem desde a Antiguidade, como atestam certos locais na Ásia e na América do Sul, na região dos Andes. Portanto, qualquer interferência humana na vegetação nativa provoca desequilíbrio natural entre a infiltração e o escoamento da água. Em projetos de engenharia civil, são necessários cuidados e ações especiais que amenizem ou neutralizem esses efeitos negativos.

Em determinados locais de implantação de obras urbanas, mesmo que se preservem matas nativas a jusante das obras ou mata ciliar ao longo de cursos d'água, o aumento do escoamento superficial resulta no transporte da camada de matéria orgânica da superfície da floresta, provocando desequilíbrio no solo e causando erosões no interior da mata.

A erosão e o transporte de partículas causam, de imediato, o ravinamento do solo e a sedimentação nos locais de relevo mais baixo, como vales e cursos d'água, tornando-os mais rasos e largos e transbordando mesmo com precipitações de média intensidade.

5.1.1.3 Gradiente topográfico

A inclinação do terreno é outro fator importante na infiltração e no escoamento superficial, pois a ação da gravidade faz com que a água tenda a escoar com maior velocidade, diminuindo o tempo de permanência na superfície e a infiltração (Figura 5.4).

Por exemplo, na planta com curvas de nível, no perfil A-A, a água escoa mais velozmente nos locais mais inclinados. Dependendo do tipo de solo e cobertura, os locais mais inclinados estão sujeitos a intenso desgaste e transporte de partículas desagregadas pela água, provocando erosões na superfície.

Na região de Bauru, estado de São Paulo, e no sudoeste do estado, os solos arenosos de cobertura, se não forem devidamente protegidos, sofrem extensas erosões, atingindo áreas rurais e urbanas, com enormes prejuízos.

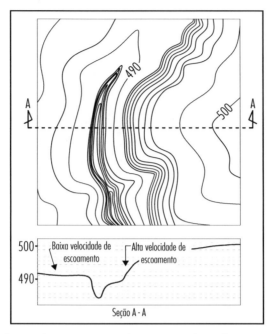

Figura 5.4. Esquema da inclinação do terreno mostrando, em curvas de nível e em corte, os locais de baixa e alta velocidade de escoamento na superfície.

5.1.1.4 Uso e ocupação do solo

A ação humana sobre a superfície da Terra modifica as condições do meio ambiente com sérias consequências para a sociedade, como enchentes, escorregamentos de massas e assoreamentos, além da interferência nas condições de temperatura ambiente.

A ocupação do solo pode ocorrer por uso agrícola, vias de transportes (rodovias e ferrovias), barragens e lagos artificiais, ou urbanismo. Este último é o grande responsável pelo desequilíbrio no escoamento superficial das águas, principalmente quando não se preveem, tanto no projeto quanto na construção, medidas que atenuem os impactos ambientais.

Ao se construir em áreas urbanas, grande parte da superfície do terreno torna-se impermeabilizada pelas próprias construções ou pelas vias públicas (Figura 5.5). Nessas condições, o consequente maior escoamento superficial atinge regiões mais baixas ou fundos de vales, que não suportam a vazão e transbordam para fora do canal original, provocando as enchentes urbanas, tão comuns em grandes centros.

Uma região urbana que atualmente está sujeita a inundações nem sempre esteve sob essas condições. Quando ainda não havia ocupação e existiam matas nativas, o regime de escoamento dos cursos d'água era mais ou menos constante, pois a água tendia a se infiltrar em grande quantidade no período de maior precipitação (estação das chuvas) e permanecer reservada no subsolo. Nos períodos de estiagem, a água do lençol subterrâneo escoava lentamente para as nascentes, mantendo o nível dos cursos d'água. Com o desequilíbrio provocado pela ocupação, ocorrem grandes vazões sob precipitações e, nas épocas de estiagem, vazões mínimas.

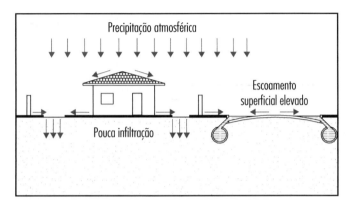

Figura 5.5. Esquema de uma área urbana com maior escoamento superficial.

Outro problema é o aumento da temperatura em locais intensamente urbanizados, em comparação com áreas cobertas de vegetação nativa, pois as superfícies das vias pavimentadas e as coberturas das construções absorvem e irradiam mais energia solar que uma floresta.

Uma forma de atenuar o problema das enchentes seria a construção, em cada unidade urbana (residências, comércios, áreas de estacionamentos etc.) de sistemas de drenagem subterrânea por infiltração forçada através de sumidouros. Esses sistemas, porém, somente podem ser implantados em novos loteamentos, suportados com legislação específica criada pelo poder público. Em áreas já urbanizadas e com excesso de escoamento, uma opção é a construção de grandes reservatórios subterrâneos, que na tentativa de imitar a natureza substituem, em um único espaço, os vazios dos solos que deixaram de ser ocupados pela água em razão da impermeabilização da superfície.

Esses reservatórios, denominados "piscinões", são dimensionados tendo em vista a vazão a montante, com saídas que permitem baixa vazão, escoando o volume armazenado ao longo de determinado tempo sem provocar a sobrecarga dos cursos d'água a jusante durante intensas precipitações. Dessa forma, busca-se imitar a natureza, que foi cerceada de reter a água e liberá-la lentamente por um período mais longo.

Essas obras, além de terem alto custo para os contribuintes, exigem manutenção periódica, pois em áreas densamente povoadas os resíduos sólidos transportados pela água vão diretamente para esses reservatórios, prejudicando seu funcionamento.

5.1.2 Cursos d'água

Em quase todos os lugares da Terra encontram-se evidências da ação da água na superfície. As águas de escoamento imediato das precipitações atmosféricas, de degelo em regiões temperadas e das nascentes tendem a formar os cursos d'água que escoam pela superfície. Grande parte da paisagem terrestre resulta da participação direta do escoamento superficial da água, que desgasta as rochas e solos, transporta e sedimenta partículas, escava vales e assoreia locais de topografia baixa.

Desse modo, os cursos d'água podem ser definidos como corpos de água natural que fluem em decorrência do gradiente topográfico ao longo de um canal, transportando e depositando detritos e partículas desagregadas e dissolvidas por sua área de atuação até o oceano.

Os cursos d'água são os instrumentos mais eficazes e universais de trabalho de desgaste do relevo terrestre pela ação das águas correntes. Os rios, os córregos, os pequenos "fios d'água", as enxurradas e as gotas de chuva produzem o desgaste de grandes cadeias montanhosas, qualquer que seja a litologia, reduzindo-as a simples planícies. Esse trabalho de desgaste contínuo necessita de um tempo geológico relativamente longo e contrapõe-se à dinâmica interna (endógena), pois, caso os movimentos tectônicos não ocorressem também de forma contínua, a superfície da Terra em razão da erosão e da deposição se tornaria ao longo do tempo totalmente plana.

Um exemplo formidável das ações das dinâmicas internas e externas (geodinâmica) sobre a superfície é o Grand Canyon nos Estados Unidos (Figura 5.6). Em virtude da lenta e contínua elevação do planalto central entre os estados de Nevada, Arizona e Utah, a energia potencial da água, principalmente do rio Colorado, aumentou e erodiu toda essa região, expondo formações geológicas muito antigas e dando origem a intensos ravinamentos com até 1.900 m de profundidade.

Figura 5.6. Vista aérea do Grand Canyon, no estado do Arizona, Estados Unidos.

Ao atingir a superfície, as gotas de chuva, por conta do impacto, desagregam partículas e vão se somando às outras gotas, formando finos fios de água que escoam e transportam as partículas soltas. Esse tipo de desagregação e transporte de partículas dos solos e/ou rochas é denominado erosão pluvial.

As zonas montanhosas, onde a superfície do terreno, em virtude das inclinações elevadas e do clima frio, encontra-se normalmente desprotegida da vegetação intensa, estão mais sujeitas às ações mecânicas diretas das águas, que podem em alguns casos desprender grandes massas rochosas de uma só vez. Essas regiões normalmente são sulcadas pela drenagem superficial e, em virtude das velocidades altas de escoamento da água, apresentam fragmentos de rochas de dimensões relativamente maiores que regiões mais baixas.

As águas de precipitação direta, do degelo e do lençol subterrâneo formam inicialmente pequenos córregos e unem-se para dar origem a grandes cursos d'água, como o rio Amazonas, no Brasil; o rio Mississipi, nos Estados Unidos; e o rio Nilo, no norte da África, formando grandes bacias sedimentares ao longo do seu curso (Figura 5.7) e extensos deltas com terraços sedimentares nas desembocaduras no oceano.

Figura 5.7. Vista aérea de cursos d'água na bacia Amazônica, em locais de intensos depósitos sedimentares, Amazonas, Brasil.

5.1.2.1 Principais tipos de cursos d'água

Em função do tipo de alimentação de água e do escoamento, os cursos d'água podem ser divididos em dois tipos principais: curso d'água efêmero e curso d'água perene.

O curso d'água efêmero, também denominado temporário, não apresenta escoamento durante todo o ano, mas somente nos períodos de chuvas, de forma que o lençol d'água está abaixo da sua superfície, sendo um alimentador do lençol (Figura 5.8). Esse tipo ocorre em regiões semiáridas, como algumas regiões do Nordeste brasileiro, ou em regiões de clima temperado, por conta do degelo nos pontos mais elevados das montanhas. Durante o período de estiagem ou no inverno, o curso d'água fica sem escoamento e passa a receber grandes descargas nos curtos períodos de chuva ou derretimento do gelo.

No curso d'água perene, o escoamento ocorre durante todos os períodos do ano, oscilando somente o nível em função dos períodos de maior ou menor precipitação. Nesse caso, o lençol d'água alimenta o curso d'água, constituindo-se um afloramento do lençol. Esse é o tipo mais comum na Terra e é encontrado em praticamente todos os cursos d'água da maior parte das regiões do Brasil (Figura 5.8).

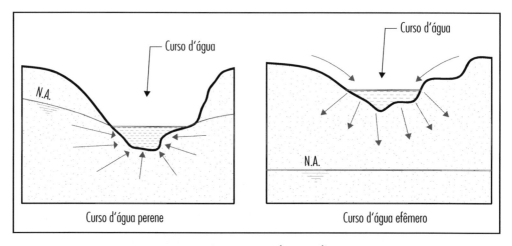

Figura 5.8. Principais tipos de cursos d'água.

5.1.2.2 Fases de escoamento ao longo de um curso d'água

Ao longo do seu percurso, um curso d'água apresenta, basicamente, três fases de escoamento: juvenil, madura e senil. As durações dessas fases dependem da geodinâmica interna da região, como soerguimento lento da crosta, e da geodinâmica externa, como clima agindo sobre as litologias existentes, por exemplo, rochas brandas mais sujeitas à erosão.

Na fase juvenil, o curso d'água encontra-se próximo da nascente, em locais de altitudes mais elevadas. Seu gradiente ao longo do perfil longitudinal é maior e, portanto, maior é a energia potencial. A água flui com maior velocidade, desgastando as rochas e os solos e transportando partículas de diâmetros relativamente grandes, como blocos de rocha e pedregulhos. Nessa fase, raramente ocorrem depósitos fluviais e, quando ocorrem, são formados por materiais grosseiros, que dão origem a conglomerados com partículas de grandes diâmetros. Os vales, em razão

Água superficial e subterrânea

do intenso desgaste, normalmente são constituídos em forma de "V", como ocorre em regiões montanhosas.

Na fase madura, o curso d'água já perdeu parte de sua energia potencial e, consequentemente, diminuiu a velocidade de escoamento e o gradiente ao longo do perfil longitudinal. Ocorre o transporte de materiais de granulometria média e fina, como areias, siltes e argilas, podendo haver o depósito de areias com pedregulhos, dando origem a conglomerados médios. Dependendo da época do ano (menor precipitação atmosférica), pode haver também o depósito de materiais finos como argilas. Os vales, nessa fase, são normalmente em forma de "U".

Na fase senil, o curso d'água apresenta baixo gradiente ao longo do perfil longitudinal e baixa velocidade de escoamento, formando grandes depósitos de materiais médios e finos, como areias, siltes e argilas. Em épocas de maior precipitação pode também transportar e sedimentar pedregulhos. Os vales são geralmente abertos, formando extensos depósitos sedimentares de areias, siltes e argilas, muito explorados pela indústria da construção civil, que usa areias para agregados miúdos de concretos e argilas para a produção de cerâmicas. Nesses trechos, por causa da baixa velocidade de escoamento, o curso d'água é sujeito a transbordamentos em épocas de maior precipitação, formando enchentes nas laterais planas dos vales. Em virtude de erosão e deposição constantes, ocorrem intensos meandros, tornando o curso d'água sinuoso e instável e podendo mudar o canal durante um período de chuvas em um ano.

Nessas regiões da fase senil, para a construção de obras viárias, como estradas ou pontes, devem ser tomadas precauções quanto à instabilidade do canal, pois poderão ocorrer erosões e solapamentos de taludes de aterros, encontros de pontes e mudanças no regime de escoamento nas bases de pilares de pontes, atingindo, em certos casos, as fundações com consequente ruína dessas estruturas.

Os cursos d'água, de modo geral, têm um início histórico mais próximo da foz, em virtude do próprio relevo inicial mais acidentado da região. Com o desenvolvimento de processos erosivos, o perfil longitudinal torna-se mais suave e tende ao equilíbrio. O perfil longitudinal de equilíbrio de um curso d'água, com exceção das corredeiras e quedas-d'água, pode ser uma curva exponencial como na Figura 5.9.

Os cursos d'água, dependendo da vazão e da direção do escoamento, podem ser classificados como efluentes ou influentes. Os cursos efluentes têm a vazão aumentada no sentido do escoamento, principalmente pela descarga do lençol subterrâneo. Eles ocorrem em regiões úmidas em que a distribuição da precipitação tem certa regularidade. Os cursos influentes têm a vazão diminuída no sentido do escoamento, principalmente em razão da perda de água por infiltração, podendo secar. Esse tipo de curso d'água, conforme comentado anteriormente, ocorre em regiões semiáridas ou áridas, como o Nordeste brasileiro, em que o lençol d'água subterrâneo é alimentado pelo curso d'água.

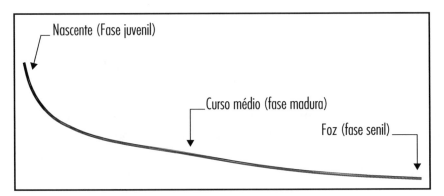

Figura 5.9. Esquema de perfil longitudinal de equilíbrio de um curso d'água.

Finalmente, os cursos d'água devolvem as águas continentais aos oceanos, concluindo o ciclo. No entanto, as águas que infiltram e atingem o lençol subterrâneo retardam consideravelmente a devolução das águas continentais, podendo retê-las por milênios ou milhões de anos.

5.1.2.3 Canais dos cursos d'água

Os canais dos cursos d'água são eficientes condutos naturais para o escoamento da água na superfície. As seções são entalhadas pela água em função da velocidade e da curvatura do fluxo, que variam em velocidade e nível ao longo dos períodos do ano por conta da variação da precipitação.

Observando-se um pequeno curso d'água cuja corrente é medianamente rápida, pode-se perceber que, em geral, a água se move em diferentes velocidades em diversos locais. Na região central da corrente, o fluxo é mais rápido que nas margens. Pode-se notar também, se a água é límpida e rasa, que no fundo, com a corrente, movem-se partículas de areia ou pedregulho, que podem ser depositadas no fundo ou nas margens, formando pequenos sedimentos com aparência geométrica característica. Em decorrência da variação da vazão nas seções transversais, estas mudam e adaptam constantemente sua forma e posição. Mesmo correndo sobre formações rochosas de dureza elevada, a água desgasta e esculpe constantemente o canal.

O transporte de partículas, de modo geral, ocorre em três regiões do fluxo (Figura 5.10): partículas em suspensão, partículas em saltos e partículas em rolamento e deslizamento. As partículas em suspensão são as mais finas; as demais estão sujeitas a impactos e desgastes, tornando-se arredondadas e dando origem aos seixos rolados.

Água superficial e subterrânea

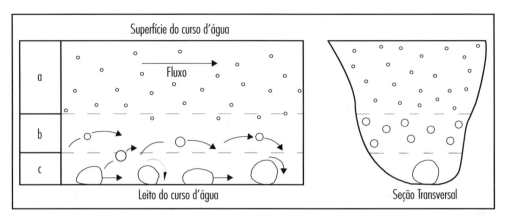

Figura 5.10. Movimentos das partículas pelas regiões de correntes: (a) somente fluxo de partículas finas em suspensão; (b) as partículas saltam do fundo e mergulham em seguida; e (c) as partículas são arrastadas e roladas.

As partículas de determinado tamanho movem-se de diversas maneiras e em épocas diferentes do ano à medida que a energia da corrente muda as condições de descarga. Pode-se considerar que, durante as épocas de maior precipitação (cheias), uma areia fina ou média constitui parte da carga em suspensão e, durante a estiagem, com a diminuição da vazão e a baixa velocidade do fluxo, pode depositar-se no fundo, movendo-se somente na região mais profunda e de maior velocidade da água.

Na seção transversal do canal de um curso d'água, a região mais profunda é denominada álveo, havendo nesta região maior velocidade de escoamento que nas outras (Figura 5.11).

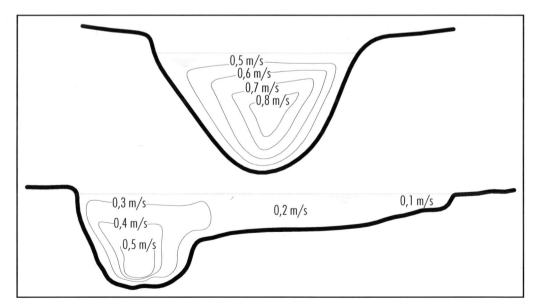

Figura 5.11. Esquemas mostrando seções com velocidades de fluxos em cursos d'água.

Para a determinação da área da seção transversal de um curso d'água, devem-se realizar medições topográficas com técnicas de batimetria. Em pequenos córregos, a medição pode ser feita de forma direta, utilizando-se mira ou hastes graduadas e nível de luneta e medindo-se as cotas do fundo ao longo de uma linha perpendicular ao fluxo. Para cursos d'água com dimensões relativamente grandes, deve-se dispor de equipamentos especiais como ecobatímetros. Esse equipamento mede o tempo entre a emissão e o retorno de onda sonora, transformando esse tempo em distância entre o fundo do canal e o aparelho na superfície da água.

Para determinar a vazão em certa seção, devem-se medir as velocidades do fluxo em diversos pontos ao longo da seção transversal e a área da seção. A medição das velocidades pode ser obtida com equipamentos especiais. Os principais métodos e equipamentos são os seguintes:

- Molinetes: medem a velocidade da água em diversos pontos previamente determinados ao longo da seção do curso d'água. São equipamentos calibrados para a medição da velocidade de escoamento pela rotação de uma hélice que fica posicionada na direção do fluxo. O número de voltas é traduzido em velocidade, sendo os aparelhos mais modernos compostos de um sistema de leitura e aquisição de dados eletrônicos.
- Flutuadores: são dispositivos compostos de uma haste e pás em forma de cruzetas com alturas variáveis, imersas na água, suportadas por uma ou mais boias. A medição é feita cronometrando a velocidade da boia na superfície. São equipamentos simples, mas que fornecem resultados satisfatórios.
- Métodos químicos: em duas seções, posicionam-se dois pares de eletrodos, lançando-se soluções salinas por injeções no fluxo da profundidade a ser medida. Com um amperímetro, medem-se a variação da corrente elétrica e o tempo que a solução levou para chegar de uma seção a outra. Nessas condições, obtém-se a velocidade média aproximada do fluxo.

Além desses métodos, outros são utilizados para determinadas seções de cursos d'água. Esse assunto é tratado com mais detalhes na disciplina obrigatória Hidrologia dos cursos de engenharia civil.

A determinação da vazão em um meio contínuo, em um tubo ou canal, com a velocidade média da água, é calculada por:

$$Q = V.A$$

Sendo:

Q (m³/s) a vazão;

V (m/s) a velocidade média do fluxo;

A (m²) a área da seção transversal do fluxo.

Nas regiões em que ocorrem vales abertos, os cursos d'água resultados da erosão e da sedimentação mudam constantemente de posição, formando curvas bastante acentuadas denominadas meandros. A palavra "meandro" tem origem no nome de um rio na Turquia que possui essa forma característica. Em virtude das diferenças de velocidades de escoamento, ocorrem erosões na margem convexa externa e sedimentações na margem côncava interna, com o surgimento de cascalheiras ou praias fluviais. A história desses vales abertos pode estar relacionada ao clima e à litologia. O ciclo de desenvolvimento dos meandros tem início com um curso encaixado no terreno, que a partir do desgaste e da sedimentação vai esculpindo o vale até uma condição de quase equilíbrio (Figura 5.12).

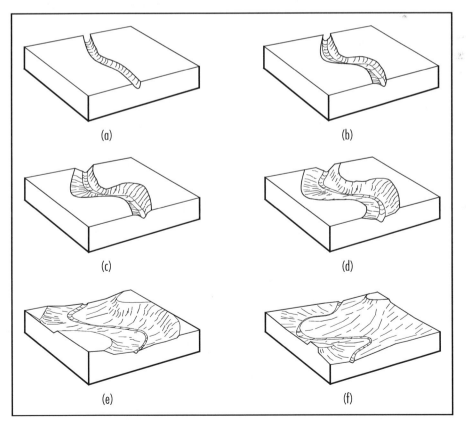

Figura 5.12. Esquemas mostrando as fases de um curso d'água desde o ravinamento até a formação de meandros.

Inicialmente, a água escoa entre as paredes escarpadas (Figura 5.12a), que com o passar do tempo vão sendo erodidas, formando encostas laterais menos inclinadas (Figura 5.12b). A partir daí, em razão das diferenças de velocidades de escoamentos nas margens, inicia-se a sedimentação nas regiões côncavas das curvas (Figura 5.12c). Nessas condições, o curso d'água vai ocupando espaços laterais maiores, formando curvas mais acentuadas (Figura 5.12d). Com o trabalho de erosão e deposição e a diminuição do gradiente longitudinal, as curvas vão se acentuando e tornam-se meandros (Figura 5.12e). Os meandros vão se acentuando e aproximando as curvas, provocando rupturas e mudanças no curso do rio (Figura 5.12f e Figura 5.13).

Muitas propriedades rurais são divididas por cursos d'água sujeitos a mudanças no traçado ao longo do tempo. Eles podem formar ilhas ou cortar terreno vizinho, deixando o antigo leito abandonado.

O Novo Código Civil Brasileiro, Lei n. 10.406, de 10 de janeiro de 2002 (Artigos 1.248, 1.249, 1.250, 1.251 e 1.252):

> As ilhas pertencem aos proprietários ribeirinhos fronteiriços de ambas as margens, na proporção de suas testadas, até a linha que divide o álveo em duas partes. As que se formarem entre a referida linha divisória e uma das margens consideram-se acréscimos aos terrenos ribeirinhos fronteiriços desse mesmo lado. As ilhas que se formarem pelo desdobramento de um novo braço do rio continuam a pertencer aos proprietários dos terrenos à custa dos quais se constituíram.

Ainda de acordo com o Novo Código Civil, no Artigo 1.250, Parágrafo único: "O terreno aluvial, que se formar em frente de prédios de proprietários diferentes, dividir-se-á entre eles, na proporção da testada de cada um sobre a antiga margem" (BRASIL, 2002).

Os meandros podem se aproximar e, por conta da diferença de gradiente, em época de intensas precipitações e transbordamento da calha, passar a escoar sobre a superfície entre uma extremidade e outra do curso, podendo romper por erosão e deixar um antigo leito abandonado (Figura 5.13). Os antigos leitos dão origem a lagoas em forma de "ferradura", muito comuns em certas regiões do Brasil.

Nesses tipos de vales normalmente são formados sedimentos pedregulhosos, arenosos, siltosos e argilosos, que são explorados para uso na construção civil, como materiais naturais para agregados ou cerâmicas. Ocorrem também, com muita frequência, depósitos de matéria orgânica, como as turfeiras, que são solos de baixíssima capacidade portante; isso resulta em problemas para a construção de aterros ou outros tipos de obras nesses locais.

Água superficial e subterrânea

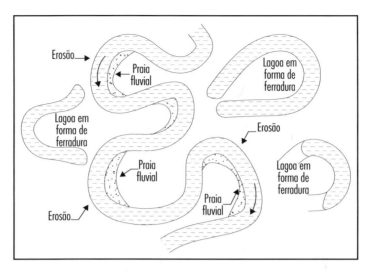

Figura 5.13. Curso d'água meandrante com a formação de lagoas em forma de ferradura (antigos leitos) e praias fluviais.

As causas que produzem a sedimentação aluvionar ao longo desses vales abertos são diversas, podendo-se citar: as variações climáticas bruscas com aumento rápido da umidade e precipitação, interferindo diretamente na energia erosiva e de transporte e na deposição fluvial; o desmatamento nas proximidades das margens; a construção de reservatórios; a prática agrícola sem atentar para a conservação do solo, entre outras.

5.1.2.4 Lagos

Os lagos são acumulações de água em depressões naturais da superfície, alimentados pelos cursos d'água, pelo lençol subterrâneo, por águas de degelo ou diretamente pela precipitação.

A ciência que estuda os lagos é a limnologia, sendo de grande importância para os profissionais atuantes nas diversas áreas ambientais, principalmente quanto a depósitos sedimentares, vegetação e vida aquática. Lagos são encontrados desde pequenas dimensões (dezenas de metros) até centenas de quilômetros, e suas massas geralmente são de água doce com baixa velocidade de escoamento e complexa distribuição de temperaturas.

Os sedimentos que ocorrem nos fundos dos lagos são, de um modo geral, similares aos sedimentos marinhos: orgânicos, detríticos e químicos. Em lagos de dimensões relativamente pequenas e pouca profundidade, a sedimentação pode sofrer influência do clima, como a variação de temperatura. Em períodos quentes, ocorre intensa ação de organismos microscópicos, que transformam matéria orgânica em minerais, depositando camadas geralmente com cores claras. Durante o inverno, em razão da queda de temperatura da água, a ação dos microorganismos é reduzida, favorecendo o acúmulo de matéria orgânica com cores escuras, originando rochas com sedimentações diferenciadas em cores e texturas, como os ritmitos.

5.2 ÁGUA SUBTERRÂNEA

A água, fonte de toda vida, originou-se na Terra pela liberação de oxigênio e hidrogênio nos primórdios da formação do planeta, originalmente na forma de vapor superaquecido liberado do magma que era lançado pelas intensas erupções vulcânicas.

A água subterrânea tem origem quase exclusivamente na atmosfera. Uma minoria é procedente de camadas mais profundas da Terra, como constituintes do magma. A água que compõe o magma e que atinge a superfície é denominada "água juvenil".

As profundidades alcançadas pelas águas subterrâneas ainda são desconhecidas e variam de local para local. A partir de determinadas profundidades, as tensões entre as partículas são tão altas que os vazios praticamente inexistem, impedindo a penetração da água para camadas mais profundas.

A água subterrânea tem sido explorada pelo homem desde praticamente o início da civilização, como na antiga Pérsia, no Egito e na região do Oriente Médio, fato comprovado por meio de inúmeros relatos históricos e arqueológicos. O uso da água subterrânea tem aumentado consideravelmente nos últimos tempos, tanto no Brasil como em todo o mundo. A escassez de água potável em certas regiões do planeta é um problema que ganha amplitude internacional, levando até a disputas territoriais.

As águas que ocorrem na superfície podem ser facilmente utilizadas para as diversas atividades humanas, porém estão mais sujeitas à contaminação direta por agentes poluidores, como esgotos domésticos e industriais e substâncias químicas utilizadas na agricultura. Podem também estar sujeitas aos problemas climáticos, como a pouca precipitação que pode ocorrer em determinadas épocas, provocando a escassez desse recurso natural.

As águas subterrâneas, por causa das profundidades das camadas de solos e/ou rochas onde são armazenadas, estão mais protegidas dos agentes poluidores da superfície. Por essa razão, normalmente têm melhor qualidade e não necessitam de tratamentos mais complexos, salvo algumas águas salinas ou com minerais dissolvidos, impróprias ao consumo direto. Assim, a captação (poço) dessa água pode ser executada nas proximidades dos consumidores, sem a necessidade de extensas adutoras, o que reduz os custos do investimento.

A utilização da água subterrânea no Brasil ainda está em expansão, sendo o consumo desse recurso mineral pequeno em relação a países da Europa e da América do Norte.

De toda a água existente na Terra, apenas cerca de 3% é doce; de toda a água doce, a água subterrânea engloba aproximadamente 97%; os demais 3% estão em rios, lagos e geleiras. Portanto, a água subterrânea, se corretamente explorada, é um recurso fundamental para a humanidade.

Água superficial e subterrânea

A Tabela 5.1 mostra a distribuição estimada de toda a água na Terra. Esses valores são aproximados e variam de pesquisador para pesquisador, pois é muito difícil determinar com precisão a quantidade de água existente em todo o globo terrestre.

Tabela 5.1. Distribuição estimada de toda a água na Terra.

Tipo	Local de ocorrência	Volume (km³)	Porcentagem (%)
Água doce na superfície da Terra	Cursos d'água	1.200	0,00009
	Lagos	124.000	0,009
Água doce contida nos aquíferos	Aderida nas partículas dos solos (umidade)	67.000	0,005
	Das proximidades da superfície até abaixo de 800 m	8.320.000	0,60
Água doce congelada em regiões frias	Geleiras	29.000.000	2,07
Água nos mares, oceanos e lagos (salgada)	Oceanos	1.360.000.000	97,31
	Mares e lagos	104.000	0,008
Água na forma de vapor	Atmosfera	13.000	0,0009
Total (km³)		1.397.629.200	100

Dentre todos os minerais existentes na Terra, a água é o mais essencial para a existência e a manutenção da vida. A vida teve início na água, em oceanos primitivos, e, ao evoluir, passou para a superfície, mas manteve-se estreitamente dependente da água para sobrevivência e continuidade das espécies. A água, esse bem natural, constitui-se em patrimônio da humanidade e dela depende toda vida na Terra, devendo, portanto, ser tratada por todos com respeito e responsabilidade.

5.2.1 Zonas de ocorrência da água subterrânea

A água que infiltra através dos interstícios do solo e das fraturas das rochas está sob a ação da gravidade e das tensões superficiais de aderência entre as partículas. Pequenas quantidades de água que infiltram tendem a distribuir-se nas proximidades dos contatos entre as partículas, e a força que une a água é mais forte que a força da gravidade.

Para que haja infiltração até zonas mais profundas (zona saturada), é necessário volume suficiente para preencher a maior parte dos vazios, eliminando os meniscos e a tensão de aderência e provocando o escoamento livre da água sob a ação da gravidade.

Distinguem-se, ao longo de um perfil do subsolo, da superfície até o lençol freático, as seguintes zonas de ocorrência da água (Figura 5.14):

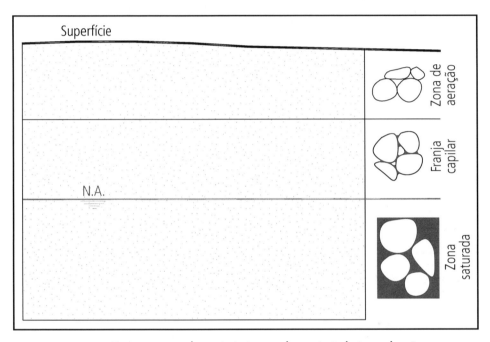

Figura 5.14. Esquema mostrando as principais zonas de ocorrência da água subterrânea.

- Zona de aeração: nessa região, o solo está parcialmente preenchido pela água, ocorrendo a adesão da água às partículas do solo. Dependendo da superfície específica do solo, podem ocorrer maiores ou menores teores de umidade; por exemplo, argilas com elevada superfície específica possuem mais água aderida que solos arenosos ou pedregulhosos. Dentro da zona de aeração, ocorrem duas subzonas. Na zona de umidade do solo, mais próxima da superfície, a ação da energia solar provoca intensa evaporação e precipitação de minerais, como óxidos de ferro, carbonatos e sílicas em solos tropicais. Já na franja capilar, localizada abaixo da zona de umidade e acima da zona saturada, a água permanece aderida entre as partículas, formando meniscos e aplicando tensões de sucção na estrutura do solo. É, portanto, a zona dos solos não saturados com comportamentos mecânicos importantes para a engenharia civil.

- Zona de saturação: é região abaixo do lençol freático, ou água livre, onde, em razão da quase total saturação, a água pode fluir sob a ação da gravidade. Essa zona, como as demais, está sujeita à variação do nível em função da precipitação atmosférica e da infiltração. Em locais onde o nível d'água livre (lençol freático) está próximo da superfície do terreno, a franja capilar pode atingir a superfície, formando terrenos úmidos que, em épocas de maior precipitação, tornam-se pantanosos, com o lençol freático atingindo a superfície.

5.2.2 Escoamento da água subterrânea

A água que percola os espaços vazios dos solos e rochas é somente uma parcela da água intersticial, denominada água gravitacional ou água livre, pois escoa sob a ação da gravidade ou de pressões externas, por exemplo, poços de captação. Dentro desses espaços ocorre o fluxo de água em uma região mais central dos canalículos, pois parte da água permanece aderida às partículas.

A base da teoria de escoamento nos meios porosos granulares foi estabelecida pelo engenheiro civil Henry Philibert Gaspard Darcy (1803-1858), que, por meio de um experimento, comprovou que o fluxo que atravessa um meio poroso homogêneo e isotrópico tem velocidade constante (Lei de Darcy). Nessas condições, o fluxo apresenta um regime laminar. A experiência de Darcy consistiu em fazer a água percolar através de uma coluna porosa, de seção A e comprimento L (Figura 5.15).

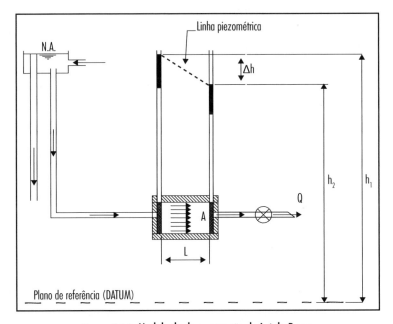

Figura 5.15. Modelo da demonstração da Lei de Darcy.

Variando-se a geometria do sistema, os líquidos empregados nos ensaios e os materiais no interior da coluna porosa, verifica-se que a vazão (Q) obtida é proporcional à inclinação da reta que une os níveis nos tubos piezométricos (linha piezométrica: LP), para qualquer inclinação da coluna porosa (de solo), ou seja:

$$Q = c.\left(\frac{h_1 - h_2}{L}\right) = c\frac{\Delta h}{L}$$

Verifica-se ainda que, variando-se o diâmetro da coluna porosa, para uma mesma condição de nível nos tubos piezométricos, as vazões são proporcionais à área (A) da seção da coluna porosa, independentemente da forma da seção, ou seja:

$$Q = d.A$$

Se (Q) é proporcional a $\Delta h/L$ e também proporcional a A, então:

$$Q = c.d\frac{\Delta h}{L}A$$

Esta equação exprime a relação existente entre a vazão (Q) e os parâmetros de duas categorias: os parâmetros A, L, h_1, h_2 e Δh, relativos à geometria do sistema, e o termo (c.d), que é um parâmetro dependente unicamente da natureza do meio poroso e do líquido percolante. O produto (c.d) equivale a uma constante denominada coeficiente de permeabilidade ou condutividade hidráulica, expressa pela letra k, sendo a unidade expressa usualmente em cm/seg. O termo $\Delta h/L$, relacionado à inclinação da reta que une os níveis nos tubos piezométricos, é denominado gradiente hidráulico, expresso por (i), adimensional, que representa a dissipação ou perda da energia por unidade de comprimento do conduto, ou seja, a perda de energia ou de carga por unidade de comprimento no sentido do escoamento.

$$i = \frac{\Delta h}{L}$$

As perdas de carga hidráulica ($\Delta h = h_1 - h_2$) que ocorrem durante o escoamento em um conduto qualquer dependem da forma, da superfície interna e das dimensões do conduto. Também dependem das propriedades do fluido, como viscosidade, e das características do meio percolado, como a rugosidade. Interferem ainda as perdas por atrito viscoso, o tipo de regime de fluxo estabelecido e as mudanças na seção de escoamento, em função de estreitamento ou alargamento da seção.

Água superficial e subterrânea

Portanto, a determinação da vazão em um meio poroso, pela Lei de Darcy, é apresentada da seguinte forma:

$$Q = k\,i\,A \ (cm^3/s)$$

Na prática, através de furos de sondagem em uma encosta natural, observa-se que o nível do lençol freático inclina na direção do escoamento para um curso d'água ou nascente (Figura 5.16), determinada pela permeabilidade do subsolo e pela topografia do terreno.

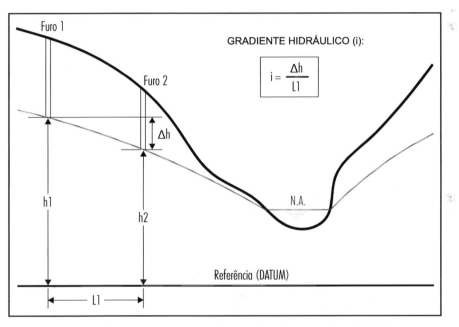

Figura 5.16. Esquema do escoamento da água subterrânea e gradiente hidráulico.

Conhecendo o coeficiente de permeabilidade do solo, pode-se determinar, para o trecho entre h_1 e h_2, a vazão (Q) que escoa através de uma determinada seção (A), abaixo do nível d'água até o curso d'água.

5.2.3 Ensaio de permeabilidade em laboratório

Para a obtenção do coeficiente de permeabilidade (k) em laboratório, pode-se utilizar o permeâmetro de carga constante, com base na Lei de Darcy (Figura 5.17); sendo Q a vazão, V o volume, T o tempo, L o comprimento da amostra e Δh a variação do nível da água em razão da perda de carga na entrada e na saída do corpo de prova. Outra forma de obter o coeficiente de permeabilidade em laboratório é utilizar o permeâmetro de carga variável.

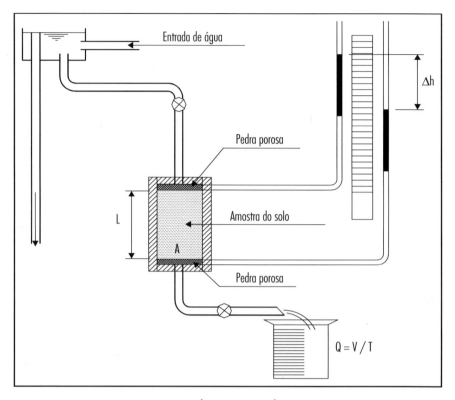

Figura 5.17. Esquema do permeâmetro de carga constante.

As amostras são preparadas em função das condições a que são submetidas na natureza. Para a obtenção da permeabilidade em maciços naturais, são necessárias amostras indeformadas, acondicionadas em caixas de 30 cm × 30 cm × 30 cm, preparando-se corpos de prova cilíndricos em laboratório. Para a obtenção da permeabilidade do solo em aterros compactados, devem ser compactadas amostras com a energia-padrão (Proctor normal ou modificado), na umidade ótima e na densidade máxima, e realizados ensaios de permeabilidade em laboratório. Portanto, no esquema do laboratório, tem-se:

$$i = \frac{\Delta h}{L}$$

$$k = \frac{Q}{A \cdot i} \text{ (cm/s)}$$

Na Tabela 5.2, apresentam-se os valores comuns dos coeficientes de permeabilidade médios obtidos para alguns tipos de materiais.

Água superficial e subterrânea

Tabela 5.2. Valores comuns de coeficientes de permeabilidade (k) para alguns materiais.

Materiais	k (cm/s)	Características de escoamento no solo
Pedregulhos sem impurezas	10^2 a 1	Condutores bons
Areias grossas a médias sem impurezas, podendo conter pedregulhos	1 a 10^{-3}	Condutores bons a médios
Areias finas siltosas e siltes	10^{-3} a 10^{-5}	Condutores médios a regulares
Siltes e siltes argilosos	10^{-5} a 10^{-7}	Condutores regulares a ruins
Argilas intactas	10^{-7} a 10^{-9}	"Impermeáveis"

A velocidade de escoamento da água subterrânea depende de vários fatores, como viscosidade da água; forma e dimensões das partículas do solo; distribuição granulométrica; preenchimento por partículas menores ou cimentação por minerais como sílicas, óxidos, argilominerais ou carbonatos; topografia do terreno; e recarga do aquífero.

A água que infiltra pode permanecer na subsuperfície durante dias, anos, séculos ou milênios, dependendo da profundidade alcançada. O tempo de permanência é tanto maior quanto mais abaixo a água estiver dos níveis dos cursos d'água.

5.2.4 Aquíferos

Um aquífero trata-se de uma ou mais formações litológicas que apresentam porosidades e permeabilidades relativamente altas. Essas formações normalmente estão situadas entre camadas de rochas de baixo coeficiente de permeabilidade, "impermeáveis", que armazenam água subterrânea em quantidade e com vazões relativamente elevadas. A exploração dessa água armazenada pode tornar-se viável por meio de afloramentos naturais (nascentes) diretamente na superfície do terreno ou de poços rasos ou profundos, perfurados até atingir o lençol subterrâneo ou aquífero.

A água em um aquífero fica nos vazios entre as partículas dos solos ou das rochas ou preenche as fraturas das rochas. Em formações de "carste" ou calcárias, a água ocupa total ou parcialmente os espaços de dissolução (cavernas) e flui através deles. Quando a água preenche os vazios entre as partículas, há armazenamento primário; quando preenche fraturas nas rochas, existe armazenamento secundário.

Dentro de uma mesma formação geológica podem-se ter várias condições de armazenamento, escoamento e qualidade da água subterrânea, dependendo da mineralogia de cada camada, dos diâmetros das partículas, da cimentação, da espessura das fraturas da rocha, dos materiais de preenchimento das fraturas etc., portanto, o escoamento geralmente não ocorre de forma constante nem uniforme. Na execução de um poço profundo, deve-se posicionar a tubulação com os filtros nas regiões de maior permeabilidade e de melhor qualidade da água. Para isso, é imprescindível, após a execução do poço, realizar uma perfilagem geológica para determinar as características do aquífero ao longo do furo.

Os aquíferos podem ser relativamente pequenos, com apenas dezenas de quilômetros, ou atingir grandes áreas continentais com milhares de quilômetros de extensão, como é o caso do aquífero Guarani, que atinge grande parte do Sudeste e do Sul do Brasil, além de Argentina, Paraguai e Uruguai.

A partir de determinada profundidade, dependendo da estrutura geológica, as tensões de confinamento densificam as rochas, fazendo com que a permeabilidade torne-se baixíssima, impedindo a continuidade da infiltração e delimitando a profundidade máxima da água livre na crosta terrestre.

5.2.4.1 Tipos de aquíferos

Na natureza existem basicamente dois tipos de aquíferos: livre e confinado (Figura 5.18).

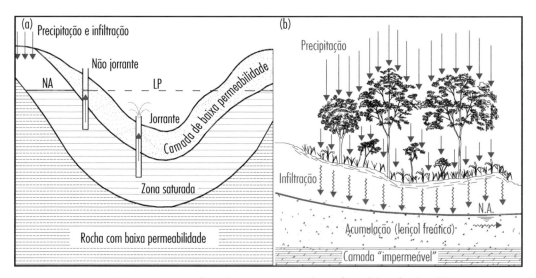

Figura 5.18. Esquemas mostrando os dois principais tipos de aquíferos: (a) confinado e (b) livre.

O aquífero livre, ou freático, é uma formação geológica que, pelo seu grau de saturação, possui permeabilidade suficiente para circulação da água através dos vazios entre as partículas do solo ou das descontinuidades das rochas, na condição de saturada. Em condições normais de água livre, sempre ocorre a retenção de pequenas bolhas de ar na água, portanto, o aquífero livre não possui os vazios preenchidos totalmente por água.

Água superficial e subterrânea

Esse tipo de aquífero normalmente possui na base camadas de permeabilidade baixa, o que permite a acumulação de água (camada superior). Nessas condições, o aquífero está em contato com a atmosfera, e o nível livre da água encontra-se sob a pressão atmosférica, fazendo com que a linha piezométrica (LP) coincida com o nível livre da água. Dependendo da alternância de camadas de alta e baixa permeabilidade, podem ocorrer lençóis d'água suspensos. Normalmente, esses lençóis não apresentam grandes volumes armazenados, pois dependem das dimensões e das espessuras das camadas em que se apoiam e às quais pertencem. Para a correta exploração da água subterrânea, deve-se atingir o aquífero principal na região.

O aquífero confinado, por sua vez, é uma formação geológica que possui permeabilidade suficiente e saturação dos vazios dos solos ou das rochas. É limitado no topo e na base por camadas de baixa permeabilidade, fazendo com que, em decorrência do peso das camadas superiores ou da altura da coluna d'água em regiões limítrofes, confine a água sob pressão. Nesse tipo de aquífero, a linha piezométrica encontra-se acima da superfície da água no aquífero, sendo também denominado aquífero artesiano.

Além dos aquíferos, existem na natureza outras formações geológicas, sendo:

- Aquitardo: formação geológica que armazena água, mas possui baixo coeficiente de permeabilidade, não viabilizando economicamente a exploração.
- Aquicludo: formação geológica que contém água, mas possui baixíssimo coeficiente de permeabilidade, impedindo a circulação da água e sem possibilidade de exploração.
- Aquífugo: formação geológica considerada impermeável que não contém e pela qual não circula água.

O nível da água em um aquífero não é constante, variando de acordo com a precipitação atmosférica que ocorre na região, o volume de água extraído de poços, a variação da pressão atmosférica, a variação do nível d'água de rios e lagos, a evaporação e a evapotranspiração e a variação das marés em aquíferos litorâneos.

A construção de um grande lago artificial pode elevar o nível do aquífero em torno da região inundada, levando em alguns casos a problemas geotécnicos, como a instabilização de taludes ou problemas em fundações de construções por causa da saturação do solo.

Além das águas que compõem os lençóis livre e artesiano, ocorrem também as águas cársticas. Os fenômenos cársticos são as transformações que se processam em um maciço constituído de rochas carbonáticas (calcários e dolomitos), formando vazios de dissolução ou cavernas. A água que circula por esses vazios ou cavernas é denominada água cárstica e deve ser classificada separadamente da água freática. Quanto à circulação, as águas cársticas podem ser subdivididas em dois tipos:

- Águas cársticas confinadas: circulam pelas cavernas preenchendo totalmente os vazios sob pressão hidrostática.
- Águas cársticas livres: circulam pelas cavernas sob pressão atmosférica.

Onde há cavernas totalmente preenchidas por água sob pressão, pode ocorrer, por causa da exploração intensa da água subterrânea, o rebaixamento excessivo do nível d'água e o desconfinamento dos tetos das cavernas. O alívio de pressão pode gerar o abatimento dos tetos das cavernas, refletindo na superfície em forma de subsidências ou "crateras" denominadas dolinas (Figura 5.19). Esse tipo de ocorrência pode trazer sérias consequências para a construção civil, tratando-se de risco geológico, principalmente quanto à ocupação do solo por núcleos urbanos sobre regiões cársticas.

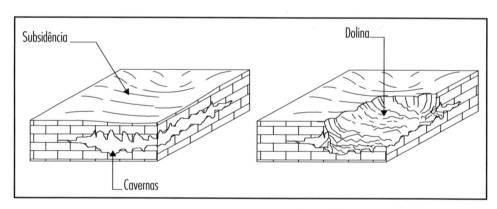

Figura 5.19. Esquemas da formação de uma dolina.

Portanto, o engenheiro civil deve estar atento ao executar projetos ou construções de loteamentos, obras viárias, obras subterrâneas ou fundações nesses tipos de formações. Nessas condições, devem ser solicitados estudos geológicos detalhados para a verificação da viabilidade técnica do empreendimento.

5.2.4.2 Aquífero Guarani

O nome do aquífero Guarani é uma homenagem aos índios Guarani que viviam na região. É a principal reserva subterrânea de água doce da América do Sul e um dos maiores sistemas de aquíferos do mundo. Ocupa uma área total cerca de 1,2 milhão de km^2 na bacia do Paraná e em parte da bacia do Chaco-Paraná, com um volume de recarga anual na ordem de 150 km³. No Brasil, ocupa uma área de aproximadamente 840.000 km²; no Paraguai, estende-se por 71.500 km²; no Uruguai, ocupa 58.500 km²; na Argentina, abrange 230.000 km². Totaliza um volume armazenado que é estimado em 45.000 km³ de água.

Em torno de dois terços do aquífero Guarani está em território brasileiro, nos estados de São Paulo, Minas Gerais, Goiás, Mato Grosso do Sul, Paraná, Santa Catarina e Rio Grande do Sul (Figura 5.20). Esse aquífero é constituído das formações geológicas Botucatu (Brasil, Paraguai, Uruguai e Argentina) e Buena Vista (Argentina e Uruguai).

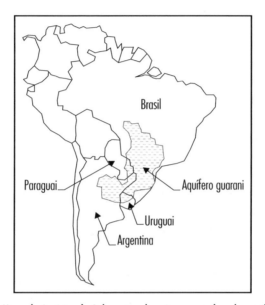

Figura 5.20. Mapa da América do Sul mostrando a área ocupada pelo aquífero Guarani.

O aquífero Guarani possui uma grande extensão com característica confinada, apresentando em alguns locais artesianismo jorrante.

Sua dinâmica de recarga e circulação da água ainda é pouco conhecida e necessita de estudos para seu pleno entendimento, que possibilitaria a utilização mais racional e o estabelecimento de estratégias de preservação mais eficientes.

Estima-se que o aquífero Guarani teve origem na Era Mesozoica inferior. Sua formação deu-se a partir de um extenso deserto formado, principalmente, por partículas transportadas pelo vento, que originaram grandes sedimentos eólicos, com estratificação cruzada, como antigas dunas de areia, semelhantes aos desertos atuais do Oriente Médio e do norte da África. Os sedimentos eólicos, por conta da seleção pelo vento, constituem-se de partículas de formas arredondadas ou esféricas bem selecionadas (granulometria uniforme), que geram porosidades elevadas e, consequentemente, excelentes condições de armazenamento de água.

Essa formação foi determinada inicialmente no estado de São Paulo, na região de Botucatu, denominada de Arenito Botucatu. Após a formação desse arenito, que ocorreu há aproximadamente 180 milhões de anos, iniciou-se a separação das placas da América e da África, o tectonismo da bacia do Paraná, produzindo um intenso fraturamento e a subida do magma alcalino, o que deu origem à Formação Serra Geral (basaltos, diabásios e gabros). Os intensos derrames de basalto cobriram essa formação inicial (deserto), confinando todo esse pacote sedimentar a até 1.800 m de profundidade, que, ao longo de todo esse tempo geológico, foi sendo preenchido por água.

Em razão da grande extensão, as profundidades desse aquífero são variáveis, chegando em alguns lugares a aflorar na superfície. Em decorrência da exploração de água subterrânea e de poços executados sem as devidas características técnicas, pode ocorrer contaminação da superfície para o interior do aquífero. Nas regiões mais susceptíveis ou próximas da superfície, é preciso ter cuidado especial com a construção de aterros sanitários, sistemas de tratamento de esgotos, indústrias, depósitos de combustíveis e outros agentes que possam contaminar o solo e a água, para que esse aquífero não seja atingido. Deve-se observar também que a recarga desse aquífero é feita pelas águas das precipitações atmosféricas que se infiltram através dos maciços, permitindo a reposição da água que é retirada para abastecimento da população. Portanto, a exploração não pode ser excessiva, pois, se a reposição em determinadas áreas não for suficiente, pode provocar rebaixamento acentuado e problemas nos poços já existentes.

5.2.5 Exploração da água subterrânea

A exploração da água subterrânea pode ser feita diretamente na superfície pelas nascentes, ou na subsuperfície por aberturas executadas no terreno, denominadas poços. Os poços são escavações manuais ou mecânicas que atingem o nível d'água, ou lençol freático, e por onde a água é retirada desse local. São obras de engenharia que envolvem as áreas de geotecnia, hidráulica, hidrogeologia e instalações elétricas e equipamentos de perfuração e montagem. Todo projeto de exploração de água subterrânea tem de ser submetido aos órgãos competentes para aprovação e licenciamento em cada estado. Quanto às condições de pressão da água do aquífero, os poços podem ser classificados como freáticos ou artesianos.

5.2.5.1 Poços artesianos

A palavra "artesiano" vem de Artois, na França, onde o primeiro poço desse tipo foi perfurado no ano de 1126, na Idade Média. De modo geral, um poço é artesiano quando a linha piezométrica (LP) do lençol d'água estiver acima da superfície de saturação, isto é, sob pressão confinante. Os poços artesianos podem ser de dois tipos:

Água superficial e subterrânea

- Artesianos jorrantes: quando a linha piezométrica encontra-se acima da superfície do terreno, isto é, a pressão de confinamento da água no aquífero, medida em metros de coluna de água (m.c.a.), é maior que a profundidade do poço. Nessas condições, a água atinge a superfície jorrando com determinada pressão, sem a necessidade de bombeamento. Caso haja necessidade de uma maior vazão, é possível utilizar bombas para a retirada forçada da água.
- Artesianos não jorrantes: a linha piezométrica está acima do nível d'água, mas abaixo da superfície do terreno. Neste caso, necessita-se de bombeamento para vencer a altura faltante até a superfície. Este tipo de lençol traz uma economia na exploração em relação ao lençol freático.

5.2.5.2 Poços freáticos

Os poços freáticos são os mais utilizados, pois nem sempre existe a condição de artesianismo para uma profundidade econômica de exploração. Os poços freáticos atingem o lençol livre da água na subsuperfície, isto é, a linha piezométrica coincide com a superfície do lençol, necessitando de bombeamento para a exploração da água. Podem ser subdivididos em dois tipos: poços rasos e poços profundos.

Os poços rasos são a forma mais antiga de exploração da água subterrânea. São poços cilíndricos abertos manualmente com o uso de ferramentas simples. O diâmetro varia de 1 m a 2 m, sendo em média em torno de 1,5 m. Dificilmente atingem mais que 20 m de profundidade e possuem baixa vazão, pois a água flui do aquífero para o poço e, em seguida, é içada por baldes ou por bomba, elétrica ou movida pelo vento, posicionada no interior do poço.

Devem ser tomados cuidados especiais quanto à proteção, revestindo as paredes do poço com tubos de concreto premoldados especiais para essa finalidade. É também preciso construir, na saída, um muro protetor com tampa (Figura 5.21).

Existem no mercado da construção civil tubos próprios para revestimento de poços rasos, que são permeáveis na área que fica imersa abaixo do nível d'água, para impedir a queda de material solto das paredes do poço. Na parte superior, deve ser executado fechamento com paredes revestidas com impermeabilizantes e tampa de concreto ou chapa metálica, de modo a impedir a entrada de animais ou de poluição da superfície. Ao redor do poço, deve ser executada laje de concreto com espessuras e larguras adequadas para cobrir a área no entorno e impedir a penetração das águas superficiais no poço pela infiltração lateral.

Esses tipos de poços estão sujeitos a contaminação, tanto da água superficial quanto da água que infiltra na superfície, transportando substâncias poluentes. Por isso, as águas desses poços devem ser tratadas para evitar a contaminação por coliformes ou outros micro-organismos.

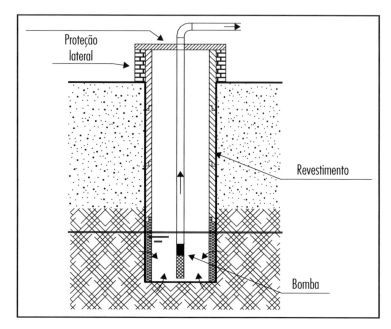

Figura 5.21. Esquema de poço raso para captação de água por lençol freático.

Esses tipos de poços são muito comuns no Brasil em áreas rurais, e um dos motivos de contaminação é a penetração direta da água da superfície ou a construção de fossas negras nas proximidades. As fossas negras devem ser construídas a distância segura, variando para cada tipo de solo ou rocha no local. Essas fossas devem ser executadas a jusante do poço e sempre acima do lenço freático, isto é, em locais de topografia mais baixa que o poço, no sentido do escoamento do lençol para o fundo dos vales ou cursos d'água. O mais adequado para as águas residuárias (esgotos) nas áreas rurais é a instalação de fossas biodigestoras existentes no mercado, que promovem um tratamento dos resíduos orgânicos e melhoram as condições de higiene nesses locais.

Os poços profundos, por sua vez, são perfurados com equipamentos especiais, e a profundidade varia de 40 m a 1.000 m ou mais. A perfuração desses poços demanda conhecimentos técnicos especializados em hidrogeologia e engenharia. Esses poços devem ser executados por empresas especializadas e com corpo técnico preparado (engenheiros e geólogos), capazes de fornecer características hidrogeológicas do aquífero, projeto hidráulico, metodologias construtivas, vazões e qualidade da água.

Um aspecto construtivo importante é a proteção do poço na superfície do terreno, pois a principal forma de contaminação é a penetração de água da superfície para o interior do poço, atingindo o pré-filtro e contaminando o aquífero. A construção de poços profundos deve obedecer às normas ABNT NBR 12212 e ABNT NBR 12244.

Água superficial e subterrânea

Esses poços são constituídos basicamente de (Figura 5.22): furo com diâmetro entre 10 cm e 40 cm; tubo de revestimento para conter a parede do furo, com espaço anular preenchido com nata de cimento; tubo de revestimento interno contendo trechos com filtro para separação do material de pré-filtro e aeração; tubo de elevação da água até a superfície (tubo adutor). No espaço anular entre o tubo adutor e o revestimento, descem os cabos elétricos para alimentação da bomba.

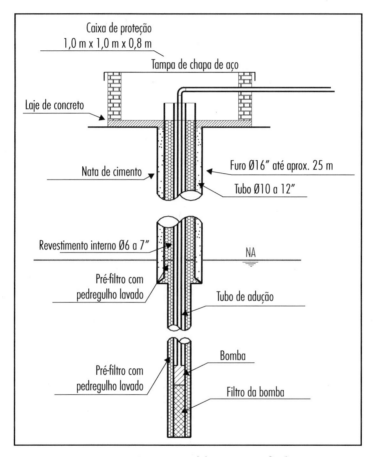

Figura 5.22. Esquema geral de um poço profundo.

O posicionamento dos filtros ao longo do tubo de revestimento deve ser definido em função da perfilagem do poço, que vai determinar quais trechos apresentam permeabilidade adequada para o escoamento racional da água.

A caixa de proteção deve possuir, internamente, um dreno de fundo para escape de água que eventualmente possa entrar. Os tubos de revestimento devem estar pelo menos 50 cm acima da laje de fundo da caixa. A saída do tubo adutor e da fiação deve ser lateral, dificultando a entrada de água do exterior para o interior da caixa. A tampa de proteção normalmente é em chapa metálica com inclinações laterais e fechamento nas extremidades, para permitir o escoamento das águas de precipitação e evitar a entrada de água no interior da caixa, devendo ser lacrada com cadeado.

Esses poços são escavados por vários métodos, como, por exemplo:

- Percussão: a rocha ou solo é perfurada por ferramenta cortante denominada trépano, que é golpeada de cima para baixo.
- Rotativo: a perfuração se dá pelo movimento rotatório de uma broca, ao mesmo tempo que se faz circular lama bentonítica no poço. Essa lama tem por finalidade transportar o material desagregado para refrigeração da ferramenta e para manter a estabilidade da parede do furo.

5.2.5.3 Hidráulica dos poços

Um Poço pode ser considerado uma obra hidráulica executada a partir de uma perfuração vertical no terreno com a finalidade de extração de água de um aquífero.

No projeto e execução dos poços devem ser considerados os seguintes fatores: hidrogeologia do aquífero e princípios da hidráulica para o dimensionamento correto do poço e dos equipamentos na extração da água, das características técnicas e qualidade na perfuração, dos materiais utilizados, e na execução dos sistemas de captação da água. Busca-se, portanto, no projeto e execução, tanto a qualidade quanto a durabilidade na operação.

Nível estático e nível dinâmico

Nível estático é o nível da água no aquífero em condições naturais. Já o nível dinâmico é o nível do aquífero rebaixado dentro do poço sob ação do bombeamento e estabilização da vazão.

O rebaixamento do nível d'água possui a forma cônica, cujo eixo é o próprio poço. A formação desse cone é consequência da necessidade da água de fluir em direção ao poço para repor a que está sendo extraída.

Em aquíferos isotrópicos, a água circula de todos os lados com a mesma velocidade, dando origem a uma superfície cônica relativamente simétrica (Figura 5.23).

A forma do cone de depressão dependerá de dois fatores. O primeiro é a vazão que está sendo bombeada pelo poço; um volume maior resulta em maior rebaixamento do nível de água dentro do poço. O segundo fator é a permeabilidade do aquífero, que determina a velocidade de percolação em direção ao poço; maior permeabilidade produz um cone menos abatido e menor permeabilidade produz um cone mais pronunciado.

Água superficial e subterrânea

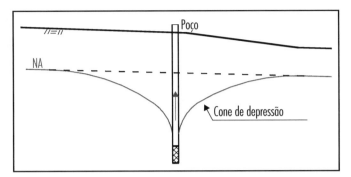

Figura 5.23. Esquema do cone de depressão por conta do bombeamento. O nível inicial pontilhado é o nível estático e a curva para baixo é o nível dinâmico.

Em razão do rebaixamento, massas de água superficiais ou pouco profundas poluídas podem, por infiltração forçada, atingir o poço. Portanto, um poço pode, no início, produzir água de boa qualidade, mas com o passar do tempo sofrer contaminação.

5.2.5.4 Poços próximos

Quando ocorre o rebaixamento forçado por efeito do bombeamento, por conta do alívio da poro-pressão (pressão neutra), há aumento das tensões efetivas, o que provoca um rearranjo das partículas. Em consequência, ocorre a diminuição dos vazios e do coeficiente de permeabilidade. A execução de poços próximos, isto é, que sobreponham os cones de rebaixamento, diminui a vazão inicial de um poço isolado (Figura 5.24).

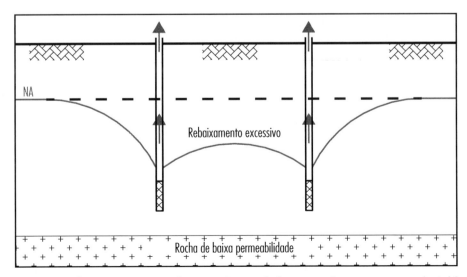

Figura 5.24. Esquema de poços próximos com sobreposição dos cones de depressão e rebaixamento excessivo do nível dinâmico.

5.2.5.5 Fórmulas para cálculo da vazão em função do regime de equilíbrio

De acordo com Johnson (1974), consideram-se, normalmente, duas fórmulas básicas para a determinação da vazão em função do regime de equilíbrio, sendo uma para condições freáticas e outra para condições artesianas. Para essas duas fórmulas, admite-se a existência de recarga no entorno do cone de depressão do lençol.

Fórmula para lençol freático:

$$Q = \frac{1,36k(H^2 - h^2)}{\log \frac{R}{r}}$$

Sendo:

Q a vazão que sai do poço ou a taxa de bombeamento (m³/h);

k o coeficiente de permeabilidade da formação geológica (m/h);

H a espessura saturada da camada do aquífero com o nível estático, antes do início do bombeamento (m);

h a altura da água no interior do poço (nível dinâmico) durante o bombeamento (m);

R o raio do cone de depressão no entorno do poço (m);

r o raio interno do poço (m).

A Figura 5.25 mostra um esquema de poço freático.

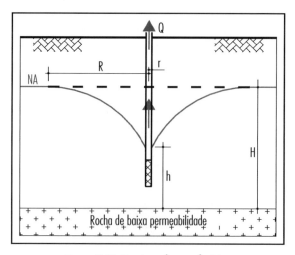

Figura 5.25. Esquema de poço freático.

Água superficial e subterrânea

Fórmula para lençol artesiano:

$$Q = \frac{2,72 km(H-h)}{\log \frac{R}{r}}$$

Sendo:
m a espessura do aquífero confinado (m);
H a carga estática no fundo do aquífero (m).

A Figura 5.26 mostra um esquema de poço artesiano.

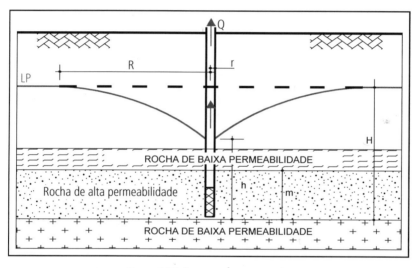

Figura 5.26. Esquema de poço artesiano.

Ainda de acordo com Johnson (1974), a dedução das fórmulas apresentadas foi baseada nas seguintes hipóteses:

- Os materiais que compõem o aquífero apresentam permeabilidade uniforme na região de influência.
- O aquífero não possui estratificação.
- No lençol freático, a espessura da camada saturada é constante antes do bombeamento; no lençol artesiano, a espessura do aquífero é constante.
- O poço bombeado possui eficiência total e penetra até a base do aquífero.
- O lençol freático e a superfície piezométrica são horizontais.
- O fluxo da água através dos vazios ou fraturas das formações geológicas ocorre em regime laminar, pelo aquífero e pela região do cone de depressão.

- O cone de depressão atinge o equilíbrio, fazendo com que a superfície do cone e o raio de influência lateral não variem quando a vazão de bombeamento do poço permanecer constante.

5.2.5.6 Teste de bombeamento

Os testes de bombeamento servem para determinar a vazão de equilíbrio do poço e estimar o coeficiente de permeabilidade do aquífero. Na perfuração dos poços, são obtidos os valores de H (altura do nível estático) e m (espessura do aquífero). R (raio do cone de depressão) geralmente é estimado em função da experiência com a formação local e de testes com poços de monitoramento.

Conforme Johnson (1974), pode-se estimar o coeficiente de permeabilidade (k) aplicando-se as seguintes fórmulas.

Para lençol freático:

$$k = \frac{Q.\log\frac{r_2}{r_1}}{1,36.(h_2^2 - h_1^2)}$$

Para lençol artesiano:

$$k = \frac{Q.\log\frac{r_2}{r_1}}{2,72.m.(h_2 - h_1)}$$

A Figura 5.27 mostra um esquema geral de poços de monitoramento do nível freático para teste de bombeamento e estimativa da permeabilidade do maciço.

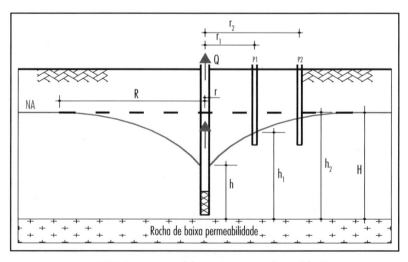

Figura 5.27. Esquema geral de monitoramento do nível freático.

A estimativa do coeficiente de permeabilidade (k) por meio de bombeamento em poços também pode ser estudada em Coduto (1998), Krynine e Judd (1961) e em vários outros autores que abordam esse tema.

Vale lembrar que, estando o nível freático relativamente próximo da superfície e ocorrendo o rebaixamento forçado rapidamente, se desenvolve um rearranjo das partículas do solo, diminuindo o índice de vazios e provocando deformações verticais (subsidências) no terreno. Construções nas proximidades podem sofrer recalques nas fundações e consequentes danos às estruturas.

Os valores de h_1 e h_2 não são fáceis de serem obtidos e são estimados de forma indireta por sondagens geofísicas com a posição da camada de baixa permeabilidade, pois nem sempre o poço atinge essa camada.

5.2.5.7 Contribuição de um curso d´água para o lençol subterrâneo

Quando se executa um poço nas proximidades de rios ou lagos, dependendo das condições geológicas da subsuperfície, pode ocorrer a percolação da água em direção ao poço quando solicitado por meio do bombeamento. Dependendo das condições topográficas, geológicas e do nível do lençol subterrâneo, inicialmente o bombeamento não provoca rebaixamento suficiente que possa mobilizar o escoamento da água superficial do rio ou lago. Na continuidade da exploração e do rebaixamento, a água superficial passa a percolar e pode atingir a sucção no poço (Figura 5.28).

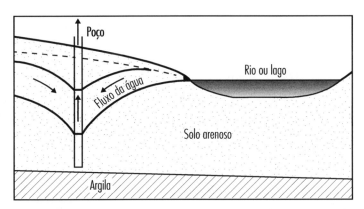

Figura 5.28. Esquema de contribuição de um rio ou lago ao lençol subterrâneo.

Em condições normais de recarga por infiltração em decorrência da precipitação atmosférica, o equilíbrio pode não ocorrer. Com extrações de vazões elevadas, continuando o rebaixamento do cone e a exploração, ocorre a percolação da água do rio ou lago para o poço. Dependendo das condições da qualidade da água do rio ou lago, das formações geológicas e da distância de percolação da água, pode ocorrer a contaminação do poço. Portanto, em poços utilizados para abastecimento público, aconselha-se parar o bombeamento por determinado período todos os dias para a elevação da superfície do cone, não forçando demasiadamente o aquífero e evitando que a bomba trabalhe com uma coluna de água no nível dinâmico relativamente baixo.

O que também pode contribuir para o estabelecimento do equilíbrio do cone é a existência de uma recarga vertical por toda a área de influência do aquífero em torno do poço em operação. Nessas condições, admite-se que, quando o cone de depressão estiver se expandindo, ocorram precipitações atmosféricas nas áreas de influência do aquífero, principalmente se a formação geológica for composta por materiais de boa permeabilidade, como areias ou rochas fraturadas.

5.2.5.8. Lençol freático em encostas

O lençol freático em terrenos inclinados, dependendo das condições geológicas, tende a acompanhar aproximadamente a inclinação do terreno até aflorar nos fundos dos vales em forma de nascente. Em certas formações geológicas, a superfície livre pode apresentar inclinações relativamente elevadas (Figura 5.29).

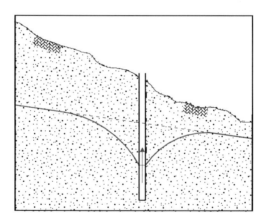

Figura 5.29. Esquema com lençol d'água e poço em superfície de inclinação elevada.

Nessas condições, a estabilização da superfície livre e a montante do poço é favorecida pelo fluxo da água e pelo gradiente hidráulico, dependendo da reposição do aquífero por precipitação.

5.2.5.9 Efeito do rebaixamento do nível d'água subterrâneo

No rebaixamento do nível de água livre em decorrência do bombeamento, é eliminada a poro-pressão da água entre as partículas sólidas, aumentando, consequentemente, as tensões de sucção e as tensões efetivas. Com o aumento das tensões efetivas, as partículas do solo sofrem movimentos que tendem a diminuir os vazios entre as partículas, resultando em alterações no coeficiente de permeabilidade.

5.2.5.10 Pressão de percolação

Quando se processa o fluxo de água através dos vazios dos solos, desenvolve-se em cada ponto uma pressão intergranular, no mesmo sentido do fluxo, denominada pressão de percolação (f_p) (Figura 5.30).

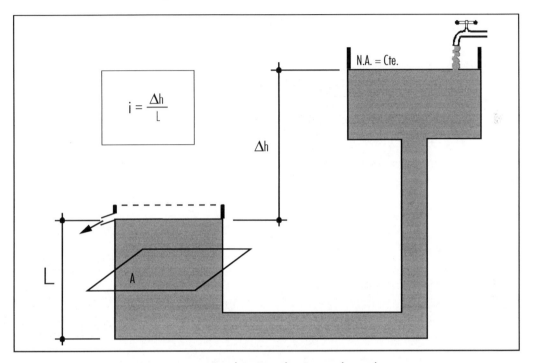

Figura 5.30. Esquema demonstrando a pressão de percolação.

A força de percolação atuante na área (A) vale:

$$f_p = \Delta_h \gamma_a A$$

E por unidade de volume:

$$f_p = \frac{\Delta_h \gamma_a A}{A.L} = \frac{\Delta_h \gamma_a}{L} = i\gamma_a$$

A dimensão é do peso específico e é numericamente igual ao gradiente hidráulico.

Essa pressão pode deslocar as partículas nas proximidades de uma superfície em que a água surge, provocando retroerosões e podendo causar desplacamento do solo no interior de poços sem revestimentos. Isso também pode ocorrer na superfície de taludes saturados com fluxo d'água aflorando na superfície.

5.2.6 Qualidade da água subterrânea

As águas subterrâneas não são águas puras, pois na natureza as águas apresentam-se com minerais dissolvidos ou em suspensão, principalmente em função da composição mineralógica das rochas que formam o aquífero. Geralmente, as águas subterrâneas apresentam excelentes qualidades químicas quanto à potabilidade e, consequentemente, à utilização humana. Quimicamente, as águas subterrâneas refletem a litologia do aquífero, apresentando minerais dissolvidos por percolação e dissolução.

No Brasil, o Decreto Federal n. 5.440, de 4 de maio de 2005, estabeleceu que deve ser informada mensalmente, na conta de água, a qualidade da água consumida pela população. A qualidade da água para consumo deve estar de acordo com a Portaria n. 2.914/2011, do Ministério da Saúde.

As águas subterrâneas para consumo humano devem apresentar algumas características básicas:

- Cor: a medida da cor da água subterrânea é feita por comparação com soluções conhecidas de platina-cobalto. A unidade de medida é mg/L, sendo 1 mg por litro de platina na forma de íon cloroplatinado. O valor máximo permitido internacionalmente é 20 mg/L, segundo a Organização Mundial de Saúde (OMS). De acordo com a Portaria n. 2.914/2011, Anexo 10, o valor máximo permitido de cor aparente para a água distribuída é de 15 uH.
- Temperatura: as águas subterrâneas estão sujeitas às temperaturas dos maciços em que estão armazenadas, de acordo com o grau geotérmico local. Dependendo da profundidade, a temperatura das águas pode ser relativamente alta para consumo direto. No aquífero Guarani, as águas podem apresentar temperaturas em torno de 30 °C a 50 °C, dependendo da profundidade.
- Gosto e odor: dependem dos minerais dissolvidos na água, sendo normalmente imperceptíveis pelo ser humano em virtude das baixas concentrações. Em locais onde há fontes termais, em decorrência da temperatura, os minerais se dissolvem mais intensamente. Nessas condições, algumas águas podem exalar odor característico de gás sulfídrico. Segundo a Portaria n. 2.914/2011, Anexo 10, o gosto e o odor devem possuir intensidade 6.
- Dureza: é a característica que certas águas possuem de dificultar a obtenção de espuma com sabões; precipitar carbonatos de cálcio e magnésio em tubulações, principalmente com temperatura relativamente alta, como nos crivos dos chuveiros; provocar manchas esbranquiçadas em louças sanitárias, na pintura de automóveis e em vidros; e apresentar sabor característico quando ingeridas. A dureza da água pode ser expressa em miligramas por litro (mg/L),

Água superficial e subterrânea

em miliequivalente por litro (meq/L) ou partes por milhão (ppm). A dureza da água é subdividida em:

➢ temporária: quando aquecida, a água perde a dureza, precipitando minerais, principalmente íons de cálcio e de magnésio, em superfícies, paredes de tubulações e chuveiros, onde podem obstruir o crivo e impedir o esguicho da água; em caldeiras, pode levar à diminuição da seção dos tubos ou ao entupimento total por precipitação e formação de uma crosta desses minerais.

➢ permanente: a água não perde a dureza quando aquecida.

➢ dureza total: é a soma das duas durezas, isto é, da temporária e da permanente.

A água é considerada dura quando sua concentração está acima de 150 ppm (partes por milhão) de carbonato de cálcio e carbonato de magnésio. De acordo com a Portaria n. 2.914/2011, Anexo 10, o valor máximo permitido para a dureza total é de 500 mg/L.

• Turbidez: o valor máximo permitido deve ser 5 uT (unidade de turbidez).

• pH: deve ficar entre 6,0 e 9,5.

• Constituição química: as águas subterrâneas próprias para consumo devem apresentar limitações de substâncias químicas. Esses valores são especificados pela Organização Mundial de Saúde (OMS). No Brasil, devem ser atendidos os valores especificados no Anexo 10 da Portaria n. 2.914/2011 do Ministério da Saúde. A Tabela 5.3 apresenta valores específicos para o Brasil.

Tabela 5.3. Valores máximos permitidos de ocorrência de algumas substâncias nas águas subterrâneas, segundo a Portaria n. 2.914/2011 do Ministério da Saúde.

Substância	Limite máximo (mg/L)
Bário	0,7
Cádmio	0,005
Chumbo	0,01
Cloreto	250
Cobre	1
Ferro	0,3
Manganês	0,05
Nitrato (como N)	10

5.2.6.1 Principais fontes poluidoras das águas subterrâneas

As águas subterrâneas, mesmo protegidas pelas camadas sobrejacentes de solos ou rochas, são susceptíveis de contaminação por substâncias oriundas da superfície. A contaminação ocorre quando alguma substância química prejudicial à saúde entra em contato com a água, espalhando-se pelo aquífero e formando uma espécie de pluma, denominada pluma de contaminação.

As principais fontes poluidoras do subsolo e das águas subterrâneas são:

- Fossas negras: a contaminação ocorre quando são executadas escavações para a deposição de resíduos provenientes de esgotos domésticos ou da criação de animais, principalmente em áreas rurais.
- Redes de esgotos urbanos: estima-se que 20% do líquido das redes de esgotos urbanos se infiltra no subsolo por conta de problemas com as tubulações. A contínua descarga desses poluentes pode atingir facilmente o lençol subterrâneo, vindo a contaminá-lo. Pelas fossas e pelas redes de esgotos, ocorre a contaminação por coliformes, micro-organismos patogênicos que, ingeridos pelo ser humano, podem provocar infecções no sistema intestinal. Além dos micro-organismos patogênicos, os esgotos urbanos e as fossas possuem elevadas concentrações de carbono orgânico, cloreto, nitrogênio, sódio, magnésio, sulfato e, em certos casos, metais pesados.
- Atividades agrícolas: fertilizantes e agrotóxicos dissolvidos na água podem atingir o lençol subterrâneo, contaminando-o com excesso de sais, compostos nitrogenados e outras substâncias prejudiciais à saúde. O estudo desses tipos de poluentes é complexo, pois as atividades agrícolas são realizadas em extensas áreas com variedade de produtos, e é difícil o monitoramento e o controle nos locais. Um dos cuidados é o descarte das embalagens utilizadas em locais adequados e seguros, pois podem tornar-se fontes poluidoras.
- Combustíveis: vazamentos de tanques de combustíveis em distribuidoras ou em postos de combustíveis podem causar sérios danos à água subterrânea, pois, dependendo do produto, percolam pelo subsolo com grande facilidade e atingem o lençol d'água em tempo relativamente curto. Os tanques modernos para reservar os combustíveis já possuem sistemas de detecção de vazamentos e de monitoramento. Outra forma de contaminação por combustíveis são os acidentes com veículos de carga.
- Atividades de mineração: a exploração de certos minerais, principalmente os metálicos, pode trazer sérios riscos ao lençol d'água subterrâneo. Também

Água superficial e subterrânea

é possível ocorrer infiltração de minerais que interferem nas características hidráulicas do aquífero.

- Aterros sanitários: a ação biológica sobre os materiais orgânicos nos aterros sanitários produz compostos patogênicos denominados chorume. Em contato com o solo, o chorume pode atingir o lençol d'água e contaminá-lo com quantidades relativamente grandes de poluentes. O projeto e a construção de aterros de resíduos sólidos são atividades da engenharia civil, dentro da área de saneamento, e envolvem também a área de geotecnia. Nesses projetos, é preciso tomar cuidados especiais e obedecer a certos critérios técnicos para evitar a contaminação do subsolo e da água. Modernamente, são utilizados materiais sintéticos, denominados geossintéticos, para impermeabilização, drenagem e estruturação desses maciços.

- Lagoas de tratamento de esgotos: como nos aterros sanitários, pode ocorrer a contaminação do solo e da água pela infiltração por meio de lagoas de tratamento. A base e os taludes laterais devem ser impermeabilizados com materiais naturais de baixo coeficiente de permeabilidade, como argilas, ou com geossintéticos especiais. Essas lagoas não devem ser executadas diretamente sobre maciço rochoso, pois, dependendo das descontinuidades da rocha, pode ocorrer infiltração e contaminação do lençol subterrâneo.

- Vazamentos industriais: substâncias químicas ou materiais orgânicos resultantes de certas atividades industriais devem ser armazenados em condições adequadas para evitar vazamentos e contaminação de cursos d'água e lençóis subterrâneos. Um dos problemas graves que podem ocorrer em algumas atividades industriais é a contaminação do solo e da água por metais pesados, como chumbo, mercúrio, entre outros.

Dependendo dos resíduos que estão em contato com o solo e a água, pode ser necessário um longo período para a decomposição total, e durante esse tempo eles se constituem em poluentes para o meio ambiente. É preciso ter em mente que a água subterrânea circula muito lentamente pelos aquíferos, portanto, quando ocorre a contaminação de um aquífero, sua recuperação é muito difícil. A melhor forma ainda é a prevenção, para que não ocorram processos perigosos ao meio ambiente e à saúde que se tornarão praticamente irreversíveis.

O engenheiro civil deve conhecer ampla e profundamente as principais áreas ligadas a hidráulica, saneamento e geotecnia, participando, em equipes multidisciplinares, da conservação do meio ambiente e da solução dos problemas de poluição pelas atividades humanas. Desse modo, precisa estar sempre atualizado a respeito dos problemas ambientais e de suas respectivas soluções.

5.2.6.2 Principais tipos de fontes de poluição

De acordo com vários estudiosos do assunto, podem-se classificar as fontes de poluição em dois tipos básicos: lineares e difusas.

As fontes lineares são responsáveis pela contaminação do aquífero e, consequentemente, do subsolo pela infiltração através de cursos d'água, canais, lagos ou oceanos. Este tipo de contaminação depende das condições geológicas locais e do sentido que o fluxo da água pode tomar em direção ao subsolo. A inversão do fluxo do corpo de água superficial contaminado para o aquífero poderá ocorrer pela operação de poços profundos nas proximidades.

As fontes difusas ocorrem em áreas relativamente grandes, sendo os poluentes transportados por agentes como o ar e a água ou por lançamento direto de substâncias em atividades agrícolas, como pulverizações em plantações.

Em áreas urbanas, os resíduos líquidos infiltram-se por vazamentos das tubulações, vindo a atingir grandes extensões com baixa concentração. Outro tipo de contaminação do solo e da água em áreas urbanas ocorre pelos cemitérios implantados sem critérios técnicos e em solos geologicamente inadequados.

Uma substância poluente, após atingir o solo e o subsolo por infiltração, sofre uma série de reações químicas, físico-químicas e bioquímicas e inter-relações com os minerais constituintes do solo antes de atingir o lençol d'água.

5.2.6.3 Formas de contaminação das águas subterrâneas

De modo geral, pode-se considerar que as águas subterrâneas sofrem uma contaminação direta, isto é, sem diluição, quando se introduzem diretamente no aquífero as substâncias contaminantes, como pode ocorrer na contaminação por poços mal construídos ou fossas negras (Figura 5.31).

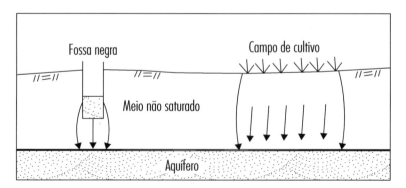

Figura 5.31. Contaminação de aquíferos sem diluição.

A contaminação com diluição ocorre normalmente pela contaminação das águas de recarga natural do aquífero ou pela infiltração de água contaminada por

Água superficial e subterrânea

alguma alteração das condições hidrodinâmicas preexistentes, como produzidas por bombeamentos, drenagens etc. (Figura 5.32).

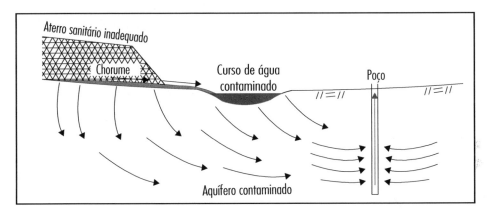

Figura 5.32. Contaminação de aquífero com diluição.

Os aquíferos sem proteção superior e com material de permeabilidade relativamente alta podem ser facilmente contaminados por fossas negras, esgotos, lagos de águas residuárias, material lixiviado de aterros sanitários, vazamentos de depósitos de derivados de petróleo ou produtos químicos etc.

Obviamente, os aquíferos freáticos e os aquíferos artesianos, com uma camada de baixa permeabilidade na parte superior, estão naturalmente mais protegidos dos agentes poluidores, podendo ser contaminados somente nas regiões em que o aquífero esteja exposto diretamente à recarga externa.

Nas zonas costeiras, nas proximidades do oceano, a perfuração de poços poderá atingir a interface entre lençóis de água doce e de água salgada (Figura 5.33), podendo produzir água salobra ou mesmo água salgada.

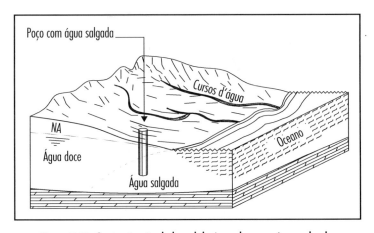

Figura 5.33. Contaminação do lençol de água doce por água salgada.

Nessas condições, perto do oceano, mesmo afastado do litoral, deve-se estudar a possibilidade de contaminação de poços por água salgada, em virtude do fluxo produzido pelo bombeamento. Se o poço atingir o lençol de água doce, com o passar do tempo em operação, o fluxo da água salgada pode atingir o lençol de água doce, tornando a água inadequada para consumo.

CAPÍTULO 6

Movimentos de massas e estruturas de contenção

A expressão "movimentos de massas" é utilizada na engenharia civil geotécnica para definir qualquer tipo de ruptura e deslocamento de solos e/ou rochas sob a ação da gravidade. Queda de blocos de rochas, avalanches de neve, solos e rochas, ruptura de taludes naturais ou de escavação em solos e/ou rochas, corridas de lama etc. são genericamente denominados movimentos de massas. Esses movimentos afetam diretamente obras de engenharia civil relacionadas com taludes naturais e artificiais, como aterros, barragens, estradas, edificações, entre outras obras.

Todos os tipos de movimentos de massas estão associados com o movimento dos materiais constituintes de parte da crosta terrestre, sendo causados fundamentalmente pela ação da gravidade em razão de condições estruturais dos maciços, agentes intempéricos e materiais de que são compostos. Esses movimentos são causados pelo conjunto das ações das dinâmicas interna e externa da Terra. A dinâmica interna provoca nas camadas de rochas da crosta terrestre dobramentos, falhamentos, levantamentos, afundamentos e adernamentos, mudando lentamente o relevo. Em contraposição, a dinâmica externa, em virtude do ciclo hidrológico, provoca meteorização das rochas, desagregação, erosão, transporte e deposição das partículas. Em alguns casos, os maciços rochosos decompostos, a partir de determinado momento, sob a ação da gravidade em conjunto ou não com a água sofrem instabilizações que podem causar grandes deslizamentos de solos e/ou rochas e, como consequência, a modificação do relevo de forma relativamente rápida. A ação do homem também pode ser considerada, principalmente no desmatamento, ocupação do solo, modificação do relevo e condições de drenagem. Em todo o mundo, anualmente, perde-se um número considerável de vidas por movimentos de massas terrosas e/ou rochosas.

Esses problemas envolvendo a natureza têm preocupado o homem desde a Antiguidade. Historicamente, foi do século XVII em diante que surgiram os primeiros trabalhos objetivando o estudo do comportamento físico dos solos. Podem ser citados Vauban (1633-1707), Coulomb (1736-1806), Rankine (1820-1872), Cullmann (1821-1881), entre outros.

De acordo com Caputo (1981, p. 1), considerando os solos como "massas ideais" compostas de partículas, foram desenvolvidas as primeiras "teorias clássicas" sobre o equilíbrio dos maciços de solos. Os primeiros estudos sobre movimentos de massas sob o ponto de vista científico, considerando parâmetros de resistência e modelos de equilíbrio limite, tiveram origem no início da mecânica dos solos como ciência de engenharia civil, nas primeiras décadas do século XX.

Com o desenvolvimento científico e o crescimento industrial, entre a segunda metade do século XIX e as primeiras décadas do século XX, a engenharia civil passou por desafios, principalmente com a construção de grandes obras de infraestrutura, como ferrovias, barragens, túneis e canais, que exigiram interferências na natureza até então não realizadas. A construção do Canal do Panamá e a construção de barragens de terra resultaram em acidentes geotécnicos que levaram a comunidade científica da época a estudar o comportamento dos solos sob o ponto de vista quantitativo e qualitativo.

Nessa mesma época, o professor Wolmar Fellenius (1876-1957), estudando uma série de escorregamentos ocorridos na Suécia, propôs um método para o cálculo da estabilidade de taludes em solos com base no equilíbrio limite. Em 1925, o professor Karl von Terzaghi publicou o famoso livro *Soil Mechanics*, dando início a uma ordenação no estudo do comportamento mecânico dos solos.

No estudo dos movimentos de massas naturais (encostas naturais) ou artificiais (cortes ou aterros), os processos que resultam em instabilização dos maciços envolvem fenômenos bastante complexos, que podem ser analisados de acordo com vários métodos, como observacionais, analíticos e numéricos. Os métodos mais utilizados são os analíticos, com base na análise estrutural do maciço e na decomposição dos esforços atuantes e resistentes. Utiliza-se também métodos numéricos para análise de movimentos de massas, como os métodos dos elementos finitos e dos elementos de contorno.

6.1 CLASSIFICAÇÃO DOS MOVIMENTOS DE MASSAS

Em virtude da complexidade dos maciços e dos agentes externos e internos atuantes, a classificação dos movimentos de massas torna-se tarefa árdua. Ao longo da história da mecânica dos solos e das rochas, vários autores apresentaram propostas de classificação desses movimentos, entre eles Baltzer (1875), Heim (1882), Penck (1894), Molitor (1894), Braun (1908), Howe (1909), Almagià (1910), Stini (1910), Terzaghi (1925; 1950), Pollack (1925), Lass (1935), Hennes (1936), Sharpe (1938), Varnes (1958), Penta (1960), Freire (1965), Ter-Stepanian (1966), Skempton e Hutchinson (1969), citados por Guidicini e Nieble (1976); Selby (1982) e Chorley, Schumm e Sudgen (1984).

Em seguida são apresentados, resumidamente, os principais tipos de ocorrência de movimentos de massas.

6.1.1 Escoamentos de solos ou rochas

É a denominação genérica das deformações ou dos movimentos de forma contínua, com existência ou não de uma ou várias superfícies de ruptura, definidas ao longo da base da movimentação ou das descontinuidades do maciço. São subdivididos em rastejos, corridas de solo, corridas de areia ou silte, corridas de lama e avalanches de detritos.

Rastejos são movimentos com velocidades relativamente lentas de solos e/ou rochas em manto de intemperismo em encostas naturais ou taludes escavados, com superfícies-limite da base normalmente indefinidas. A velocidade dos movimentos é em torno de alguns poucos centímetros por ano. Ocorrem normalmente em locais de solos residuais, em clima tropical úmido, com camadas de intemperismo em desenvolvimento e aumento lento da espessura, com consequente fluência do material sob a ação da gravidade. Pode também ocorrer em regiões de clima temperado a frio (Figura 6.1).

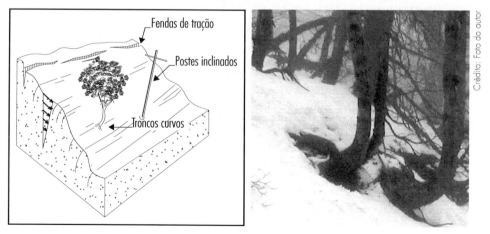

Figura 6.1. Evidências da ocorrência de rastejos em encostas. Troncos curvos de árvores em local de clima frio, Cordilheira dos Andes, Argentina.

Nos locais de ocorrência de rastejos, verificam-se sinais na superfície, como árvores com troncos curvados na direção da encosta, postes inclinados, estruturas rígidas rompidas, fendas de tração nos locais mais elevados etc. As árvores crescem aproximadamente na vertical em razão do fototropismo positivo. À medida que crescem, as raízes e o tronco sofrem torção e giram na direção do movimento, provocando a curvatura característica. Elementos rígidos engastados no terreno, como postes e moirões de cercas, tendem a girar na direção do movimento também.

Uma vez detectado o rastejo, procede-se à medição da velocidade de movimentação, cravando balizas (marcos) alinhadas que são monitoradas com referência em pontos distantes e não deslocáveis. O desalinhamento dos marcos e o tempo medido fornecem uma ordem de grandeza dos movimentos na superfície. A velocidade tende a diminuir com a profundidade, até atingir um valor igual a zero em uma camada de maior resistência ao cisalhamento.

O rastejo é um indicador da instabilidade do maciço, principalmente pela ação do intemperismo, que se dá até atingir determinada condição de equilíbrio-limite, principalmente em épocas de maior precipitação. A partir daí, pode ocorrer a ruptura rápida com escorregamentos normalmente pouco profundos e com grande extensão ao longo da encosta.

Esse tipo de movimento pode afetar obras civis, principalmente muros de contenção, pilares de pontes ou edifícios, pois induzem esforços horizontais, que podem instabilizar a obra.

Corridas são movimentos rápidos de escoamento provocados pela ação da água, o que satura o maciço, aumentando a poro-pressão e diminuindo o atrito entre as partículas sólidas. Nessas condições, o solo perde totalmente a consistência e flui como um líquido viscoso.

As corridas podem ser subdivididas em:

- Corrida de solo: ocorre em determinadas condições de relevo e de umidade do material, normalmente em épocas de intensas precipitações. Assemelha-se ao formato de uma "língua" que flui sobre o terreno, podendo atingir áreas relativamente grandes e provocando destruição de obras viárias ou construções.
- Corrida de areia ou silte: areias e siltes saturados liquefazem-se, escoando como se fossem líquidos. Nessas condições, o aumento da poro-pressão e, principalmente, da energia induzem o rápido decréscimo das tensões efetivas até a perda do contato entre as partículas. Sem a pressão de percolação, ocorre a perda de contato e atrito entre as partículas, provocando a chamada liquefação das areias, em que, a massa de areia ou silte flui como se fosse um líquido, podendo provocar sérios acidentes. A liquefação das areias

Movimentos de massas e estruturas de contenção

pode ocorrer também em aterros hidráulicos saturados, que sob a ação de uma vibração experimentam o aumento instantâneo das poro-pressões, resultando na perda abrupta da resistência ao cisalhamento. Esse problema em taludes naturais ou escavados pode também ocorrer em condições de saturamento do maciço e sob a ação de forças externas, como tráfego de veículos nas proximidades, vibrações etc. Uma ocorrência desse tipo em um aterro rodoviário em New Jersey (Estados Unidos) é descrita por Tschebotarioff (1978). Após a ocorrência de pesadas chuvas, houve a liquefação de uma camada de areia limpa, variando de grossa a fina, sobre uma galeria de drenagem inadequada, provocando o saturamento da areia que se encontrava envolvendo a galeria.

- Corrida de lama: movimento de massas em solos com grande quantidade de água, que possuem elevada fluidez produzida pela ação da exposição de materiais argilosos misturados com detritos em locais de topografia inclinada. Pode ocorrer de forma rápida, com velocidades relativamente altas, e atingir grandes áreas, provocando sedimentação e assoreamento. Quando ocorre em áreas urbanizadas, pode ocasionar grandes prejuízos materiais e vítimas humanas.

- Avalanche: ocorre em regiões de topografia acidentada, podendo envolver solos, rochas, neve ou gelo. Quando ocorre em solos ou rochas, geralmente está associada a depósitos de talus, isto é, encostas acidentadas, que pelo acúmulo de material inconsolidado e pelas condições de água podem perder a estabilidade e iniciar a movimentação, atingindo velocidades elevadas. As avalanches de neve são um problema constatado em regiões de clima temperado ou frio, podendo causar grandes prejuízos materiais e de vidas humanas. Os locais sujeitos a avalanches devem ser monitorados nas épocas mais susceptíveis de ocorrência, e providências quanto a obras de proteção e contenção devem ser tomadas. Uma medida preventiva contra avalanches de neve é a indução controlada antes da ocorrência natural do fenômeno. Essas induções podem ser feitas com o uso de explosivos lançados sobre a neve. No Brasil, em virtude do clima, não ocorre esse tipo de movimento de massas.

6.1.2 Escorregamentos de solos ou rochas

Os escorregamentos são movimentos de massas que ocorrem de forma rápida com curta duração. Nesse caso, há uma superfície de ruptura bem definida e um corpo que se movimenta sob a ação da gravidade. As superfícies de escorregamento podem ser aproximadamente circulares, planas ou a combinação de ambas. O material instável pode escorregar e parar ainda sobre a superfície de ruptura, ou pode rotacionar e deslocar-se para pontos mais distantes da origem.

Os escorregamentos podem ser subdivididos em dois tipos básicos: rotacionais e translacionais.

Os escorregamentos rotacionais ocorrem em solos aproximadamente homogêneos e isotrópicos, em que a superfície de ruptura é considerada um trecho de círculo, assumindo-se que a resistência ao cisalhamento seja constante ao longo dessa superfície. Este tipo de escorregamento pode ser bem definido fisicamente e é tratado pela mecânica dos solos, que determina os esforços atuantes e os esforços resistentes e utiliza vários métodos para o cálculo (Figura 6.2).

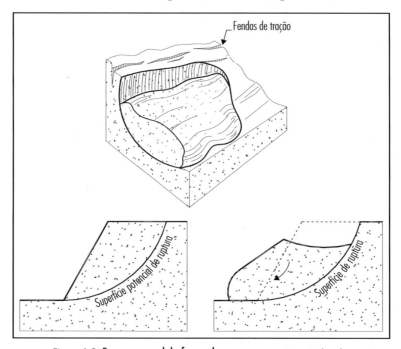

Figura 6.2. Esquema geral da forma dos escorregamentos rotacionais.

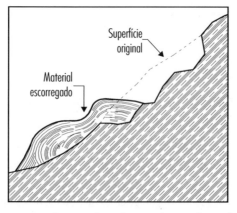

Figura 6.3. Esquema de escorregamento translacional.

Os escorregamentos translacionais ocorrem em solos e/ou rochas com descontinuidades ao longo da superfície de ruptura, que são caracterizados pela heterogeneidade e pela anisotropia. Nessas condições, a superfície de ruptura é condicionada à compartimentação geológica do maciço, como fraturas, juntas, diáclases, discordâncias, foliação, estratificação e regiões com diferentes graus de alteração (Figura 6.3).

6.1.3 Quedas de blocos

Em virtude da compartimentação dos maciços e da ação do intemperismo, em taludes naturais ou escavados em rochas, podem ocorrer o desprendimento e a queda de blocos, que podem causar sérios danos. Dentro dessa categoria de movimento de massas estão desde o desprendimento de matacões na superfície do terreno e blocos liberados do maciço até o colapso de grande quantidade de rocha.

Os blocos em forma de matacões que ficam expostos na superfície em razão da erosão do solo adjacente podem perder a estabilidade, rolando encosta abaixo. Maciços com camadas aproximadamente verticais ou formadas por disjunções colunares podem sofrer tombamento lateral. Taludes em arenitos carbonáticos, com a ação da água e a dissolução do calcário, após determinado tempo podem desprender blocos que sofrem queda ou rolamento.

Pode-se subdividir esse tipo de movimento de massas em algumas categorias:

- Movimento de blocos na superfície: em virtude da erosão provocada pela água ou pelo vento, ocorre o desconfinamento de blocos ou matacões expostos na superfície de encostas, podendo provocar tombamento e rolamento (Figura 6.4).

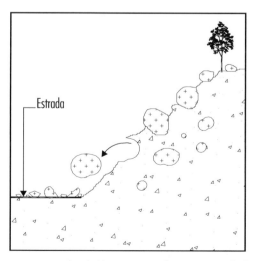

Figura 6.4. Movimentos e quedas de blocos na superfície por causa de desconfinamento.

- Tombamento de blocos: rochas com estruturas em camadas ou colunas subverticais, desconfinadas lateralmente por causa da execução de um corte, podem sofrer flexão lateral e tombamento (Figura 6.5).

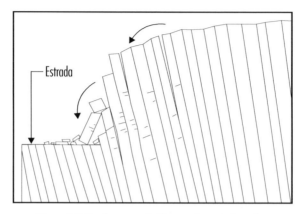

Figura 6.5. Tombamento de blocos colunares de rocha.

- Desmoronamento: quando um maciço fraturado é desconfinado pela abertura de uma escavação ou pela própria ação do intemperismo, podem-se desenvolver internamente esforços entre os elementos, tendendo à movimentação. A penetração de água nas fraturas, com preenchimento, pode induzir empuxos hidrostáticos, acelerando o processo de instabilização, podendo ocorrer o desmoronamento de todo o maciço (Figura 6.6). Os blocos fraturados e depositados na base do talude formam uma superfície com inclinação aproximada de 30°, sendo esse o valor do ângulo de atrito no repouso.

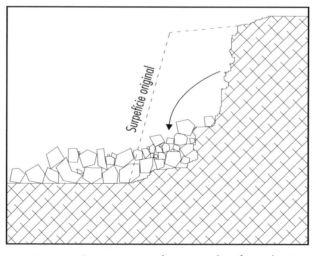

Figura 6.6. Desmoronamento de maciço rochoso fraturado.

- Deslizamento e tombamento de blocos: este tipo de análise é muito importante na prática, principalmente em obras situadas abaixo de encostas rochosas, com blocos expostos e sujeitos a instabilização, deslizamento e tombamento encosta abaixo. Hoek e Bray (1977) apresentaram uma metodologia para a verificação da estabilidade de blocos apoiados na superfície de terrenos inclinados, admitindo ângulo de atrito na base $\phi = 35°$. Ritchie (1963) estudou esse tipo de problema e apresentou esquematicamente as principais formas de desprendimento e queda de blocos, com algumas propostas de proteção. Para impedir que blocos desprendidos de maciços atinjam obras como estradas ou construções, são utilizadas cercas especiais, valas e telas metálicas de aço galvanizado. As telas são fixadas na superfície do talude do maciço, com a finalidade de retenção dos blocos. Em locais com alto risco de acidentes desse tipo, podem ser projetados e construídos sistemas de cobertura em concreto armado para a proteção contra quedas de blocos e escorregamentos sobre o leito de estradas. Quando o bloco possuir altura menor em relação ao comprimento e o ângulo de atrito (ϕ) na base for maior que a inclinação (i) da superfície da encosta, o bloco é considerado estável. Na condição anterior, quando o ângulo de atrito na base é pouco menor que a inclinação, ocorre o deslizamento. Dependendo da geometria do bloco e sendo o ângulo de atrito na base do bloco bem menor que a inclinação da encosta, ocorre o deslizamento e o tombamento. A situação extrema é quando a altura do bloco em relação à base é muito grande e a inclinação da encosta muito íngreme, ocorrendo o rolamento e o salto (Figura 6.7).

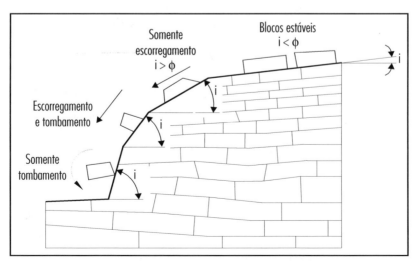

Figura 6.7. Condições de deslizamento e tombamento de blocos apoiados sobre superfícies inclinadas em encostas.

Nas regiões sujeitas a esse tipo de problema, devem ser realizadas inspeções contínuas por profissionais especializados em geotecnia, para que sejam tomadas as providências preventivas e acidentes sejam evitados.

6.2 ANÁLISE DA ESTABILIDADE DE TALUDES

Talude é a inclinação de uma superfície do terreno que pode ser expressa por um ângulo da superfície inclinada com a horizontal, em uma relação de proporção entre a distância vertical e a horizontal ou em porcentagem. Portanto, talude é a inclinação da superfície do terreno natural, escavado ou de aterros (Figuras 6.8 e 6.9).

Figura 6.8. Talude em corte ferroviário em solo da Formação Adamantina do Grupo de Arenitos Bauru, interior do estado de São Paulo, observam-se cicatrizes de escorregamentos.

Figura 6.9. Talude em corte rodoviário, quase vertical, em rocha basáltica da Formação Serra Geral, interior do estado de São Paulo. Observam-se o desprendimento e a queda de blocos.

Movimentos de massas e estruturas de contenção

O projeto e a execução de taludes e a estabilização de encostas são atividades da engenharia civil, dentro da área de geotecnia e da construção civil. Esse tipo de projeto diz respeito à análise de condições hidrostáticas, esforços internos e externos (análise estrutural dos esforços horizontais, verticais e momentos), características mecânicas das camadas envolvidas, geometria e limitações das escavações na área de ocupação da obra, e, finalmente, à determinação da inclinação em função de segurança e economia.

Geólogos especialistas em geologia de engenharia atuam na caracterização geológica, fornecendo informações dos maciços e auxiliando o engenheiro civil nesse tipo de projeto.

As análises da estabilidade de taludes podem ser feitas utilizando basicamente três métodos: observacionais, analíticos e numéricos.

Os métodos observacionais são intuitivos e, provavelmente, devem ter sido os primeiros a ser utilizados em engenharia civil, no estudo do comportamento geotécnico e da estabilidade de taludes.

Ao longo da história da mecânica dos solos e dos estudos sobre estabilidade de taludes, foram apresentadas diversas propostas para produzir regras empíricas ou ábacos, objetivando o projeto de taludes. Dentre esses estudos pode-se citar o de Newman (1890 apud HOEK, 1972), que publicou um manual para engenheiros civis ingleses no qual apresentava conselhos práticos sobre inclinações e alturas de taludes, dando sugestões sobre sistemas de drenagem e utilização de superfície curva do talude para garantir a estabilidade.

Shuk (1965) descreveu um estudo de estabilidade de taludes naturais em folhelhos ferruginosos pertencentes à Formação Villeta, a 60 km de Bogotá (Colômbia), em que uma relação entre a inclinação e a altura do talude foi estabelecida com base em observações *in loco*. Rana e Bullock (1969), com base em observações diretas de taludes em quartzitos e ardósias em Quebec (Canadá), obtiveram uma curva média da inclinação *versus* a altura de taludes para projeto (HOEK, 1972). Já Lutton (1970), com base em análise dos dados coletados diretamente no campo, plotou, em um gráfico, inclinações *versus* alturas para os taludes mais íngremes das minas a céu aberto estudadas. Uma análise estatística foi conduzida na tentativa de se encontrar leis gerais de projeto. Hoek (1972) menciona que os trabalhos de Shuk (1965) e Lutton (1970) forneceram uma indicação útil e qualitativa sobre relações típicas de inclinação *versus* altura de taludes, sendo, no entanto, de limitado valor no projeto quantitativo de taludes.

Queiroz (1986), estudando taludes de cortes ferroviários em solos oriundos da Formação Adamantina do Grupo de Arenitos Bauru, no interior do estado de São Paulo, apresentou metodologia e ábaco de estimativa de projeto de taludes por meio de retroanálises.

Os métodos analíticos baseiam-se na análise do equilíbrio entre os esforços atuantes e os esforços resistentes no interior do maciço. Esses métodos consideram superfícies potenciais de ruptura e determinam os coeficientes de segurança para cada uma delas, escolhendo o menor fator de segurança. São os métodos mais utilizados para análise da estabilidade de taludes, principalmente em maciços terrosos, existindo atualmente, diversos programas computacionais para o cálculo do fator de segurança. Dentre esses métodos, pode-se citar o método de Fellenius (1913) e o de Bishop (1957), que são apresentados neste capítulo.

Os métodos numéricos são os mais atuais. Eles utilizam metodologias como elementos finitos e elementos de contorno e computação eletrônica para o processamento das análises. Atualmente, nos cursos de engenharia civil, os métodos numéricos aplicados à engenharia são estudados em disciplina obrigatória ou optativa, oferecida, normalmente, junto com o elenco das disciplinas da área de estruturas, constituindo-se de ferramental importante para o profissional.

Um dos maiores problemas da análise da estabilidade de taludes, tanto pelos métodos analíticos quanto pelos numéricos, é a confiabilidade dos dados de entrada, como parâmetros de resistência, módulos de elasticidade, pesos específicos dos materiais e condições da água no interior do maciço.

6.3 NOMENCLATURA DE TALUDES

A seguir apresenta-se a principal nomenclatura para taludes encontrada na bibliografia especializada e mais usual no meio técnico (Figura 6.10).

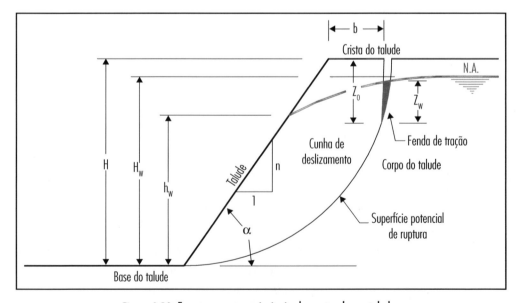

Figura 6.10. Esquema com os principais elementos de um talude.

Sendo:

H a altura do talude;

H_w a altura da água estabilizada no interior do talude;

h_w a altura da água da superfície do talude;

Z_o a profundidade da fenda de tração;

Z_w a altura da água na fenda de tração;

b a distância da fenda de tração até a crista do talude;

α o ângulo do talude.

6.4 PRINCIPAIS MÉTODOS ANALÍTICOS PARA CÁLCULO DA ESTABILIDADE DE TALUDES

O cálculo da estabilidade de taludes é feito por meio da análise dos esforços atuantes e dos esforços resistentes no interior do maciço do talude. Como esforços atuantes, há basicamente o peso do elemento de solo sujeito ao cisalhamento; como esforços resistentes, há a resistência ao cisalhamento ao longo da superfície de ruptura (Figura 6.11).

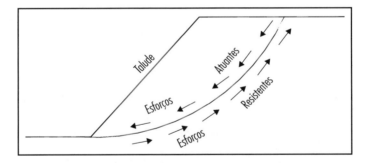

Figura 6.11. Modelo de esforços em uma superfície potencial de ruptura em talude.

O produto da somatória dos esforços resistentes pelos esforços atuantes resulta no fator de segurança (FS) do talude, sendo:

$$FS = \frac{\text{esforços resistentes}}{\text{esforços atuantes}}$$

Nestas condições:

FS = 1 ⇒ talude em equilíbrio-limite;

FS > 1 ⇒ talude estável;

FS < 1 ⇒ talude instável;

A seguir, apresentam-se alguns dos principais métodos para o cálculo da estabilidade de taludes.

6.4.1 Talude infinito

Um talude é considerado infinito quando um maciço sujeito ao escorregamento apresenta-se com uma extensão grande em relação à espessura. Isso ocorre normalmente em encostas naturais formadas por manto de intemperismo e rocha matriz na base, constituindo uma zona de descontinuidade entre o solo residual e a rocha. Pode também ocorrer em solos residuais de rochas metamórficas com as descontinuidades aproximadamente plano-paralelas à superfície inclinada. Nessas condições, considera-se a superfície de ruptura paralela ao talude original, um elemento de largura B, altura h e espessura unitária, submetido aos esforços atuantes T e resistentes N.tgφ (Figura 6.12).

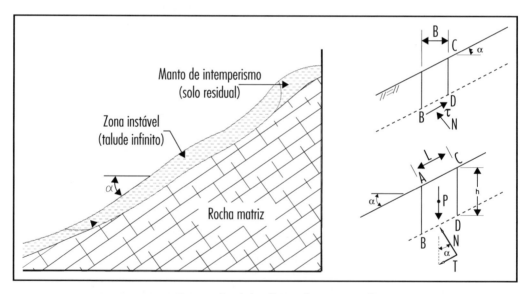

Figura 6.12. Esquema de talude infinito, esforços em um elemento.

Para solos não coesivos, tem-se:

$$FS = \frac{N.tg\phi}{T}$$

Onde: $P = B.h.\gamma$ $N = P.\cos\alpha$ $T = P.\sen\alpha$

Sendo: φ o ângulo de atrito entre as duas superfícies de escorregamento e γ o peso específico natural do solo.

Movimentos de massas e estruturas de contenção

Portanto, tem-se:

$$FS = \frac{P.\cos\alpha.tg\phi}{P.sen\alpha} = \frac{tg\phi}{tg\alpha}$$

Logo, quando o ângulo de atrito (ϕ) entre as duas superfícies for maior que o ângulo de inclinação (α) das superfícies, o talude resulta em FS > 1.

Pode-se considerar também a coesão na base do elemento no cálculo da resistência ao cisalhamento; nesse caso FS fica:

$$FS = \frac{c.L + N.tg\phi}{P.sen\alpha}$$

Sendo:

$$L = \overline{AC} = \overline{BD} = \frac{B}{\cos\alpha}$$

O fator de segurança deve ser determinado para a superfície mais crítica. Para o caso de encostas naturais com solo homogêneo e espessura vertical relativamente fina e aproximadamente constante, sobrejacente a uma camada rochosa extensa com resistência ao cisalhamento elevada, a superfície potencial de ruptura é a interface da camada de solo com a rocha.

Esse tipo de ruptura é comum em encostas naturais com manto de intemperismo e alterações naturais ou induzidas, que provocam o desequilíbrio de forças, formando cicatrizes de escorregamento aproximadamente planares e que acompanham a superfície do topo rochoso subjacente. Esse tipo de análise é bastante simplista e deve ser utilizado com cautela, pois a natureza, na maior parte das vezes, não se apresenta da forma perfeita como são considerados os modelos de cálculo.

Um dos agentes que provocam esse tipo de escorregamento é o desmatamento em regiões de topografia acidentada. As raízes das árvores funcionam como um sistema de armaduras nas camadas de solo, principalmente as árvores que possuem raízes pivotantes profundas, mantendo certa resistência ao cisalhamento no maciço e funcionando como elemento auxiliar na estabilidade, mesmo com o aumento lento da espessura do solo pelo intemperismo (Figura 6.13). As raízes das plantas arbustivas, por serem mais intensas e rasas, protegem a superfície do solo contra a erosão, não possuindo muita eficácia na estabilização ao escorregamento. Com a retirada da vegetação nativa, as raízes apodrecem e perdem a função estabilizadora; consequentemente, podem desenvolver-se escorregamentos desse tipo.

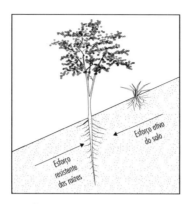

Figura 6.13. Esquema mostrando a estruturação de taludes por raízes pivotantes de árvores.

Outra ação que pode provocar esse tipo de instabilidade é a ocupação urbana em áreas de risco geológico, principalmente se há obras de terraplenagem para as edificações, pois tais obras descalçam a base desses maciços, alterando as condições físicas e de drenagem.

6.4.2 Ruptura circular em solos

No histórico da mecânica dos solos, diversos autores têm proposto métodos para análise da estabilidade de taludes em solos com base no critério do equilíbrio-limite.

A hipótese desses métodos considera que seja satisfeito o critério de Coulomb ao longo de uma superfície de ruptura predefinida. A superfície de ruptura, na prática, não é paralela à linha da crista do talude e apresenta superfícies laterais que se deslocam em conjunto no momento da ruptura, desenvolvendo superfícies em forma de anfiteatro (Figura 6.14). Na parte superior do talude, quando se inicia a instabilização, formam-se no topo fendas decorrentes de pequenos movimentos lentos da cunha de deslizamento. Essas fendas podem ser observadas no local, constituindo-se condição de instabilidade iminente do maciço.

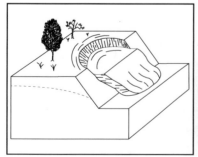

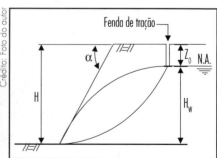

Figura 6.14. Tipo comum de ruptura de taludes em solos mostrando forma de anfiteatro.

Alguns métodos analisam o equilíbrio do corpo livre como um todo, enquanto outros dividem o corpo livre em lamelas verticais e consideram o equilíbrio de cada lamela, como os métodos de Fellenius e de Bishop.

Pode-se considerar que, na análise da estabilidade de massas de solos e/ou rochas naturais, deve prevalecer, na realidade, a probabilidade de ocorrência em confronto com a certeza. Mesmo realizando cálculos em que se utilizem modelos que buscam simular o comportamento da natureza, com grande precisão, como métodos numéricos, a incerteza ainda prevalece em virtude dos dados geológicos e geotécnicos. Portanto, os fatores de segurança são valores globais que não têm significado preciso frente ao comportamento real do maciço.

A seguir, apresentam-se os principais métodos utilizados na prática em projetos de taludes.

6.4.2.1 Método de Fellenius

Também denominado Método das Lamelas, foi proposto pelo professor Wolmar Fellenius no início do século XX, após o estudo de diversos escorregamentos em cortes ferroviários e em portos na Suécia. A análise é feita no plano, considerando uma linha de ruptura circular, e subdivide o corpo livre em uma série de lamelas verticais de largura (B) aproximadamente iguais e espessura unitária (Figura 6.15).

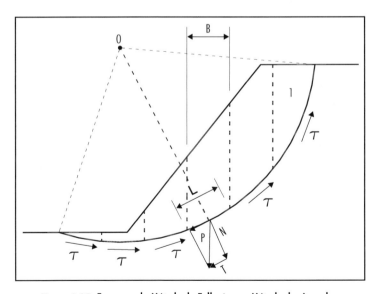

Figura 6.15. Esquema do Método de Fellenius ou Método das Lamelas.

A determinação do fator de segurança (FS) é feita por tentativas, pesquisando-se uma série de círculos com centros diferentes. Para cada centro, deve-se também calcular os FS para diversos raios (Figura 6.16).

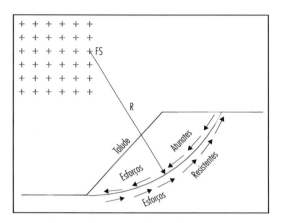

Figura 6.16. Esquema da variação da superfície potencial de ruptura.

O método é iterativo, e devem ser calculados círculos com raios diferentes (superfícies potenciais de ruptura) e centros diferentes para cada círculo, buscando o menor fator de segurança para o conjunto das superfícies calculadas. O método, como vários outros, considera a ação dos esforços internos sobre a superfície de ruptura escolhida, como:

$$FS = \frac{\sum_{i=1}^{i=n} \text{esforços resistentes}}{\sum_{i=1}^{i=n} \text{esforços atuantes}}$$

Nesse caso, os esforços resistentes são a resistência ao cisalhamento do solo ao longo da superfície considerada; os esforços atuantes são os esforços tangenciais de cada lamela sobre a mesma superfície considerada.

Havendo lençol d'água no interior do maciço, é necessário considerar o diagrama de poro-pressões (μ) atuando na superfície potencial de ruptura considerada.

Nessas condições, fazendo uma análise de equilíbrio em cada lamela, o FS resulta:

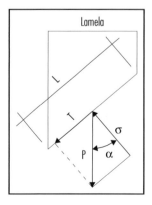

$\sigma = P.\cos\alpha$;

$T = P.\text{sen}\alpha$;

$c.L$: parcela da coesão na base de cada lamela;

$\mu.L$: parcela da poro-pressão na base de cada lamela.

Movimentos de massas e estruturas de contenção

O comprimento L pode ser considerado, de forma prática, como a corda ao círculo (reta) na base de cada lamela ou, com maior precisão, o segmento de curva entre uma face e outra na base de cada lamela.

Portanto, tem-se a equação de Fellenius para análise da estabilidade de taludes:

$$FS = \frac{\sum_{i=1}^{i=n} c.L_i + \sum_{i=1}^{i=n}(P_i.\cos\alpha_i - \mu_i.L_i).tg\phi}{\sum_{i=1}^{i=n} P_i.sen\alpha_i}$$

Para a obtenção do FS, inicialmente, deve-se dispor dos parâmetros de resistência do solo (c e ϕ) e do peso específico natural e saturado do solo do maciço. Esses parâmetros podem ser obtidos em laboratório por meio de ensaios de cisalhamento ou estimados por correlações com perfilagens geotécnicas do terreno (sondagens).

Os demais dados são obtidos desenhando o perfil em escala, com a posição do círculo de ruptura (superfície potencial de ruptura), e medindo os dados geométricos do talude, como largura de cada lamela B, altura média de cada lamela h, ângulos α, comprimento do círculo L e a poro-pressão na base de cada lamela μ.

Quando a superfície de ruptura considerada passar abaixo do pé do talude, as lamelas à esquerda atuarão como elementos estabilizantes do talude, devendo no computo do cálculo diminuir os esforços atuantes e aumentar a resistência ao cisalhamento ao longo de toda superfície (Figura 6.17a).

Considerando um talude (Figura 6.17 e Tabela 6.1), determinam-se, para as condições de talude seco e talude com nível d'água no interior, os FS (exemplos de planilhas para cálculo do FS).

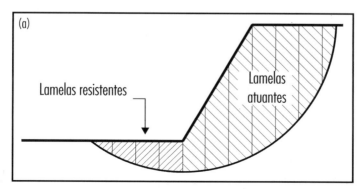

Figura 6.17. Exemplo de talude com superfície de ruptura e lamelas pelo Método de Fellenius – talude seco (*continua*).

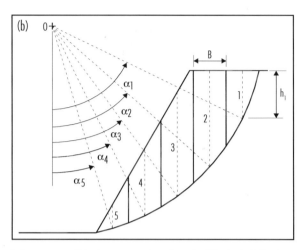

Figura 6.17. Exemplo de talude com superfície de ruptura e lamelas pelo Método de Fellenius – talude seco (*continuação*).

Tabela 6.1. Planilha de cálculo pelo Método de Fellenius – talude seco.

LAMELAS	α (°)	B (m)	h (m)	$P = \gamma.h.B$ (kN/m)	$L = \dfrac{B}{\cos\alpha}$ (m)	c.L (kN/m²)	$P.\operatorname{sen}\alpha$ (kN/m)	$P.\cos\alpha$ (kN/m)
1 2 3 n								

Considerando o mesmo talude e a mesma superfície de ruptura com nível d'água no interior do maciço, tem-se (Figura 6.18 e Tabela 6.2):

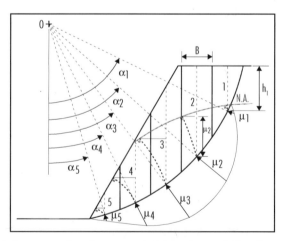

Figura 6.18. Exemplo de talude com superfície de ruptura e lamelas pelo Método de Fellenius – talude com nível d'água no interior do maciço.

Movimentos de massas e estruturas de contenção

Tabela 6.2. Planilha de cálculo pelo Método de Fellenius – talude com nível d'água no interior do maciço.

LAMELAS	α (º)	B (m)	h (m)	P = γ.h.B (kN/m)	$L = \dfrac{B}{\cos\alpha}$ (m)	c.L (kN/m²)	P.senα (kN/m)	P.cosα (kN/m)	μ.L (kN/m)	(P.cos α-μ.L) (kN/m)
1										
2										
3										
n										

Para o talude com nível d'água no interior, deve ser considerado no cálculo do peso (P) de cada lamela o peso acima e abaixo do nível d'água, considerando-se a área acima do nível d'água e o peso específico do solo natural, bem como a área abaixo do nível d'água e o peso específico do solo saturado.

6.4.2.2 Método de Bishop

Também denominado Método de Bishop Simplificado, foi proposto por Alan Wilfred Bishop (1920-1988), em 1955. Considera a superfície de ruptura cilíndrica e divide o corpo livre em lamelas. De modo geral, leva em conta também os esforços laterais entre as lamelas. A diferença básica entre este método e o método de Fellenius é que o de Bishop analisa não somente o equilíbrio de momentos resistentes e atuantes, mas também o equilíbrio dos esforços que agem em cada lamela.

Portanto, tem-se (Figura 6.19).

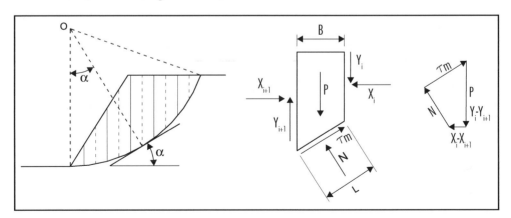

Figura 6.19. Esquema do Método de Bishop.

Fazendo-se o equilíbrio de momentos e o equilíbrio de esforços na direção de P, tem-se:

$$FS = \frac{\sum_{i=1}^{i=n} \dfrac{c.B_i + P_i.tg\phi}{M_{\alpha(i)}}}{\sum_{i=1}^{i=n} P_i.sen\alpha_i}$$

Sendo:

$$M_{\alpha(i)} = \left(1 + \frac{tg\alpha_i.tg\phi}{FS}\right).\cos\alpha_i$$

Que pode ser plotado no ábaco da Figura 6.20.

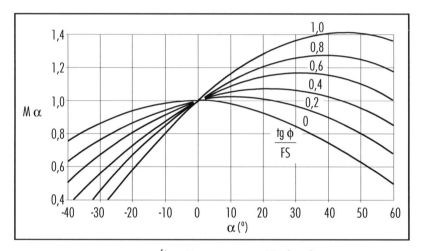

Figura 6.20. Ábaco M_α versus α, para FS arbitrado.

A expressão de M_α depende de FS. Para processar a análise, deve-se atribuir inicialmente um valor arbitrado a FS para o cálculo de M_α, que resulta geralmente em valor calculado de FS diferente do arbitrado. Com esse novo valor, calcula-se M_α, e assim sucessivamente, até obter o valor final de FS igual ao arbitrado.

Quando atuam poro-pressões no maciço, seja por percolação de água ou por adensamento do solo, estas podem ser levadas em conta no cálculo do FS. Nessas condições, tem-se:

$$FS = \frac{\sum_{i=1}^{i=n} \dfrac{c.B_i + \left(P_i - \mu_i.B_i\right).tg\phi}{M_{\alpha(i)}}}{\sum_{i=1}^{i=n} P_i.sen\alpha_i}$$

Utilizando o menor fator de segurança obtido pelo Método de Fellenius, calcula-se o FS, pelo Método de Bishop, para as duas condições de talude seco e talude com nível d'água no interior do maciço (Figura 6.21, Tabela 6.3 e Tabela 6.4).

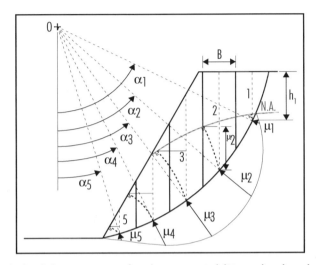

Figura 6.21. Exemplo de talude com uma superfície de ruptura, nível d'água e lamelas pelo Método de Bishop.

Tabela 6.3. Planilha de cálculo pelo Método de Bishop – talude seco.

LAMELAS	(1) α (°)	(2) B (m)	(3) h (m)	(4) $P = \gamma.h.B$ (kN/m)	(5) $P.\text{sen}\alpha$ (kN/m)	(6) $c.B$ (kN/m)	(7) $c.B + P.\text{tg}\phi$ (kN/m)	(8) Ma $F_1 \mid F_2 \mid F_3$	(9) $\frac{(7)}{(8)}$ $F_1 \mid F_2 \mid F_3$
1									
2									
3									
n									

Tabela 6.4. Planilha de cálculo pelo Método de Bishop – talude com nível d'água no interior do maciço.

LAMELAS	(1) α (°)	(2) B (m)	(3) h (m)	(4) $P = \gamma.h.B$ (kN)	(5) $P.\text{sen}\alpha$ (kN)	(6) $c.B$ (kN/m)	(7) $\mu.B$	(8) $c.B + (P - \mu.B).\text{tg}\phi$ (kN/m²)	(9) Ma $F_1 \mid F_2 \mid F_3$	(10) $\frac{(8)}{(9)}$ $F_1 \mid F_2 \mid F_3$
1										
2										
3										
n										

Uma condição extrema de ocorrência da água no interior do maciço é o talude totalmente saturado sob a ação de forte recarga em razão da precipitação.

Essas planilhas estão apresentadas de forma simplificada. Quando ocorrerem camadas de solos diferentes no interior do talude, devem ser consideradas no cálculo com os respectivos parâmetros geotécnicos e posições de cada camada. Pode-se também considerar a aplicação de sobrecargas na região do topo do talude, devendo, nesse caso, transformá-las em cargas distribuídas e somá-las ao peso de cada lamela.

Nos projetos de taludes artificiais ou estabilizações de encostas naturais, devem ser seguidas as prescrições da norma ABNT NBR 11682, sobre estabilidade de encostas.

6.4.3 Ruptura plana

As condições geotécnicas necessárias para ocorrer uma movimentação de massas com a forma plana estão relacionadas à compartimentação estrutural do maciço, possuindo feições litológicas (descontinuidades) como estratificações, fraturas, juntas, diáclases, foliações etc., devendo apresentar as seguintes características:

- As descontinuidades estruturais que provocam a ruptura devem possuir direção paralela ou subparalela na direção do talude.
- O ângulo de mergulho da superfície de ruptura deve ser inferior ao ângulo de mergulho da superfície do talude.
- Para que ocorra o deslizamento, o ângulo de mergulho da superfície de ruptura deve ser maior que o ângulo de atrito interno entre as superfícies.
- As superfícies laterais do maciço devem possuir resistência ao cisalhamento desprezível, não interferindo no escorregamento.

Poderá ocorrer ou não fenda de tração no topo do talude. Nessas condições, o escorregamento poderá iniciar no topo do talude ou na fenda de tração, na parte superior do maciço, e se desenvolver ao longo da linha inclinada no interior do corpo do talude (Figura 6.22).

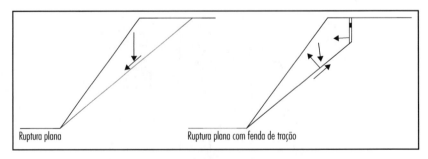

Figura 6.22. Esquemas de ruptura plana em taludes.

Para o cálculo do fator de segurança para taludes com ruptura plana, dependendo das condições estruturais do maciço, torna-se bastante complexa a análise dos esforços em decorrência da atitude de cada descontinuidade. Para casos cujas geometrias são mais simples, foram desenvolvidos vários métodos, e o principal deles é o Método de Cullmann (1866), proposto pelo engenheiro alemão Karl Cullmann (1821-1881).

Esse método gráfico é utilizado para a análise de taludes íngremes e considera o escorregamento ao longo de uma superfície plana, considerando o equilíbrio de forças da cunha de solo ou rocha situada acima da superfície de escorregamento, como um corpo único e rígido (Figura 6.23).

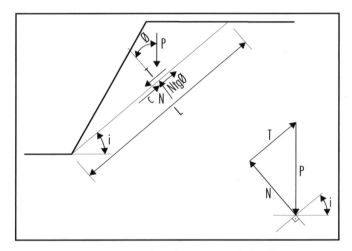

Figura 6.23. Esquema dos esforços no Método de Cullmann.

Verifica-se, na prática, que esse método possui algumas restrições, pois considera somente a cunha com a superfície da base inclinada de forma longitudinal à superfície do talude, o que nem sempre ocorre na natureza. Para análises de superfícies mais complexas, devem-se pesquisar outras metodologias, como os métodos de Hendron, Cording e Aiyer (1971) e de Hoek e Bray (1977), para cunhas formadas por superfícies apoiadas em mais de um plano.

Nessas condições, tem-se, de acordo com a Figura 6.23:

$$FS = \frac{c.L + N.tg\varphi}{T}$$

Sendo:
P o peso da cunha sujeita ao deslizamento ($P = A.\gamma$);
A a área da cunha de deslizamento;

γ o peso específico do material da cunha;

L o comprimento da superfície sujeita ao deslizamento;

c a coesão do material de preenchimento da fratura ou da rocha;

i o ângulo de mergulho da superfície potencial de ruptura com a horizontal;

tgφ o coeficiente de atrito entre as superfícies sujeitas ao deslizamento;

N o esforço normal;

T o esforço tangencial.

6.5 MÉTODOS OBSERVACIONAIS PARA ANÁLISE DA ESTABILIDADE DE TALUDES

O método observacional é um método intuitivo, que depende da experiência do profissional. Provavelmente deve ter sido o primeiro método utilizado no estudo da estabilidade de taludes, ainda nos primórdios do estudo dos solos, em engenharia civil, em meados do século XIX.

Muitos foram os autores, no passado, que apresentaram tentativas de propor regras práticas e empíricas ou ábacos de campo, com o objetivo de projetar de forma segura os taludes. Alguns desses estudos principais são citados resumidamente a seguir, para consulta do leitor.

Um dos primeiros trabalhos foi apresentado por Newman (1890 apud HOEK, 1972), que publicou um manual para engenheiros civis ingleses, no qual fornece conselhos práticos sobre inclinações e alturas de taludes provenientes de aterros em diversos tipos de terreno. Também deu sugestões acerca da drenagem e da utilização de um perfil curvo, exigido para garantir a estabilidade.

Shuk (1965 apud HOEK, 1972) propôs um método de estabilidade de taludes naturais em folhelhos ferruginosos pertencentes à Formação Villeta, a 60 km de Bogotá (Colômbia), no qual apresentou uma relação entre inclinação e altura de talude, com base nas observações feitas diretamente no campo.

Rana e Bullock (1969), por meio de estudos observacionais de campo, em taludes constituídos de quartzitos e ardósias da Iron Ore Company of Canada, em Quebec (Canadá), apresentaram uma curva média de inclinação *versus* altura de taludes para projetos específicos para esses maciços, considerando um fator de segurança igual a 1,10.

Coates et al. (1965 apud HOEK, 1972), publicou os resultados de estudos de rupturas de taludes nas ardósias de Ruth e nos quartzitos de Wishart, na mina Knob Lake da Iron Ore Company of Canada. Foram plotados em um ábaco de inclinações *versus* alturas dos taludes, correspondentes a quinze rupturas observadas.

Movimentos de massas e estruturas de contenção

A leitura que se faz das metodologias utilizadas na produção desses ábacos é que são casos específicos para determinadas litologias e condições de água subterrânea, devendo somente ser considerados como sistemas que podem nortear pesquisas em outros tipos de maciços.

Hoek (1972) elaborou dois ábacos de projeto de taludes: um para rochas duras fraturadas (ruptura plana) e outro para solos e rochas brandas (ruptura circular), que por meio da dedução de parâmetros envolvidos em grupos adimensionais permitem uma avaliação quantitativa da estabilidade de taludes sob determinadas condições.

Esse método permite avaliar a variação da estabilidade de um talude particular, diante de alterações de inclinação, altura, parâmetros dos materiais e condições hidrogeológicas. O trabalho tem a vantagem de permitir a análise regressiva do fenômeno, ou seja, a partir do estudo de taludes em diversas condições de equilíbrio, chega-se a valores médios aproximados de coesão (c) e ângulo de atrito interno (ϕ).

Nos anais dos congressos da Associação Brasileira de Geologia de Engenharia e Ambiental (ABGE), vários trabalhos versaram primorosamente sobre o assunto; entre eles podem ser encontrados alguns que defendem uma linha tipicamente "observacionista" e "fenomenológica", como Santos (1976) e Carlstron Filho e Salomão (1976). Por outro lado, alguns procuram estabelecer "ligações" entre os métodos "observacionais" e os "analíticos". Neste último grupo, situam-se os trabalhos de Kanji, Infanti Jr., Pinça e Resende (1976) e Cachapuz (1978), que são aplicações dos conceitos de Hoek (1972). Podem-se citar também trabalhos como o de Tsatsanifos e Pandis (2005) sobre retroanálises em taludes de corte reativado, com o objetivo de estimar parâmetros geotécnicos.

Santos (1976) faz uma crítica à prática corrente de aplicar sem muito critério, nas áreas da geologia e da geotecnia, os resultados obtidos de forma indireta, por meio a ensaios laboratoriais e instrumentações caras e sofisticadas. Considera válida a busca da obtenção de parâmetros geotécnicos pela observação direta da natureza, com seus comportamentos e respostas às ações de obras já executadas na região, na tentativa mais segura da quantificação desses parâmetros para novos projetos.

Com o objetivo de estudar o comportamento estrutural de grandes pilhas de rejeito "bota-fora" de mineração, Kanji, Infanti Jr., Pinça e Resende (1976), utilizaram os ábacos propostos por Hoek (1972), obtendo parâmetros geotécnicos dos materiais do talude. Esses autores consideram que a rapidez e a simplicidade do método o tornam extremamente conveniente em estudos de anteprojeto básico. Particularmente em duplicação de vias de transportes (rodovias ou ferrovias) existentes, é certamente o mais econômico.

Cachapuz (1978), com base nos trabalhos de Hoek (1972) e de Kanji, Infanti Jr., Pinça e Resende (1976), determinou parâmetros de resistência (c e φ) representativos de taludes de cortes em solo da rodovia BR-282, entre Florianópolis e Rio João Paulo, no estado de Santa Catarina.

Urroz Lopes (1981) utilizou os ábacos de Hoek (1972) no estudo da estabilidade de taludes nos trechos da Rede Ferroviária Federal S.A. (RFFSA), entre Joaquim Murtinho e Morros, e na rodovia BR-153, ligando Imbitiuva a União da Vitória, no estado do Paraná. Esse autor desenvolveu um método que prescinde de ensaios de laboratório. Com base na observação de rupturas em encostas naturais ou taludes artificiais, como ensaios em escala natural, e estabelecidas hipóteses, segundo as quais se imagina a ocorrência das rupturas, estimaram-se valores médios dos parâmetros de resistência do solo.

Piucci, Machado Filho e Feitosa (1981), utilizando métodos simples e econômicos, conseguiram obter dados geotécnicos em taludes já existentes nos ramais São Paulo e Mairinque da Ferrovia Paulista S.A. (ex-Fepasa). Esses resultados serviram para a consideração dos elementos básicos necessários na execução de projeto de taludes de cortes para determinado trecho do Rodoanel de São Paulo. A metodologia adotada consistiu na observação de perfis de rupturas existentes, usando como equipamento apenas a bússola de geólogo, possibilitando a obtenção de informações importantes para a definição dos taludes de cortes.

Para a execução de estudos observacionais a fim de realizar retroanálises, buscando a obtenção dos parâmetros de resistência dos solos ou rochas, necessita-se que rupturas anteriores no mesmo tipo de talude e litologia tenham ocorrido e sejam acompanhadas por critérios técnicos. Dessa forma, os colapsos em taludes já ocorridos na região, dentro da mesma formação geológica, servem como ensaios em escala natural para a estimativa dos parâmetros de resistência e utilização no projeto de novos taludes na área.

6.5.1 Influência da curvatura em planta na estabilidade de taludes

Segundo Hoek (1972, p. 21), "pouca informação acerca da influência da geometria tridimensional do talude tem sido publicada e sim, a discussão deste problema deve ser baseada em raciocínio amplamente qualitativo".

Observando o comportamento no campo de alguns taludes, verifica-se que a porção convexa frequentemente apresenta instabilidades, e uma das razões pode ser a diferença nas condições de tensões induzidas nos taludes convexos e côncavos (Figura 6.24).

Movimentos de massas e estruturas de contenção   **297**

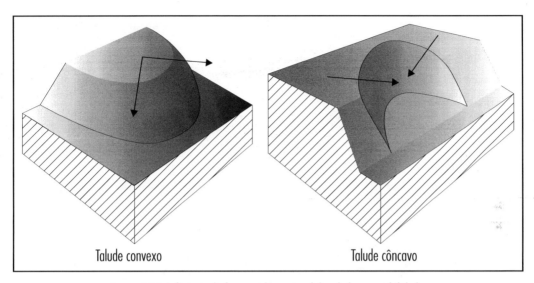

Figura 6.24. Influência da forma tridimensional do talude na estabilidade.

Com um talude côncavo, a forma arqueada tende a induzir tensões laterais de compressão, que aumentam a tensão normal por meio de planos potenciais de ruptura e, portanto, a resistência por atrito desses planos. Consequentemente, aumenta a resistência ao cisalhamento, tornando o talude mais estável.

Em taludes convexos, em virtude do desconfinamento lateral, a tensão normal nos planos de ruptura diminui, reduzindo a resistência ao cisalhamento e, consequentemente, às condições de estabilidade do maciço.

6.5.2 Atuação de animais na ruptura de taludes

Queiroz (1986), estudando escorregamentos em cortes ferroviários no interior do estado de São Paulo, observou os efeitos causados por animais escavadores (tatus) na movimentação da água no interior dos taludes.

Esses animais, ao se locomover, encontram nos taludes relativamente íngremes um obstáculo natural que os leva a escavar furos em direção ao interior do maciço. Esses furos possuem diâmetro em torno de 20 cm, aproximadamente, e se tornam um conduto interno preferencial da água, favorecendo tanto a erosão interna quanto a saturação e o aumento das poro-pressões no interior do maciço. Alguns desses furos penetram no topo, geralmente a partir de valetas de drenagem longitudinal sem revestimento, perto da crista do talude, fazendo a água ser aprisionada no interior, intensificando a saturação, ou atravessar o maciço e atingir a superfície do talude, provocando o escoamento da água e a erosão do maciço (Figura 6.25).

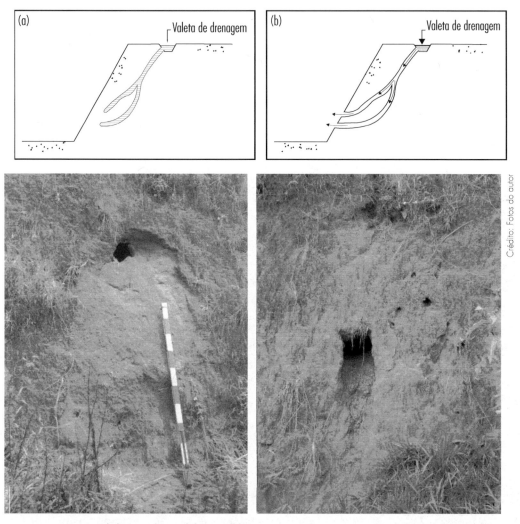

Figura 6.25. Esquemas de buracos de tatu (a) sem e (b) com comunicação com o topo do talude; e escoamento da água pelos furos na superfície do talude.

Esses buracos não possuem uma zona de ligação com a superfície do talude, ocorrendo de forma aleatória desde a base até as proximidades do topo e com inclinação muitas vezes subvertical na parte mais alta e horizontal ou inclinada na base. Como essas ocorrências normalmente levam à instabilização do maciço, uma solução é a execução da canaleta de drenagem próxima da crista do talude, revestida com concreto, impedindo a escavação pelo animal a partir do local de maior concentração da água superficial.

Movimentos de massas e estruturas de contenção

6.5.3 Cimentação superficial

Queiroz (1986) observou a ocorrência de pequena crosta superficial em taludes de cortes em solos da Formação Adamantina do Grupo de Arenitos Bauru, no interior do estado de São Paulo. Essa fina camada tende a proteger a superfície dos taludes dos efeitos da erosão, de tal forma que marcas oriundas da lâmina da máquina de terraplenagem permanecem quase intactas há quarenta anos, aproximadamente (Figura 6.26).

Figura 6.26. Marcas de lâmina de máquina de terraplenagem executadas há aproximadamente quarenta anos, em corte ferroviário.

Segundo Rodrigues (1982), em clima tropical úmido como o do estado de São Paulo, pode ocorrer cimentação por óxidos e hidróxidos de ferro e argilominerais.

O desenvolvimento dessa cimentação superficial deve-se à mobilização da sílica e do ferro pela água que percola o sedimento. A ascensão dessa água até a superfície do terreno, onde se deposita o material solúvel transportado, é consequência da atuação conjunta dos fenômenos de capilaridade e evaporação. Observações em laboratório (PARAGUASSU, 1968) mostraram que esse processo de cimentação superficial desenvolve-se com relativa rapidez.

Como esse fenômeno ocorre em tempo relativamente curto, a camada concrecionada na superfície passa a proteger o talude naturalmente contra a erosão da água de escoamento direto, conforme observado na Figura 6.26.

6.5.4 Posição aproximada do nível d'água aflorante nos taludes

A localização aproximada da posição do nível d'água pode ser considerada a partir de medições de alturas (h_w) de marcas deixadas nas superfícies pela água ao fluir. Essas marcas somente podem ser observadas em taludes intactos, adjacentes aos locais das rupturas (Figura 6.27).

Figura 6.27. Marcas d'água deixadas nas superfícies dos taludes, evidenciando a surgência do lençol freático.

Por intermédio dessas marcas pode-se estimar a altura máxima alcançada pelo nível d'água (H_w) na superfície do talude, provavelmente, na época em que ocorreu a ruptura (Figura 6.28).

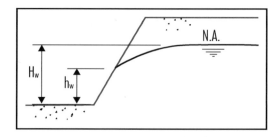

Figura 6.28. Estimativa dos níveis da água aflorante nas superfícies dos taludes.

Para a certificação mais acurada da posição da água no interior do maciço, deve-se executar sondagens a trado até encontrar o nível freático em mais de um local alinhado de forma perpendicular à montante do talude.

Movimentos de massas e estruturas de contenção

6.5.5 Fendas de tração

É frequente observar a ocorrência de fraturas subverticais na parte alta ou no topo de taludes em solos ou rochas. Essas fraturas são provocadas por esforços de tração em virtude do alívio de tensões que ocorre nessas regiões do talude (Figura 6.29).

Figura 6.29. Fendas de tração no topo de talude ferroviário que já sofreu escorregamento, mostrando-se ainda em situação de instabilidade.

O levantamento dessas fendas, muitas vezes, é dificultado pelo preenchimento com o material da superfície do terreno, carregado pela água e também pela densa vegetação geralmente existente no topo dos taludes. Dessa forma, a profundidade das fendas de tração (z_0) é muito difícil de ser obtida por medida direta, pois é visualmente impossível determinar a posição do fundo da fenda.

Queiroz (1986) apresentou um método prático e rápido de estimativa da profundidade da fenda de tração em taludes rompidos, medindo-se verticalmente com uma mira topográfica o ponto na crista do talude e o ponto sobre a superfície de ruptura. Essa forma de estimativa considera que a fenda de tração ocorre na região ligeiramente côncava da superfície de ruptura observada nos taludes rompidos.

Vale lembrar também que no topo dos taludes rompidos em solo observa-se a ocorrência de uma saliência do terreno de forma côncava, em razão da estruturação do solo pelas raízes dos vegetais, principalmente gramíneas.

Segundo Queiroz (1986), valores medidos diretamente em taludes rompidos em cortes ferroviários nos solos da Formação Adamantina do Grupo de Arenitos Bauru, na região de Araraquara a São José do Rio Preto, estado de São Paulo, mostraram que a relação entre a profundidade da fenda de tração (z_0) e a altura do talude (H) pode ser estimada variando como:

$$\frac{z_0}{H} = (0,1 \text{ a } 0,3)$$

Lopes (1995 apud FIORI; CARMIGNANI, 2001) considera a relação z_0/H (profundidade da fenda de tração pela altura do talude) igual a 0,5.

6.6 ESTABILIZAÇÃO DE TALUDES

Entende-se por estabilização de taludes os processos preventivos ou corretivos que objetivam a segurança quanto ao escorregamento de massas rochosas e/ou terrosas.

Esses processos podem ser agrupados por objetivo ou por meio, sendo:

- Drenagens internas objetivando eliminação ou diminuição da água no interior do corpo do talude.
- Interferências na geometria do talude, diminuindo os esforços atuantes.
- Drenagem superficial no topo, evitando o escoamento da água sobre a superfície do talude, para prevenir processos erosivos.
- Utilização de elementos estruturais, objetivando a estabilização do maciço.

6.6.1 Drenagem interna

Como visto anteriormente pelos exemplos, o nível d'água no interior do maciço do talude induz, na superfície potencial de ruptura, aumento dos esforços atuantes pela "saturação" do maciço e produz alívio das tensões efetivas pelo aumento da poro-pressão, diminuindo a resistência pelo atrito entre as partículas e, consequentemente, o cisalhamento.

Nessas condições, a solução que se apresenta mais funcional é a drenagem interna do maciço com o uso de drenos horizontais profundos (DHP) (Figura 6.30), provocando rebaixamento do nível d'água e aumentando o fator de segurança.

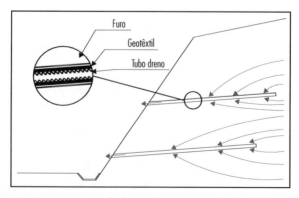

Figura 6.30. Esquema mostrando drenos horizontais profundos (DHP) em taludes.

Movimentos de massas e estruturas de contenção

Os drenos têm de ser dimensionados com base no coeficiente de permeabilidade do maciço e da posição máxima pesquisada para o nível do lençol d'água em épocas de maior precipitação. Nessas condições, calculam-se os diâmetros dos drenos e as posições de cada elemento drenante. Os DHPs são compostos de tubos drenantes envoltos por mantas geotêxteis colocados em furos pré-executados com inclinação mínima de 0,5% na direção da superfície do talude.

6.6.2 Drenagem superficial

A drenagem superficial em taludes objetiva a diminuição do escoamento superficial sobre a superfície, evitando a erosão. A drenagem é feita normalmente a montante do talude, por meio de cordões em curvas de nível nas áreas adjacentes e com a construção de canaletas em concreto na crista do talude (Figura 6.31).

As dimensões das seções dessas canaletas devem ser projetadas com base na precipitação máxima na região e na área de contribuição da obra objeto de drenagem. Essas canaletas podem ser de seção circular em "meia-cana", quadradas, retangulares ou trapezoidais e devem ser dimensionadas com base nas teorias da hidráulica de canais. Longitudinalmente, sua inclinação mínima deve ser de 0,5% e, em determinados trechos, devem lançar as águas para elementos de escoamento transversais com escada de dissipação.

6.6.3 Mudanças na geometria do talude e proteção superficial

As mudanças na geometria do talude podem proporcionar a diminuição dos esforços atuantes e, consequentemente, o aumento no fator de segurança.

As principais formas de alteração da geometria de taludes são:

- Diminuição do ângulo de inclinação: em taludes relativamente baixos, é a forma mais prática e eficiente, pois proporciona o aumento do fator de segurança, estabilizando o maciço. Em taludes altos, porém, pode aumentar muito o custo, além de expandir a área de ocupação da obra, podendo, em alguns casos, ultrapassar a faixa do terreno, o que exigiria desapropriações.
- Execução de bermas de estabilização: a construção de bermas ou banquetas de estabilização em taludes novos ou já existentes diminui o peso da cunha total de escorregamento, sem necessitar de um abatimento no ângulo de inclinação, o que em taludes relativamente altos torna-se oneroso.
  Esse tipo de taludamento torna-se viável em obras que atravessam maciços relativamente altos, onde a execução de terraplenagem torna-se difícil e o escoamento da água superficial pode trazer problemas de erosão sobre o talude (Figura 6.31).

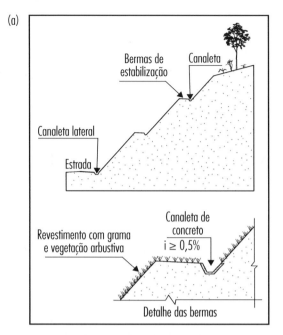

Figura 6.31. (a) Esquema mostrando perfil de talude com bermas de estabilização e drenagem; (b) talude rodoviário com berma de estabilização e drenagem, com aplicação recente de hidrossemeadura; e (c) mesmo local um ano depois, interior do estado de São Paulo.

Quanto à proteção superficial, os taludes em solos podem ser revestidos com vegetação que se adapte ao tipo de solo, principalmente em certas profundidades, onde não ocorrem nutrientes orgânicos que existem próximo da superfície.

Uma das formas de proteção contra a erosão provocada pela água que escoa superficialmente é a plantação de gramas em placas fixadas por estacas de madeira e varas de bambu (Figura 6.32) ou a aplicação de hidrossemeadura.

A hidrossemeadura é uma forma de aplicação de sementes por meio de jateamento de água sob pressão com nutrientes e substâncias aderentes das sementes ao solo (Figura 6.33). As espécies vegetais utilizadas devem adaptar-se facilmente ao ambiente e ter germinação e crescimento rápido para evitar o transporte pela água superficial. As raízes que penetram no solo produzem uma estruturação próxima da superfície, que, além de mantê-la protegida, oferece um aspecto estético agradável. Para facilitar a hidrossemeadura em taludes, podem-se executar previamente sulcos horizontais longitudinais.

As bermas devem ser executadas com base em análises de estabilidade do talude, procurando-se verificar a forma mais segura e econômica quanto a dimensões e posicionamento. Devem ser executadas com inclinação de 0,5% ou mais, na direção interna do talude para o escoamento superficial da água, de forma que sobre a superfície do talude escoe somente a água resultante da precipitação em cada trecho entre as bermas.

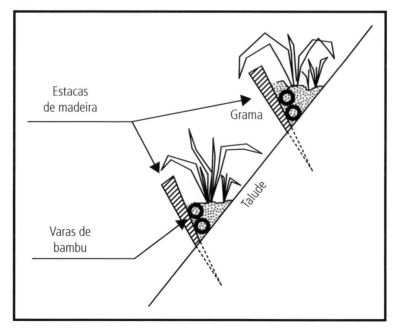

Figura 6.32. Esquema mostrando a aplicação de grama em placas com auxílio de estacas de fixação e varas de bambu.

Figura 6.33. Hidrossemeadura em talude rodoviário no interior do estado de São Paulo.

Em cada berma deve ser executada uma canaleta longitudinal de concreto, corretamente dimensionada para a coleta e a condução das águas superficiais. Como já descrito anteriormente, devem também ser construídos drenos superficiais transversais às bermas, denominados "rápidos", com dissipadores de energia em forma de degraus ou dentes, para o escoamento da água até a canaleta lateral da estrada ou até bueiros de captação, com tubulações de escoamento até os fundos dos vales. Nas saídas finais da água de drenagem superficial, nos fundos dos vales ou nas encostas, devem ser executados dissipadores, dimensionados para evitar a erosão e a degradação ambiental.

Além da vegetação arbustiva, também deve ser mantida nos taludes a vegetação de maior porte, como as árvores. As árvores, principalmente as nativas com raízes pivotantes, penetram verticalmente no solo produzindo uma estruturação do maciço e aumentando os esforços resistentes. Nos taludes de corte próximos a pistas de rolamento, essas árvores devem ser periodicamente monitoradas e podadas para evitar a queda de galhos nas pistas.

6.6.4 Empuxos em estruturas de contenção

Na execução de um talude de escavação ou de um aterro, quando a inclinação necessária para o equilíbrio de forças no interior do maciço, considerando um fator de segurança, interfere na ocupação do terreno, necessitando de um talude aproximadamente vertical, deve-se dispor de uma estrutura de contenção do maciço.

No projeto e no dimensionamento das estruturas de contenção, devem-se considerar os esforços atuantes, principalmente em razão dos empuxos do maciço com o sistema de contenção. Empuxo é a ação produzida pelo maciço terroso e/ou rochoso sobre as obras com ele em contato. A determinação do seu valor é fundamental na análise e no projeto de obras de contenção, tendo como principais elementos estruturais muros de arrimo, cortinas de estacas-pranchas, construções de subsolos com paredes diafragmas, encontros de pontes etc.

Apesar de um número grande de pesquisadores ter se dedicado ao assunto, até hoje nenhuma teoria geral e rigorosa pôde ser elaborada, principalmente pela incerteza dos parâmetros relativos aos materiais envolvidos. Todas as teorias propostas admitem hipóteses simplificadoras mais ou menos discutíveis em relação às condições reais de trabalho das estruturas. No histórico da engenharia civil e da mecânica dos solos, foram apresentadas teorias denominadas clássicas, como as de Coulomb, Rankine, Poncelet, Culmann, Rebhann e Krey e as de outros pesquisadores mais recentes, como Terzaghi, Brinch Hansen, entre outros.

6.6.4.1 Coeficiente de empuxo

Considerando uma massa de solo semi-infinita e calculando a tensão vertical (σ_v) para uma dada profundidade (h) e um peso específico (γ), tem-se (Figura 6.34):

$$\sigma_v = \gamma.h$$

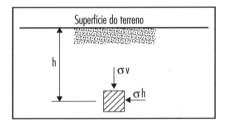

Figura 6.34. Esquema mostrando tensões em um elemento de solo a uma dada profundidade, considerada no plano, pois a tensão ortogonal é considerada igual a σ_h.

Eliminando-se uma parte do maciço semi-infinito e substituindo-a por um plano imóvel, sem atrito e indeformável, tem-se (Figura 6.35):

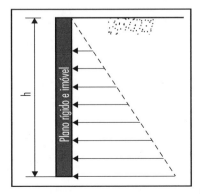

Figura 6.35. Esquema mostrando o desenvolvimento de σ_h.

Portanto:

$$\sigma_h = k_0 . \gamma . h = k_0 . \sigma_v \qquad K_0 = \frac{\sigma_h}{\sigma_v}$$

Sendo:

σ_h a tensão no repouso;

k_0 o coeficiente de empuxo no repouso;

γ o peso específico do solo.

Para a estimativa do coeficiente de empuxo no repouso, existe uma variação de valores, dependendo das condições de ensaio e tipos de solos. A Tabela 6.5 apresenta alguns valores típicos aproximados.

Tabela 6.5. Valores típicos do coeficiente de empuxo no repouso (k_ϕ)

Solo	k_0
Argila	0,50 a 0,80
Silte	0,30 a 0,60
Areia solta	0,40 a 0,50
Areia compacta	0,40 a 0,45

A obtenção de k_0 é muito difícil, sendo possível somente por meio de ensaios *in situ* ou em laboratório, utilizando equipamentos especiais. Na prática, estima-se k_0 com base em trabalhos e fórmulas experimentais.

No caso de um solo que sofreu tensões num passado geológico em razão de camadas superiores que foram sendo erodidas lentamente, ocorre o alívio das tensões verticais, mas o atrito interno entre as partículas absorve parte dessas tensões, fazendo com que as tensões horizontais não sofram o alívio correspondente ao desconfinamento, podendo em certos casos se tornarem iguais ou maiores que as tensões verticais. Nesse caso, pode-se ter k_0 igual ou maior que 1.

Considerando-se empuxos sobre estruturas rígidas, que não possuem deslocamentos, os k_0 podem ser calculados utilizando-se:

$$k_0 = \frac{v}{1-v}$$

Sendo v o coeficiente de Poisson do solo considerado.

Pode-se também estimar o coeficiente de empuxo no repouso pela fórmula de Jáky (1944), com base no ângulo de atrito efetivo do solo (ϕ'):

$$k_0 = 1 - \text{sen}\phi'$$

Alpan (1967) sugere a estimativa de k_0 pelo índice de plasticidade (IP em %) do solo obtido no laboratório, como:

$$k_0 = 0,19 + 0,233 \cdot \log(IP)$$

6.6.4.2 Empuxo ativo e empuxo passivo (k_a e k_p)

Admitindo-se que a estrutura sofra pequenos deslocamentos (Δ_a) afastando-se do solo, o maciço suportado deforma-se, desenvolvendo tensões de cisalhamento e uma diminuição do empuxo sobre a estrutura (Figura 6.36).

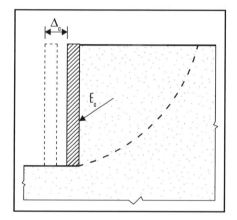

Figura 6.36. Esquema mostrando estrutura de contenção deslocável afastando-se do maciço com empuxo ativo (E_a).

Por outro lado, se a estrutura se desloca de encontro ao maciço, este desenvolverá tensões de cisalhamento no solo, aumentando o empuxo sobre a estrutura (Figura 6.37).

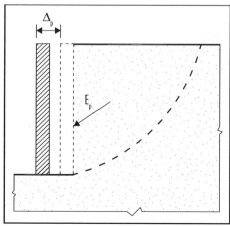

Figura 6.37. Esquema mostrando estrutura de contenção deslocável movendo-se na direção do maciço com empuxo passivo (E_p).

Esses estados de equilíbrio ou estados plásticos são denominados estados de equilíbrio inferior e equilíbrio superior, ou estados de Rankine (Figura 6.38).

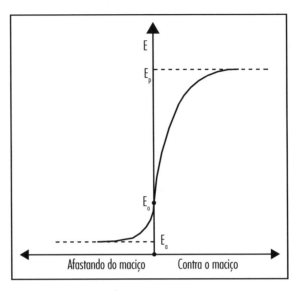

Figura 6.38. Diagrama dos empuxos passivo, no repouso, e ativo.

6.6.4.3 Teoria de Rankine

William John Macquorn Rankine (1820-1872) engenheiro civil escocês, desenvolveu em 1856 uma metodologia clássica para determinação de esforços em maciços.

Para solos não coesivos, admitindo-se que a estrutura de contenção afasta-se do maciço, tem-se (Figura 6.39):

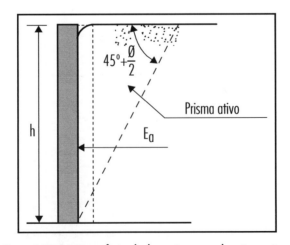

Figura 6.39. Estrutura afastando do maciço para solos não coesivos.

Considerando que o solo seja homogêneo e isotrópico com a superfície do terrapleno horizontal e que o muro permita deslocamentos suficientes para o desenvolvimento das condições ativas e passivas, o coeficiente de empuxo ativo de Rankine é:

$$k_a = tg^2(45° - \frac{\phi}{2})$$

O empuxo ativo total (E_a) é igual à área do triangulo ABC (Figura 6.40).

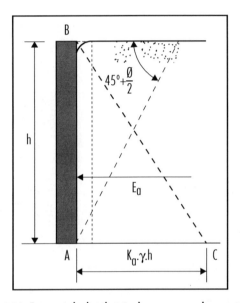

Figura 6.40. Esquema da distribuição dos empuxos sobre a estrutura.

Nessas condições, tem-se:

$$E_a = \frac{1}{2}h^2 . \gamma . k_a$$

Admitindo-se o problema inverso:

$$k = \frac{\sigma_v}{\sigma_h} = k_p = N_\phi = tg^2(45° + \frac{\phi}{2})$$

Portanto, o coeficiente de empuxo passivo é:

$$k_p = tg^2(45° + \frac{\phi}{2})$$

O empuxo total (E_p) é igual a:

$$E_p = \frac{1}{2}h^2.\gamma.k_p$$

Considerando que o maciço a montante do muro tem uma inclinação (β), conforme a Figura 6.41, os valores dos empuxos ativos e passivos por Rankine são respectivamente:

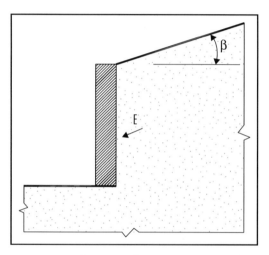

Figura 6.41. Esquema mostrando estrutura de arrimo com maciço inclinado a montante.

$$k_a = \cos\beta \frac{\cos\beta - \sqrt{\cos^2\beta - \cos^2\phi}}{\cos\beta + \sqrt{\cos^2\beta - \cos^2\phi}}$$

$$k_p = \cos\beta \frac{\cos\beta + \sqrt{\cos^2\beta - \cos^2\phi}}{\cos\beta - \sqrt{\cos^2\beta - \cos^2\phi}}$$

Portanto, tem-se:

$$E_a = \frac{1}{2}h^2.\gamma.\cos\beta \frac{\cos\beta - \sqrt{\cos^2\beta - \cos^2\phi}}{\cos\beta + \sqrt{\cos^2\beta - \cos^2\phi}}$$

$$E_p = \frac{1}{2}h^2.\gamma.\cos\beta \frac{\cos\beta + \sqrt{\cos^2\beta - \cos^2\phi}}{\cos\beta - \sqrt{\cos^2\beta - \cos^2\phi}}$$

A teoria de Rankine não considera o atrito entre a estrutura de contenção e o maciço. Portanto, os resultados não correspondem à realidade na prática das estruturas de arrimo, embora a teoria forneça resultados a favor da segurança.

6.6.4.4 Teoria de Coulomb

Charles Augustin de Coulomb (1736-1806), engenheiro civil e matemático francês, apresentou, em 1773, uma teoria clássica para determinação de empuxos sobre estruturas de contenção.

Para solos não coesivos, considerando-se uma possível cunha de ruptura ABC (Figura 6.42), em equilíbrio sob a ação de:

P o peso da cunha;

R a reação do solo formando um ângulo (ϕ) com a normal à linha de ruptura BC;

E_a o empuxo resistido pela parede, força cuja direção é determinada pelo ângulo (δ) de atrito entre a superfície rugosa AB e o solo arenoso.

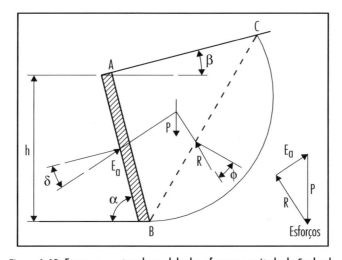

Figura 6.42. Esquema mostrando modelo de esforços no método de Coulomb.

Segundo Muller-Breslau:

$$\delta = \frac{3}{4}\phi$$

Para Terzaghi:

$$\frac{\phi}{2} \leq \delta \leq \frac{2}{3}\phi$$

Para paramento rugoso, pode-se adotar $\delta = \phi$.

Para paramento liso, pode-se adotar $\delta = 0$.

Admitindo-se vários planos possíveis de ruptura BC, será considerado como superfície de ruptura o plano correspondente ao maior valor de E_a, que é o valor procurado.

Partindo-se das condições de equilíbrio das três forças, P, R e E_a ou E_p, deduzem-se analiticamente as equações gerais:

$$E_a = \frac{1}{2}\gamma.h^2 k_a$$

Sendo:

$$k_a = \frac{\operatorname{sen}^2(\alpha+\phi)}{\operatorname{sen}^2\alpha.\operatorname{sen}(\alpha-\delta).\left[1+\sqrt{\frac{\operatorname{sen}(\phi+\delta).\operatorname{sen}(\phi-\beta)}{\operatorname{sen}(\alpha-\delta).\operatorname{sen}(\alpha+\beta)}}\right]^2}$$

$$E_p = \frac{1}{2}\gamma.h^2.k_p$$

Sendo:

$$k_p = \frac{\operatorname{sen}^2(\alpha+\phi)}{\operatorname{sen}^2\alpha.\operatorname{sen}(\alpha-\delta).\left[1-\sqrt{\frac{\operatorname{sen}(\phi+\delta).\operatorname{sen}(\phi-\beta)}{\operatorname{sen}(\alpha-\delta).\operatorname{sen}(\alpha+\beta)}}\right]^2}$$

Para solos coesivos, o parâmetro c diminui o empuxo ativo sobre a estrutura de contenção e aumenta os valores do empuxo passivo. Na prática, normalmente não se considera o efeito da coesão, obtendo-se valores a favor da segurança (Figuras 6.43).

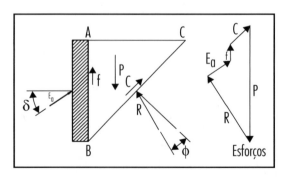

Figura 6.43. Esquema mostrando estrutura de contenção com diagrama de esforços.

6.6.5 Estruturas de contenção

A seguir, apresentam-se alguns tipos de estruturas de contenção mais utilizados na prática. Como o objetivo deste livro é discorrer de forma básica, sem maiores aprofundamentos no assunto, os modelos apresentados, quando utilizados, devem ser dimensionados considerando as teorias de mecânica dos solos, mecânica das rochas, concreto armado e protendido.

Quando se analisam as condições estruturais do maciço, deve-se verificar a possibilidade de ruptura profunda, isto é, o círculo de ruptura passa abaixo da estrutura de contenção e ocorre a movimentação de todo o conjunto. Portanto, um dos fatores de êxito nesse tipo de estrutura é a análise criteriosa do problema, considerando todos os aspectos estruturais e geotécnicos.

As estruturas de arrimo em solos são geralmente classificadas quanto à aplicação, do ponto de vista de segurança e economia, em função da altura do maciço, como a seguir.

Econômico para alturas de até 2 m

Os muros em alvenaria são muito utilizados no Brasil, principalmente para a contenção de aterros em terrenos urbanos para a edificação de pequenas obras, como residências ou comércios (Figura 6.44). Esse tipo de muro deve ser muito bem estudado, pois podem ocorrer rupturas na alvenaria ou nos elementos estruturais. Para pequenas alturas, podem, também, ser executados muros de contenção em concreto armado, principalmente quando se deseja conferir à estrutura aspectos estéticos, como texturas na superfície ou revestimentos com rochas ornamentais.

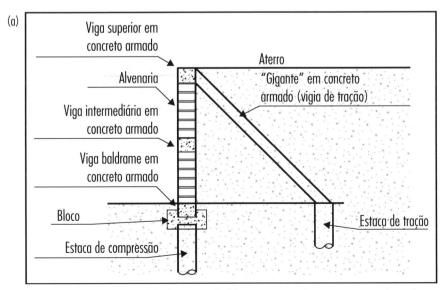

Figura 6.44. Muros de arrimo de (a) alvenaria e de (b) concreto armado para pequenas alturas (*continua*).

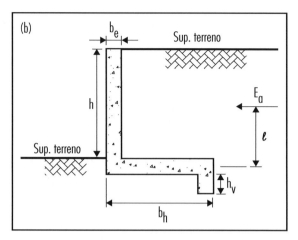

Figura 6.44. Muros de arrimo de (a) alvenaria e de (b) concreto armado para pequenas alturas (*continuação*).

Nessas condições, o momento fletor (M) aplicado no muro é:

$$M = E_a . \ell \ (kN.m)$$

Considerando como valores aproximados para a geometria do muro:

$$b_e = 3,8.\sqrt{M} \ (cm)$$

$$b_h = 0,50.h \ (m)$$

$$h_v = 0,08.h \ (m)$$

Os valores obtidos pelas formulações apresentadas anteriormente devem ser considerados somente como pré-dimensionamento.

A facilidade de execução dos muros de alvenaria e os custos relativamente baixos, em virtude da não necessidade de fôrmas em toda a seção do muro, fazem com que esse tipo seja largamente utilizado no Brasil em pequenas obras, apesar da necessidade de execução de estacas tipo brocas, apiloadas ou tipo "Strauss", para esforços de tração, compressão ou horizontais.

Quando se executam aterros em terrenos urbanos, deve-se atentar para construções vizinhas, pois o muro de contenção pode estar dimensionado para suportar adequadamente os esforços em razão do empuxo, mas o aterro sobre solos colapsíveis produz recalques verticais, formando um pequeno arqueamento do subsolo, o que prejudica as construções vizinhas, principalmente com o surgimento de trincas e até o comprometimento estrutural.

Para alturas entre 2 m e 4 m

Para essas alturas, os sistemas em alvenaria não são adequados, pois os valores dos empuxos aumentam os custos da obra, inviabilizando-a. Nessas condições os sistemas mais adequados são os muros de arrimo em concreto armado à flexão (Figura 6.45).

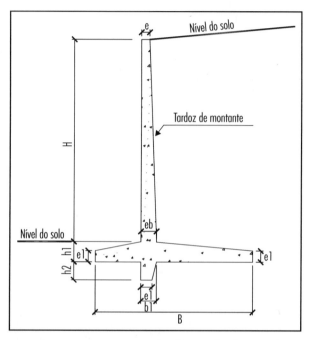

Figura 6.45. Esquemas de muros em concreto armado à flexão indicados para alturas entre 2 m e 4 m.

Um dos problemas desse tipo de muro de contenção, na prática, é a dificuldade de execução das fôrmas para o concreto armado. Esses muros podem ser estruturados com "gigantes" ou "contrafortes" a montante ou a jusante para melhorar a estabilidade estrutural, dando maior rigidez à estrutura. O projeto e o dimensionamento estrutural desses muros, com armaduras e características dos materiais, devem ser realizados de acordo com análise de estruturas e teorias do concreto armado e obedecer às prescrições das normas da Associação Brasileira de Normas Técnicas (ABNT).

6.6.6 Estruturas de contenção flexíveis

São consideradas estruturas de contenção flexíveis aquelas que permitem certas deformações sem sofrer rupturas. Nessas condições, mesmo com deformações horizontais ou verticais, relativamente altas, essas estruturas devem proporcionar à obra certa segurança quanto a tombamento, deslizamento e ruptura.

Para atender a essas exigências, foram desenvolvidos os gabiões prismáticos assentados uns sobre os outros de forma intertravada, formando um conjunto solidário, como se fossem alvenarias, e com grande massa estabilizadora. A palavra gabião vem do italiano *gabbia*, isto é, gaiola.

Cada prisma é constituído basicamente de uma rede de telas preenchidas com fragmentos de rochas de modo que fiquem solidarizados, forneçam estabilidade e permitam a passagem da água (Figura 6.46).

Ao longo da História, verifica-se que, no passado, foram utilizados sistemas formados por malha vegetal e blocos de rocha, principalmente na China e no Egito. Na era moderna, uma das primeiras aplicações desse tipo de estrutura de contenção, usando tela metálica, foi na cidade de Casalecchio, no norte da Itália, na contenção das margens do rio Reno, que sofreu transbordamento em 1883. Esses gabiões foram feitos pela empresa Maccaferri, que criou e desenvolveu a partir daí esse sistema, dando impulso a soluções criadoras desse sistema de contenção e proteção.

Os gabiões são executados em telas galvanizadas de alta resistência à corrosão e malhas hexagonais de dupla torção, com fios de aço, cujas dimensões e diâmetros atendem à norma ABNT NBR 10514. Os fios que compõem a malha são padronizados de acordo com a norma ABNT NBR 8964, tendo assim os valores-limite para sua utilização.

As malhas hexagonais de dupla torção possuem, na ligação entre um fio e outro, a torção dupla, proporcionando uma ligação mais solidária e não permitindo a ruptura e o colapso da malha, caso um fio venha a ser rompido. Em uma malha comum de telas hexagonais, quando da ruptura de um fio, ocorre o colapso de todo o painel, perdendo sua função estrutural.

A Maccaferri utiliza, além dessa proteção por galvanização, para ambientes com a presença de água e substâncias químicas agressivas por longo período um revestimento plástico em PVC aplicado sobre a galvanização de alta resistência.

Os gabiões classificam-se em:

Gabiões caixa

De acordo com o *Manual Técnico Maccaferri* (MACCAFERRI AMÉRICA LATINA, 2005), são elementos prismáticos retangulares, com as dimensões mais usuais: comprimentos múltiplos de 0,5 m a 1,0 m, variando de 1,50 m a 5,50 m; largura constante em 1,0 m; e alturas podendo ser de 0,5 m ou 1,0 m. (Figura 6.46).

Uma característica importante dos gabiões, além de permitir uma interação com o meio ambiente, favorecendo o crescimento da vegetação nativa, é a troca entre o curso d'água ou canal e o solo adjacente, permitindo a livre percolação de água e a troca entre os diversos ambientes. Por ser uma estrutura permeável, ocorre o alívio das subpressões da água subterrânea nas laterais em contato com o solo, evitando empuxos hidrostáticos e deslocamentos.

Além de estruturas de contenção e arrimo de solo, os gabiões também são utilizados como apoio e encontro de pontes, proteção de margens de cursos d'água, escadas dissipadoras de energia hidráulica, barragens, proteções de bueiros, entre outros (Figura 6.47).

Um detalhe importante quando do projeto e da execução desse tipo de estrutura é a proteção no tardoz de montante e na base dos gabiões, com filtro geotêxtil para impedir o carreamento de partículas do solo para o interior dos vazios entre os fragmentos de rocha do gabião. Assim, evita-se a colmatação do maciço e a retroerosão do solo, com consequências danosas ao aterro lateral.

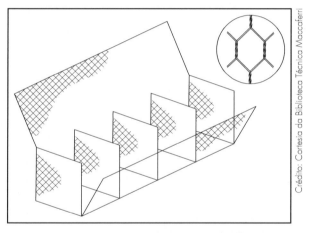

Figura 6.46. Esquema dos gabiões tipo caixa e malha de dupla torção.

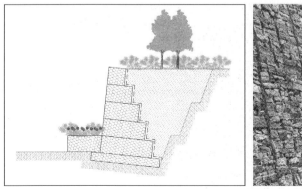
(a)

Figura 6.47. Algumas aplicações das estruturas em gabiões: (a) muros de contenção; (b) canalização de cursos d'água; (c) espigões para regularização do fluxo d'água; e (d) barragens (*continua*).

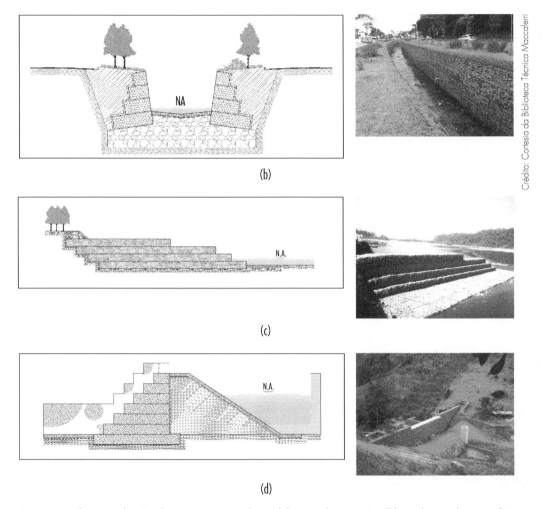

Figura 6.47. Algumas aplicações das estruturas em gabiões: (a) muros de contenção; (b) canalização de cursos d'água; (c) espigões para regularização do fluxo d'água; e (d) barragens (*continuação*).

Gabiões tipo colchão (Colchão Reno®)

São elementos em forma prismática, com área relativamente grande e pequena espessura; têm aspecto de um "colchão" e são confeccionados em malha hexagonal de dupla torção, protegida com galvanização de alta resistência ou envolta com PVC. De acordo com Barros et al. (2005), possuem internamente diafragmas de parede dupla, moldados de metro em metro durante o processo de fabricação, e são acompanhados de arames do mesmo tipo, para operações de amarração e atirantamento (Figura 6.48).

Movimentos de massas e estruturas de contenção

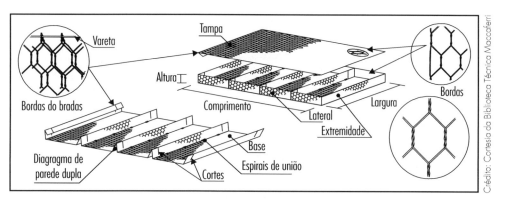

Figura 6.48. Esquema dos gabiões tipo Colchão Reno®.

As dimensões dos gabiões tipo colchão são padronizadas. O comprimento é múltiplo de 1,0 m, variando de 3,0 m a 6,0 m. A largura é mantida constante em 2,0 m, enquanto a espessura pode ser de 0,17 m e 0,30 m.

Em termos de aplicações, pode ser assentado diretamente sobre as superfícies laterais de taludes de canais, atuando como revestimento protetor contra a erosão provocada pelo fluxo da água (Figura 6.49a). Nessas condições, apresenta a vantagem de permeabilidade e troca do fluxo d'água entre o canal e o lençol subterrâneo, evitando subpressões.

Buscando a melhoria do fluxo d'água nas laterais de canais, podem ser revestidos com argamassa de cimento ou concreto. Nesse caso, devem ser previstos os locais adequados para percolação da água entre o canal e o lençol subterrâneo.

Esse tipo de gabião encontra aplicação, principalmente, para proteger a base dos muros em gabiões caixa em canais. Por causa do fluxo d'água na base do muro, ocorre o transporte de material e consequente erosão, podendo tornar a estrutura instável. Nessas condições, é posicionado nas bases dos muros, de forma que permita deslocamentos acompanhando a forma do terreno, sem colocar em risco a estrutura do muro lateral (Figura 6.49b).

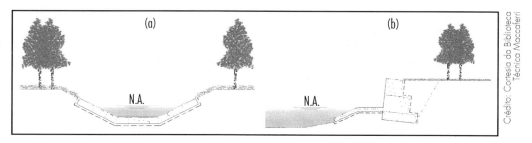

Figura 6.49. Aplicações dos Colchões Reno®: (a) revestimento de canais e (b) proteção de muros de gabiões em canais ou cursos d'água.

Gabiões tipo saco

De acordo com Barros et al. (2005), são elementos em forma de cilindro confeccionado em malha hexagonal de dupla torção, protegidos por galvanização de alta resistência ou envolta com PVC (Figura 6.50). Os gabiões tipo saco são acompanhados de arames do mesmo tipo, para operações de amarração e atirantamento.

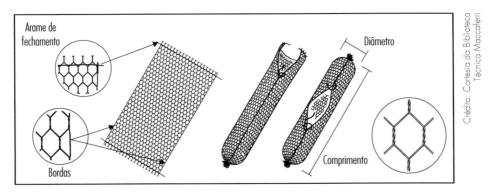

Figura 6.50. Esquema dos gabiões tipo saco.

Esse tipo de gabião encontra aplicações quando se deseja executar base de estruturas flexíveis em locais permanentemente alagados, onde não é possível a execução direta da estrutura a partir da fundação. Pode também ser aplicado como elemento de estiva para a execução de aterros sobre solos alagados (Figura 6.51).

Figura 6.51. Gabiões tipo saco utilizados como elementos de estiva para estruturas de contenção de margens.

Na instalação, podem ser lançados a partir de sistemas de guindagem, de forma relativamente rápida, sendo assentados continuamente um ao lado do outro, formando um tapete, podendo receber outras camadas sobrejacentes.

Historicamente, assemelha-se com o primeiro gabião que foi utilizado pela Maccaferri em 1893, na Itália.

6.6.7 Estruturas de contenção em solo reforçado

Os solos são formados por um conjunto de partículas com diversas granulometrias, cimentadas ou não por argilominerais ou outros minerais, podendo ter água, ar ou gases em seus vazios. A resistência ao cisalhamento dos solos está relacionada diretamente às condições dos materiais constituintes e das tensões aplicadas.

Objetivando a melhoria da resistência do solo, foi desenvolvida a técnica de solo reforçado, que consiste na inserção de elementos resistentes à tração, orientados adequadamente, que aumentam a resistência do solo e reduzem a deformação do maciço de aterro compactado. Nesse método, conhecido como reforço de solos, o comportamento global do maciço de solo é melhorado pela transferência dos esforços para os elementos resistentes (reforços), funcionando como armaduras internas no maciço.

Os solos, na maior parte das vezes, apresentam maior resistência a esforços de compressão, porém sua resistência a esforços de tração é relativamente baixa. A inserção de elementos estruturais resistentes e duráveis no interior do maciço confere estruturação e estabilização com relação a deformações verticais e laterais. A melhoria das deformações deve-se em grande parte à transmissão das tensões do solo para os elementos estruturais por meio do atrito e da interligação com a malha (Figura 6.52).

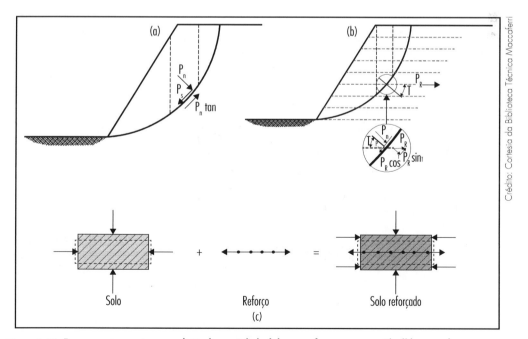

Figura 6.52. Esquema que mostra a condição de um talude (a) sem reforço e em seguida (b) com reforço, em que os esforços resistentes, em virtude da presença do geossintético, melhoram a somatória de efeitos que compõem a superfície crítica de ruptura; e (c) ilustração do princípio básico de comportamento de um elemento de reforço inserido em um maciço de solo.

Quanto à inclinação dos taludes, são considerados dois tipos básicos: muros e taludes reforçados. Internacionalmente, entende-se como muros reforçados aqueles em que a inclinação do talude é maior que 70° em relação à área horizontal. Com inclinação abaixo de 70°, são considerados taludes reforçados.

6.6.7.1 Terramesh® System

De acordo com a Maccaferri (2008, p. 8), o Terramesh® System "é formado por um paramento externo de um metro de espessura, em forma de gabião caixa, preenchido na obra com pedras e utiliza, em sua interface com solo, um geotêxtil cuja função é impedir a fuga dos finos do aterro estrutural". Esse sistema encaixa-se em maciços estruturados como muro reforçado, com ângulo acima de 70° até próximo da vertical.

Na realidade, esse sistema trata-se de um muro composto de gabiões e reforçado com as telas que penetram no maciço do aterro, dando estabilidade ao conjunto (Figura 6.53), (MACCAFERRI, 2008).

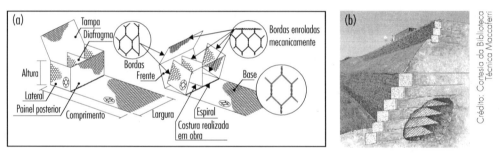

Figura 6.53. (a) Esquema de montagem Terramesh® System; e (b) estrutura de contenção em muro reforçado composto de elementos Terramesh® System.

6.6.7.2 Terramesh® Verde

O sistema Terramesh® Verde, de acordo com a Maccaferri (2008, p. 9), "é formado por um paramento externo devidamente inclinado (geralmente 20°) para facilitar o desenvolvimento da vegetação".

No paramento externo, podem ser utilizados painel de tela em malha hexagonal de dupla torção protegida, geomanta ou biomanta (Figura 6.54). Esses sistemas possuem uma integração direta com a natureza, permitindo o crescimento da vegetação no paramento de jusante do muro, conferindo um aspecto estético agradável e permitindo a percolação livre da água do interior do maciço para a superfície.

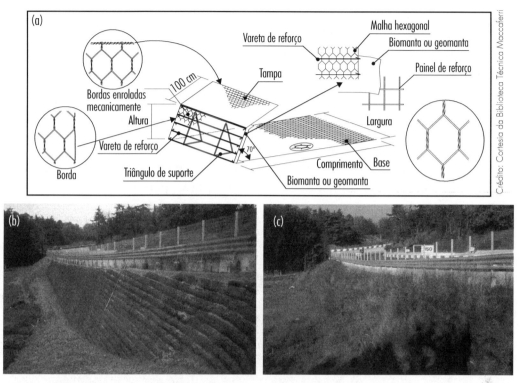

Figura 6.54. (a) Esquema de montagem Terramesh® Verde e estruturas de contenção em muro reforçado composto de elementos Terramesh® Verde, (b) antes e (c) depois, com vegetação.

6.6.8 Estruturas atirantadas

No caso de obras viárias ou de edificações que necessitam interferir na geometria do terreno, com baixo risco de acidente, e têm alturas relativamente grandes, as cortinas atirantadas oferecem uma solução (Figura 6.55). Esse tipo de estrutura costuma ser viável para alturas acima de 4 m ou dependendo das condições estruturais do maciço.

Figura 6.55. Esquema mostrando cortina atirantada em maciço rochoso.

Cabe lembrar que, dependendo das necessidades da obra, é preciso encontrar a solução mais econômica e segura. Dentre as mais econômicas, há o retaludamento, que tem como desvantagem a ocupação de área excessiva, muitas vezes envolvendo desapropriações. Todo projeto deve partir de um estudo prévio de viabilidade considerando várias alternativas, para depois chegar a um partido mais adequado.

Para esse tipo de projeto, deve-se realizar um estudo detalhado da compartimentação geológica e geotécnica do maciço, determinando o tipo de rocha e as feições estruturais, como fraturas, juntas, diáclases, planos de foliação, estratificação, material de preenchimento das fraturas, posições dos níveis de água etc., para a escolha correta do sistema de estrutura a ser adotado. A caracterização e a classificação detalhada da litologia do maciço devem ser realizadas com a participação de geólogo de engenharia ou estrutural.

As ancoragens dos tirantes devem ser posicionadas a montante da superfície potencial de ruptura para que possam trabalhar de forma eficiente. Os tirantes podem ser de vários tipos, compostos de vergalhões de aço, fixados na extremidade interna por um sistema cônico que, ao ser apertado, expande-se e comprime-se contra a parede do furo, fornecendo o esforço de ancoragem. Também podem ser compostos de fios protendidos que são ancorados na extremidade interna.

Na parte externa, são fixadas placas sobre as quais os tirantes aplicam os esforços, comprimindo o maciço. Essas placas distribuem as tensões em uma laje de concreto armado que é a cortina de proteção do maciço.

Devem ser previstos drenos de saída da água do maciço (barbacãs) para evitar a pressão hidrostática sobre a cortina. Esses drenos lançam a água em canaletas superficiais, colocadas longitudinalmente nas laterais da obra, de forma a promover um escoamento adequado da água do interior do maciço e da precipitação atmosférica.

O cálculo dos esforços nos tirantes é obtido com base na cunha de deslizamento e nas condições estruturais do maciço, definindo-se o número, as posições e as dimensões dos tirantes.

6.6.9 Sistemas de contenção verticais

No meio técnico da engenharia civil geotécnica e estrutural, existem vários sistemas de contenção, principalmente quando é necessária escavação aproximadamente vertical, sem a interferência no terreno vizinho.

Para escavações verticais, é possível utilizar os métodos de estacas-pranchas cravadas ou prensadas. As cravadas têm o problema das vibrações. Nesse caso, o sistema que tem sido muito usado na prática é o das estacas justapostas ou estacas secantes, executadas em concreto armado no local.

6.6.9.1 Estacas-pranchas

Estacas-pranchas são compostas de perfis em aço que são cravados estaticamente ou a percussão, alinhados e encaixados lateralmente, formando uma cortina vertical. Podem ser executadas também com perfis metálicos espaçados e preenchidos com placas de concreto armado pré-fabricadas ou pranchões de madeira (Figura 6.56). As estacas-pranchas metálicas são cravadas no terreno e encaixadas uma ao lado da outra, até a profundidade de projeto; em seguida, o terreno a jusante é escavado. No caso dos perfis metálicos, primeiramente cravam-se os perfis, depois o terreno vai sendo escavado e apoiado pelas placas de concreto armado ou pelos pranchões de madeira. O comprimento de cravação no terreno abaixo da escavação (ficha) deve ser definido pelo engenheiro civil responsável pelo projeto, considerando os empuxos ativos e passivos, bem como possíveis pressões da água a montante da estrutura. Quando se tratar de escavações profundas ou provisórias, devem ser escoradas com sistemas de estroncas dimensionadas para suportar o empuxo do terreno.

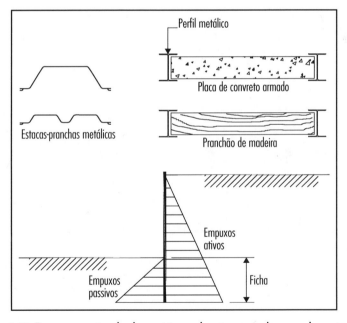

Figura 6.56. Esquemas mostrando alguns sistemas de estacas-pranchas cravados no terreno.

6.6.9.2 Parede diafragma

Também denominada parede contínua, é um sistema de contenção vertical executado no local por meio de escavação de uma cava alinhada. É feito com equipamento especial tipo *clamshell* com seção retangular, suportado por cabos que são acionados para permitir a escavação vertical até a profundidade de projeto. Para impedir o colapso da escavação e a penetração de água, utiliza-se o preenchimento da vala com lama bentonítica. Após a escavação, é colocada a amadura de aço pré-montada e, em seguida, lançado o concreto pelo tubo tremonha, do fundo para a superfície.

6.6.9.3 Estacas justapostas e secantes

São sistemas de contenção vertical do terreno por meio da execução de estacas escavadas alinhadas próximas umas das outras. Uma variação da parede diafragma, podem ser armadas com barras longitudinais estribadas ou pode ser inserido perfil metálico (Figura 6.57). As estacas normalmente são escavadas com uma hélice em forma de trado, sem provocar vibrações. Em seguida, é colocada a armadura e lançado o concreto. Quanto à execução, podem ser justapostas ou secantes. As justapostas são executadas próximas umas das outras; as secantes são penetradas lateralmente umas nas outras, dando maior eficiência ao conjunto.

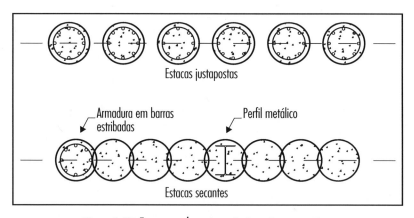

Figura 6.57. Esquemas das estacas justapostas e secantes.

No meio técnico, existe uma grande quantidade de sistemas de contenção, que normalmente são estudados nos cursos de engenharia civil na disciplina Maciços e Obras de Terra, ou em outra disciplina mais específica sobre o assunto. Para mais aprofundamento, consulte as referências bibliográficas constantes no final do livro.

CAPÍTULO 7

Noções sobre barragens

Barragens são obras de engenharia civil constituídas de estruturas projetadas e construídas com a finalidade de acumular água, resíduos líquidos ou sólidos, proteger contra enchentes etc.

Para armazenamento de água podem-se citar as barragens para abastecimento, irrigação, piscicultura ou geração de energia elétrica. Para acúmulo de resíduos, há as barragens para disposição e tratamento de águas residuárias e para confinamento de resíduos sólidos industriais ou de mineração.

Na proteção contra enchentes as barragens podem ser utilizadas para a regularização de vazões ou para a proteção contra transbordamento do curso d'água pelas margens, como as barragens construídas nas margens do rio Mississípi, nos Estados Unidos, denominadas *levees*.

As barragens podem ser construídas com diversos tipos de materiais, como concreto ciclópico, concreto armado, concreto compactado com rolo (CCR), gabiões, pedra argamassada, enrocamento e solos compactados. Enrocamentos são maciços construídos com blocos de rocha com dimensões selecionadas, lançados e compactados com rolos especiais.

Neste capítulo são abordados, de forma básica e introdutória, somente os princípios de barragens de solos compactados. Nos cursos de engenharia civil, barragens são estudadas na disciplina Maciços e Obras de Terra ou em disciplina eletiva ou optativa exclusiva sobre barragens.

As barragens de solos ou barragens de terra são geralmente maciços artificiais (aterros) de seção trapezoidal construídos em um vale para o acúmulo de água. Como características básicas, essas estruturas têm de ser impermeáveis e seguras o bastante para evitar a perda excessiva de água, de tal forma que possa gerar acúmulo, com a formação de um lago artificial a montante.

As barragens apresentam três características principais que as distinguem de outras estruturas correntes em engenharia civil, são elas:

- O acúmulo de grandes massas de solos e água em uma determinada região limitada.
- A ação contínua da água sobre o maciço e as fundações da estrutura por meio de ação do empuxo, percolação e possível erosão interna e externa.
- Ocupação de área relativamente grande em um vale, interagindo com as feições litológicas locais, além dos problemas ambientais decorrentes da inundação de áreas de vegetação ou ocupação humana.

Verifica-se, portanto, que o projeto e a construção de barragens exigem estudos ambientais, hidrológicos, geológicos e geotécnicos detalhados, além de concepção e execução rigorosa, pois uma falha no projeto ou construção implica grandes perdas materiais e de vidas. O projeto e a execução de uma barragem não se constituem em simples levantamento topográfico planialtimétrico da área e na execução do aterro em solo sem nenhuma preocupação com os aspectos estruturais, hidráulicos e geotécnicos da obra. É um tipo de construção que exige engenheiros civis especialistas, com profundos conhecimentos na área de geotecnia, principalmente em mecânica dos solos, e nas áreas de hidráulica, hidrologia, drenagem e estruturas, além de geólogos de engenharia especializados, que dão suporte quanto à geologia da área.

Muitos acidentes têm ocorrido no Brasil e no exterior em decorrência de problemas relativos a projetos inadequados; falta de estudos geológicos, geotécnicos, hidrológicos e estruturais; falhas na construção; concepção errada de projeto ou execução, sem levar em conta aspectos técnicos; falhas na drenagem; e dimensionamento inadequado dos vertedouros, que na época de maior precipitação provocam o transbordamento da água sobre o aterro.

Para a construção de barragens de porte médio e grande, deve-se proceder inicialmente a um inventário regional, obtendo-se as características hidrológicas da bacia hidrográfica onde se pretende construir a barragem. São necessários estudos

Noções sobre barragens

de viabilidade proporcionando informações topográficas e geológicas, que visam à escolha do melhor local, com características dos solos para áreas de empréstimo para o aterro, distância de transporte dos solos e possíveis eixos da barragem.

Devem ser realizados também estudos de impacto ambiental para a aprovação do projeto junto aos órgãos públicos.

Estabelecido o eixo, procede-se ao projeto básico com a definição de forma do aterro e vertedouros, de áreas de empréstimos com as distâncias de transporte, de materiais de construção como britas e areias, de estudos geológicos e geotécnicos mais detalhados da área do aterro, determinando a permeabilidade das fundações, de estimativa da potência instalada no caso de geração de energia elétrica, de tipos de turbinas e de dimensões da casa de força, vertedouros etc.

Em seguida, vem o projeto executivo e de construção, que detalhará e refinará todos os elementos constituintes da obra, bem como acompanhará a execução até a conclusão.

As barragens podem ser empregadas para várias finalidades, como:

- acúmulo de água para abastecimento público ou industrial;
- irrigação na agricultura;
- controle das vazões em um curso d'água, servindo como reguladoras de fluxo da água;
- geração de energia elétrica;
- prática de esportes e lazer;
- piscicultura;
- navegação;
- acúmulo de resíduos líquidos ou sólidos originados de atividades humanas ou industriais.

Uma vez caracterizado em laboratório, o solo de empréstimo para a construção do aterro deve ser submetido aos ensaios de compactação, além de outros ensaios geotécnicos. A energia de compactação mais utilizada para barragens é o Proctor modificado, que fornece a umidade ótima e o peso específico aparente máximo.

Antes do início da construção, deve ser procedida a limpeza do terreno, retirando-se toda matéria orgânica superficial até uma determinada profundidade, que não venha a prejudicar o futuro aterro. Uma vez preparado o terreno, a construção do aterro tem início com a primeira camada, que é lançada com uma espessura predefinida e umedecida até atingir a umidade ótima. Em seguida, aplicam-se os equipamentos de compactação mais adequados ao tipo de solo, medindo-se o peso específico no local até atingir o valor máximo obtido no ensaio de laboratório, assim, controla-se a compactação no campo por meio do grau de compactação especificado. A partir do momento que se obtém, nas primeiras camadas, a energia equivalente de laboratório, passa-se a compactar todas as demais camadas do aterro com essa energia, sempre realizando o controle de compactação.

7.1 GEOTECNIA DE BARRAGENS

Para o projeto e a construção de pequenas barragens, como açudes ou tanques para criação de peixes, é necessário conhecimento prévio da hidrologia, dos tipos de materiais que ocorrem no subsolo, da permeabilidade das camadas da fundação e das características dos materiais de empréstimo; ensaios de compactação, permeabilidade do solo compactado, permeabilidade dos solos da fundação e resistências ao cisalhamento do solo compactado e da fundação; e controle de compactação no campo. Esses estudos são conduzidos pelo engenheiro civil geotécnico responsável pelo projeto e/ou pela construção, possuindo conhecimentos de mecânica dos solos, hidrologia, hidráulica, maciços e obras de terra e análise de estruturas para esse tipo de obra.

Para barragens de médio e grande porte, necessita-se de um amplo estudo geológico e geotécnico da área de ocupação do aterro e da região ocupada pelo lago. Esses estudos mais aprofundados devem ser conduzidos pelos engenheiros civis nas diversas especialidades, responsáveis pelo projeto, e por geólogos especialistas em geologia de engenharia que irão fornecer as informações geológicas dos maciços envolvidos, tanto nas fundações quanto na área de inundação.

Os estudos preliminares mais importantes são:

- Hidrologia: envolve toda a bacia de contribuição, considerando o tempo de recorrência adequado e as vazões máximas, mínimas e médias, na seção, ao longo da vida útil da barragem.
- Topografia do local: um dos primeiros estudos para o projeto de uma barragem é o mapeamento topográfico da região em que será construída. Primeiramente por meio de fotos aéreas e, em seguida, por levantamentos topográficos planialtimétricos diretamente no campo. Os levantamentos topográficos são executados com equipamentos eletrônicos e devem ser georreferenciados. Os resultados desses mapeamentos devem conter plantas cotadas e com curvas de nível.
- Subsolo: tanto na área do aterro quanto na região ocupada pelo lago, devem ser realizados estudos do subsolo, iniciando com processos indiretos, como métodos geofísicos, e complementando com sondagens diretas por meio de coletas de amostras deformadas e indeformadas. Devem também

ser executadas sondagens rotativas em rochas com coletas de amostras, sendo na região do aterro amostragem integral. Precisam ser estudadas áreas próximas com o objetivo de caracterizar os solos e volumes de jazidas para as áreas de empréstimo. Nesses locais devem ser coletadas amostras deformadas para ensaios de caracterização e identificação dos solos, ensaios de compactação, ensaios de permeabilidade (horizontal e vertical) e ensaios de cisalhamento com amostras compactadas.

- Cobertura de solo: estudos dos solos de cobertura e rochas decompostas que ocorram na região da obra, bem como a gênese e as características mineralógicas.

- Maciços rochosos: tipos de rochas, contatos litológicos, deformabilidades, descontinuidades, características de sanidade das rochas, classificação dos maciços para fins de barragens e estudos da utilização dos materiais rochosos como agregados ou enrocamentos.

- Feições estruturais: possíveis planos de falhas, dobramentos, fraturas, juntas e diáclases, bem como os materiais de preenchimento e a permeabilidade dos maciços. Devem também ser analisadas xistosidades, estratificações e estruturas que possam interferir nas características de deformabilidade ou permeabilidade, como contatos entre derrames.

- Permeabilidade: estudos de perda de água nos solos e nos maciços constituintes das fundações. Deve-se prever a necessidade de injeções de argamassas nos maciços.

- Mineralogia dos maciços: é importante verificar a ocorrência de maciços cársticos ou calcários, pois apresentam vazios de dissolução que podem comprometer a permeabilidade e a segurança das estruturas.

- Geologia e geotecnia da bacia de inundação e das áreas adjacentes: objetiva medidas preventivas de fuga da água pelos maciços inundados e possíveis escorregamentos de solos e/ou rochas nas encostas, nas proximidades ou no interior do lago, que possam produzir ondas de choque e transbordamento da água. Estudos sísmicos da região para verificar a possibilidade de ocorrência de abalos.

Em projetos de barragens, o engenheiro civil tem de levar em conta que esse tipo de estrutura está sujeito à ação da água durante 24 horas por dia, ao longo de toda a vida útil da obra, e que a percolação contínua da água através do maciço sempre acarreta alguma alteração ao longo do tempo. Portanto, além de serem projetadas e construídas sempre dentro da melhor técnica, devem ser monitoradas periodicamente para que medidas preventivas ou reparadoras possam ser tomadas a tempo.

7.1.1 Perfis característicos de barragens de terra

O tipo do perfil de uma barragem depende da sua finalidade, da disponibilidade de materiais nas proximidades, das características topográficas e geotécnicas, do custo envolvido e das técnicas construtivas. A Figura 7.1 apresenta alguns tipos de barragens de terra e enrocamentos utilizados na prática. Esses tipos apresentados não são os únicos; o projetista deve buscar na literatura técnica especializada o tipo mais adequado ao seu projeto.

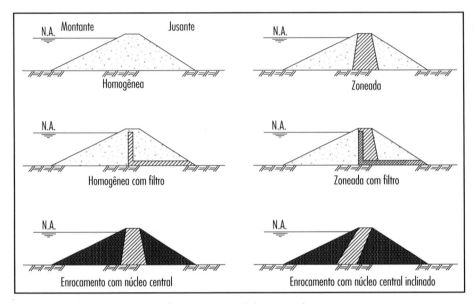

Figura 7.1. Alguns perfis característicos de barragens de terra e enrocamentos.

Para a determinação da inclinação dos taludes de montante e de jusante, devem ser feitas análises, utilizando métodos analíticos e numéricos para o cálculo da estabilidade de taludes, dispondo-se dos parâmetros de resistência para as condições de solicitações e o peso específico do solo compactado. Um aspecto importante no dimensionamento dos taludes é a atuação da água no interior do maciço.

7.1.2 Percolação da água através do maciço de barragem

A água flui nos maciços de solo através dos interstícios entre as partículas, sob a ação da gravidade. A água passa a fluir livremente a partir do momento em que os vazios do solo estiverem quase totalmente preenchidos por água e a tensão superficial que retém a água junto às partículas seja rompida, fluindo somente por pequenos canalículos que vão se formando entre a água aderida e a água livre. A superfície formada entre a região limite de água aderida por capilaridade e a água livre é denominada superfície freática ou nível freático.

Dependendo da granulometria dos solos, principalmente em solos finos, essa superfície não é bem definida. Para fins de projeto e estimativa de vazões em maciços, define-se o nível freático como sendo o lugar geométrico dos pontos em que a pressão da água é igual à atmosférica e a pressão manométrica é igual a zero, isto é, onde a linha piezométrica coincide com essa superfície.

A água flui no interior dos solos no regime laminar, sendo o número de Reynolds (N_R) menor que 2.000, ou seja:

$$N_R = \frac{v.D}{\upsilon}$$

Sendo:

D o diâmetro dos interstícios do solo;

v a velocidade do fluxo;

υ a viscosidade da água.

Assim, é válida a Lei de Darcy, em que v = k.i (k = coeficiente de permeabilidade do solo e *i* = gradiente hidráulico).

As equações diferenciais que regem o fluxo de água através de um maciço de solo são as equações de Laplace ou equação da continuidade, que considera um fluxo bidimensional com as seguintes características:

- O regime de fluxo deve ser estabelecido em todo o maciço.
- O maciço deve estar perfeitamente saturado.
- A água e as partículas sólidas do solo devem ser incompressíveis.
- O fluxo de água não modifica a estrutura do solo e, consequentemente, os canalículos entre as partículas.

Considerando um elemento tridimensional de solo com fluxo (Figura 7.2), tem-se:

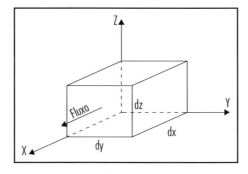

Figura 7.2. Elemento tridimensional com fluxo horizontal.

$$q = q_x + q_y + q_z$$

Considerando a Lei de Darcy, tem-se:

$$q_x = k_x.i.A$$

Sendo *A* a área da seção do elemento.
Tem-se:

$$q_x = k_x\left(-\frac{\partial h}{\partial x}\right)dy.dz$$

O fluxo na face do elemento é dado por:

$$q_x = \left(k_x + \frac{\partial k_x}{\partial x}dx\right)\left(-\frac{\partial h}{\partial x} - \frac{\partial^2 h}{\partial x^2}dx\right)dydz$$

Sendo k_x o coeficiente de permeabilidade na direção x no ponto 0, e h a altura piezométrica.

O fluxo através do elemento na horizontal na face lateral é Δq_x, portanto:

$$\Delta q_x = k_x\left(-\frac{\partial h}{\partial x}\right)dydz - \left(k_x + \frac{\partial k_x}{\partial x}dx\right)\left(-\frac{\partial h}{\partial x} - \frac{\partial^2 h}{\partial x^2}dx\right)dydz$$

$$\Delta q_x = \left(k_x \frac{\partial^2 h}{\partial x^2} + \frac{\partial k_x}{\partial x}\frac{\partial h}{\partial x} + \frac{\partial k_x}{\partial x}dx\frac{\partial^2 h}{\partial x^2}\right)dxdydz$$

Para satisfazer a condição de permeabilidade constante,

$$\frac{\partial k_x}{\partial x} = 0$$

tem-se:

$$\Delta q_x = \left(k_x \frac{\partial^2 h}{\partial x^2}\right)dxdydz$$

Noções sobre barragens

Da mesma forma, fluindo na direção Z, tem-se:

$$\Delta q_z = \left(k_z \frac{\partial^2 h}{\partial z^2} \right) dxdydz$$

Para as condições de fluxo em duas direções, com $q_y=0$, tem-se:

$$\Delta q = \Delta q_x + \Delta q_z = \left(k_x \frac{\partial^2 h}{\partial x^2} + k_z \frac{\partial^2 h}{\partial z^2} \right) dxdydz$$

Considerando o volume de água V_a no elemento, tem-se:

$$V_a = \frac{S.e}{1+e} dxdydz$$

Sendo S o grau de saturação e e o índice de vazios do solo, considerados constantes.

A razão de mudança de volume da água é igual a:

$$\Delta q = \frac{\partial V_a}{\partial t} = \frac{\partial}{\partial t} \left(\frac{S.e}{1+e} dxdydz \right)$$

Sendo:

$$\text{volume dos sólidos} = \frac{dxdydz}{1+e}$$

Sendo uma constante:

$$\Delta q = \frac{dxdydz}{1+e} \frac{\partial(S.e)}{\partial t}$$

Igualando as duas expressões acima para Δq, tem-se:

$$\left(k_x \frac{\partial^2 h}{\partial x} + k_z \frac{\partial^2 h}{\partial z^2} \right) dxdydz = \frac{dxdydz}{1+e} \frac{\partial(S.e)}{\partial t}$$

$$k_x \frac{\partial^2 h}{\partial x^2} + k_z \frac{\partial^2 h}{\partial z^2} = \frac{1}{1+e} \left(e \frac{\partial S}{\partial t} + S \frac{\partial e}{\partial t} \right) \lim_{x \to \infty}$$

Para e e S constantes, tem-se:

$$k_x \frac{\partial^2 h}{\partial x^2} + k_z \frac{\partial^2 h}{\partial z^2} = 0$$

Para a condição de permeabilidade igual em todas as direções, os coeficientes de permeabilidade são iguais ($k_x = k_z$), portanto, a equação anterior fica:

$$\frac{\partial^2 h}{\partial x^2} + \frac{\partial^2 h}{\partial z^2} = 0 \text{ (Equação de Laplace)}$$

Esta equação é válida para fluxos em meios isotrópicos.

7.1.3 Traçado das redes de fluxo

Para o cálculo de vazões em um meio permeável, o processo é feito pela consideração de redes de fluxo, formada por linhas de percurso contínuo das partículas da água através dos vazios dos solos, e pelas linhas equipotenciais.

Ao longo de uma linha de fluxo, a partícula da água se desloca de um ponto mais elevado a um ponto mais baixo, sob a ação da gravidade; isso é denominado fluxo gravitacional livre ou não confinado. Sendo o escoamento no regime laminar, as linhas de fluxo nunca se cruzam. Nas linhas equipotenciais, a carga total potencial da água é igual em todos os pontos. As linhas equipotenciais cruzam as linhas de fluxo sempre de forma perpendicular.

Para o traçado prático das redes de fluxo, vários métodos foram propostos em mecânica dos solos. Aqui são apresentados somente os métodos manuais que foram largamente utilizados em projetos de barragens e de sistemas de drenagens. Atualmente, há programas para computador que fornecem o traçado e as vazões em maciços a partir das características geométricas, hidráulicas e geotécnicas.

A seguir, apresentam-se formas práticas para o traçado manual das linhas de fluxo e equipotenciais. O traçado é simplificado, obtendo-se algumas linhas de fluxo e equipotenciais que tornam viável a resolução do problema.

Primeiramente, devem-se observar as condições de entrada e de saída das linhas de fluxo no maciço. Como as equipotenciais cortam perpendicularmente as linhas de fluxo, em uma barragem, a montante, o contato entre o solo do talude e a água é uma linha equipotencial (Figura 7.3). Nessas condições, as linhas de fluxo entram perpendicularmente nos maciços, de acordo com Casagrande (1937).

Noções sobre barragens

Figura 7.3. Condições de entrada das linhas de fluxo em um maciço de solo.

Portanto, inicia-se com uma linha formando um ângulo de 90° com o contato entre água e maciço e, em seguida, traça-se a parábola.

Nas condições de saída, com base nas propriedades de uma linha de fluxo adotadas por Philipp Forchheimer (1852-1933), engenheiro civil hidráulico austríaco, Casagrande (1937) propôs o seguinte método:

- Se o talude de jusante do maciço for inclinado com um ângulo menor ou igual a 90°, a linha de fluxo deve sair tangente à superfície do talude (Figura 7.4a).
- Se a face do talude de jusante for inclinada com um ângulo de 90° (situação não usual em barragens), formando talude vertical, a linha de fluxo deve sair tangente à vertical, passando pelo ponto de saída (Figura 7.4b).

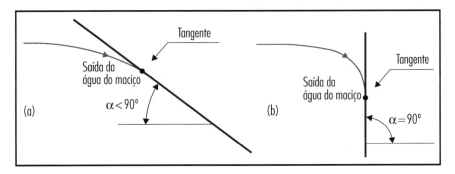

Figura 7.4. Condições de saída das linhas de fluxo em maciço de solo.

Para o traçado das linhas de fluxo, há alguns métodos na literatura técnica. A seguir é descrito o método de Kozeny (1931). Esse método considera o problema bidimensional sobre uma superfície horizontal impermeável com extremidade vertical, simulando uma condição de filtro horizontal na parte de jusante do maciço de uma barragem (Figura 7.5).

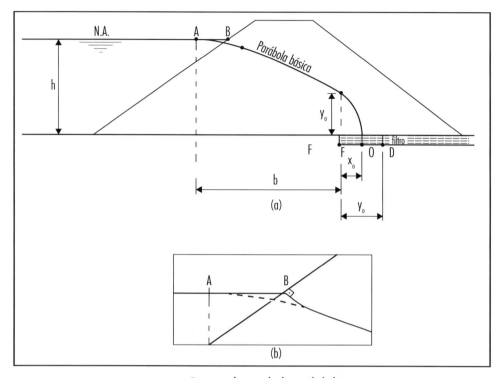

Figura 7.5. Esquema do traçado da parábola básica.

Depois de desenhado em escala o perfil da barragem conforme a Figura 7.5a, deve-se traçar inicialmente, a mão livre, a parábola básica partindo do ponto A até o ponto O, com base nos elementos:

$$\overline{AB} = \frac{h}{3}$$

$$x_0 = \frac{1}{2}\left(\sqrt{b^2 + h^2} - b\right)$$

$$y_0 = 2.x_0$$

Definidos os pontos x_0 (O), y_0 (D) e (A), traça-se a parábola básica a mão livre de forma que se ajuste o mais perfeito possível sobre esses pontos. A seguir, deve-se fazer a correção da entrada da água na superfície da barragem sobre a parábola. A Figura 7.5b mostra o ajuste, de modo que a linha freática inicie perpendicular à superfície do talude da barragem e faça a concordância sobre a parábola básica de forma tangencial.

Uma forma gráfica dentro do processo de Kozeny (1931) permite a localização do ponto O na Figura 7.5, fixando a ponta seca de um compasso no ponto A e traçando um círculo pelo ponto F (foco), até encontrar a linha horizontal do prolongamento AB (nível d'água a montante). Da intersecção do círculo com a linha horizontal, traça-se uma perpendicular (diretriz vertical) até encontrar o ponto D no filtro. A metade do segmento FD é o ponto O. Esse método resulta em valores um pouco diferentes do método analítico.

Para o traçado da linha freática definitiva, utiliza-se o processo de Kozeny (1931), da seguinte forma:

1. Conforme o esquema da Figura 7.6, traçam-se as linhas X e Y, marcando-se o ponto B no início da superfície freática no talude de montante da barragem; em seguida, marca-se o ponto F (Foco) no início do filtro horizontal.
2. Determina-se x_0 marcando-se o ponto O. A partir desse ponto, traça-se uma vertical até o ponto D' no cruzamento da linha horizontal que passa pelo ponto B. Os segmentos BD' e OD' são divididos com mesmo número de partes iguais.
3. Com centro em O, traçam-se as linhas pontilhadas ligando os pontos D1, D2, D3 e D4.
4. A intersecção dessas linhas pontilhadas com as horizontais define a parábola da linha freática.

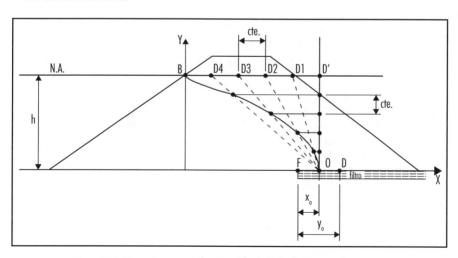

Figura 7.6. Esquema mostrando o traçado da linha freática em barragem.

Por esse processo, são traçadas as linhas freáticas, necessitando de um ajuste na entrada e na saída do maciço, pois nesses pontos a superfície é perpendicular à equipotencial. Para as correções da entrada e da saída da superfície freática, utiliza-se o método de Casagrande (1937). Esse método considera inicialmente a parábola traçada pelo processo de Kozeny e, em seguida, são feitas as correções, conforme exposto anteriormente.

Para o traçado das linhas de fluxo e equipotenciais, deve-se partir da Figura 7.6 em cada ponto sobre a intersecção das linhas horizontais equidistantes e a linha freática. As linhas equipotenciais cruzam sempre as linhas de fluxo de forma perpendicular, ou seja, na Figura 7.6 iniciam em cada ponto através da perpendicular a uma tangente e seguem até a base da barragem (considerada uma linha de fluxo), terminando também de forma perpendicular (Figura 7.7).

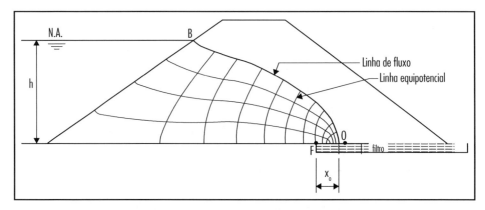

Figura 7.7. Esquema do traçado das linhas de fluxo.

No traçado das linhas de fluxo e das equipotenciais, deve-se sempre procurar formar quadrados com os cruzamentos entre as linhas de forma perpendicular. Desse modo, obtêm-se as linhas de fluxo e equipotenciais equivalentes no desenho.

Na prática, usualmente, traçam-se no máximo quatro ou cinco canais de fluxo desenhados a mão. Dependendo da geometria do problema, a obtenção de quadrados perfeitos torna-se muito difícil e, nesses casos, trançam-se quadrados elípticos, buscando sempre a perpendicularidade entre as linhas.

Na Figura 7.7 há quatro canais de fluxo (N_f) e dez equipotenciais (N_e). A relação entre o número de canais de fluxo pelas equipotenciais é denominada fator de forma (F_f).

$$F_f = \frac{N_f}{N_e}$$

O fator de forma (F_f) depende do traçado das linhas de fluxo e das equipotenciais.

Noções sobre barragens

7.1.4 Determinação da vazão através do maciço

O cálculo da vazão que atravessa o maciço de uma barragem é importante para verificar as condições de enchimento do lago e dimensionar os filtros de proteção e drenos para o lançamento da água a jusante. Deve ser estudada também a vazão que passa pela base da barragem através das camadas de solo ou rochas preexistentes. Portanto, verificando-se camadas permeáveis na base, estas devem ser estudadas quanto à permeabilidade *in situ* e ter traçadas as linhas de fluxo e equipotenciais para os cálculos de vazões (Figura 7.8).

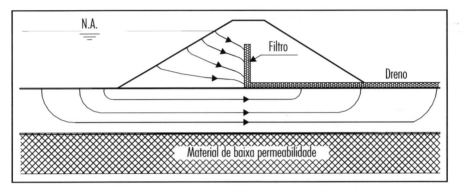

Figura 7.8. Esquema mostrando perfil de barragem com fluxo de água.

Utilizando a solução gráfica do traçado das linhas de fluxo e equipotenciais, pode-se calcular a vazão que flui através de uma seção com largura unitária da barragem.

A vazão em maciço homogêneo pode ser calculada pela seguinte expressão:

$$Q = k.h \frac{N_f}{N_e} \ell$$

Sendo:
Q a vazão que flui pela seção da barragem por unidade de comprimento;
k o coeficiente de permeabilidade do solo do maciço compactado;
h a diferença de altura da água de montante para jusante;
N_f o número de canais de fluxo;
N_e o número de linhas equipotenciais;
ℓ a largura unitária da seção da barragem ao longo do eixo longitudinal.

No caso da Figura 7.8, deve-se calcular separadamente as vazões do maciço e das fundações, pois os coeficientes de permeabilidade normalmente são diferentes. O maciço da barragem é formado por solo compactado e as fundações são compostas de solos da base do terreno natural.

Uma forma de dificultar a percolação da água pela fundação da barragem (solo da base) é a execução de uma trincheira de base (*cut-off*) preenchida com o mesmo solo compactado do maciço da barragem (Figura 7.9a). Nessas condições, sendo o solo da barragem menos permeável que o da fundação, a água vai contornar a base do *cut-off*, resultando em uma maior perda de carga e, consequentemente, na diminuição da vazão de percolação pela base.

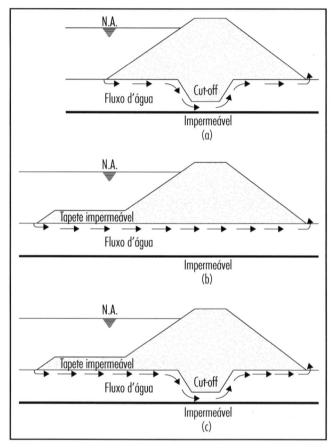

Figura 7.9. Esquema mostrando perfil de barragem com tapete e trincheira na base (*cut-off*).

Outra solução para diminuir a percolação sob a fundação da barragem é a construção de um tapete impermeável com o mesmo material compactado da barragem, ou com material com menor permeabilidade, na base a montante do aterro (Figura 7.9b). Pode-se também, conforme a Figura 7.9c, construir o tapete e o *cut-off*, sendo essa uma solução mais cara, porém mais eficiente.

O dreno é formado por um colchão ao longo de toda a extensão da barragem, constituído de areia grossa ou brita, revestido na parte inferior, na superior e nas laterais com manta geotêxtil servindo como filtro. Na extremidade de jusante, ao

Noções sobre barragens

longo de toda a base do aterro da barragem, o colchão drenante deve terminar em contato com uma vala protegida com geossintéticos, que irá coletar a água e dar a ela o destino adequado.

Um aspecto importante que deve ser considerado na determinação do coeficiente de permeabilidade do solo compactado da barragem é a diferença entre o coeficiente de permeabilidade horizontal e o vertical. Em razão da compactação do solo em camadas, normalmente o coeficiente de permeabilidade vertical é menor que o horizontal.

Nas condições reais de um maciço compactado, sendo o coeficiente de permeabilidade horizontal maior que o vertical, a linha freática aproxima-se mais do talude de jusante. Nessas condições, o filtro vertical interceptor da freática deve ser posicionado numa altura maior para impedir que o fluxo de água ultrapasse o topo do filtro e venha a saturar o aterro do lado de jusante.

7.1.5 Filtros granulométricos: critério de Terzaghi

Para a produção do material de filtro de uma barragem ou de um sistema drenante qualquer, necessita-se obter a vazão que atravessa o maciço e atinge o dreno e as características do material de base, isto é, do material que compõe o maciço.

Filtros mal dimensionados podem levar a elevação do nível d'água no interior do maciço, fazendo a água percolar através do talude de jusante, produzindo retroerosões e ocasionando o fenômeno denominado *piping*, ou seja, canalículos que têm origem na superfície do talude e penetram para o interior do maciço, provocando retroerosões e colocando a barragem em risco de colapso.

O estudo de materiais para filtros granulares teve origem em 1940 com Bertram, que, sob a orientação de Terzaghi e Casagrande, criou o laboratório de investigações sobre filtros na Faculdade de Engenharia da Universidade de Harvard, nos Estados Unidos. O critério de filtro sugerido por Terzaghi e estabelecido como válido foi este:

$$\frac{D_{15} \text{ (do filtro)}}{D_{85} \text{ (do solo)}} < 4 \text{ a } 5 < \frac{D_{15} \text{ (do filtro)}}{D_{15} \text{ (do solo)}}$$

A Figura 7.10 ilustra a curva granulométrica do solo do maciço e o intervalo em que qualquer curva granulométrica dentro dessa faixa serve como material de filtro. As inclinações da curva granulométrica do material de filtro e das curvas-limite devem ser semelhantes, isto é, possuir a mesma inclinação da curva do solo ou ter o mesmo coeficiente de não uniformidade (U), sendo:

$$U = \frac{D_{60}(\text{solo})}{D_{10}(\text{solo})}$$

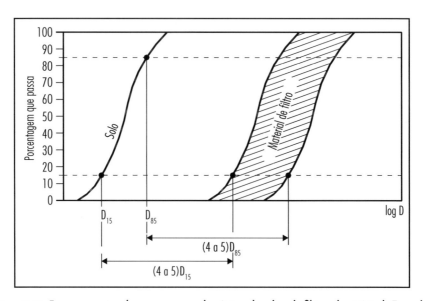

Figura 7.10. Esquema mostrando as curvas granulométricas do solo e do filtro pelo critério de Terzaghi.

Uma vez definida a granulometria do material de filtro, este é preparado e lançado no local do filtro, conforme o aterro da barragem vai sendo executado. A determinação das dimensões dos filtros deve obedecer a critérios adequados de granulometria e vazão que vai percolar pelo sistema filtrante. Um dos problemas dos filtros granulométricos, na prática, é a dificuldade na execução, pois é necessário colocar lado a lado várias camadas com granulometrias diferentes. Com o advento dos geossintéticos, filtros especiais geotêxteis atuam na interface entre o solo-base e o dreno, permitindo, consequentemente, apenas a passagem da água.

7.1.6 Dimensionamento dos filtros

No dimensionamento dos filtros horizontais e verticais, diversos métodos foram propostos (Figura 7.11).

Inicialmente, deve-se determinar a linha freática considerando o filtro horizontal, conforme explicado anteriormente, e desenhar o filtro vertical passando acima da linha freática para garantir a segurança na drenagem. Em seguida, traçam-se as linhas de fluxo e equipotenciais a montante do filtro e determina-se a vazão (Q) que atravessa o maciço e atinge o filtro vertical. Portanto, considerando-se o comprimento unitário da seção da barragem e o coeficiente de permeabilidade k_{fl} do filtro vertical ou horizontal e aplicando a Lei de Darcy, tem-se:

$$Q = k.B_V \Rightarrow B_V = \frac{Q}{k_{fl}}$$

Noções sobre barragens

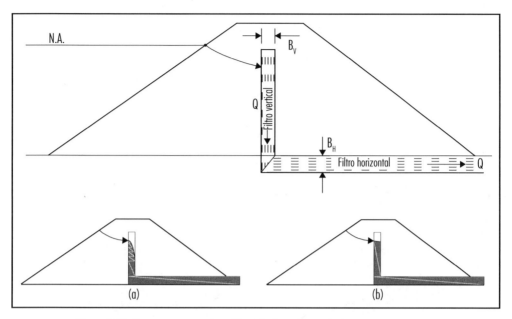

Figura 7.11. Esquema mostrando os filtros horizontal e vertical com suas espessuras.

Para o filtro horizontal, podem ser consideradas duas hipóteses; a primeira é o filtro vertical com meia carga (Figura 7.11a), isto é, a linha freática no filtro vertical, em virtude do coeficiente de permeabilidade do material ser relativamente elevado, cai até a metade da altura da coluna. A segunda hipótese é a coluna do filtro vertical trabalhando com a saturação no nível de entrada (Figura 7.11b).

Portanto, tem-se:

- Filtro vertical com meia carga:

$$B_H = \sqrt{\frac{Q.L_{fh}}{k_{fl}}}$$

- Filtro vertical com carga plena:

$$B_H = \sqrt{\frac{2.Q.L_{fh}}{k_{fl}}}$$

Sendo:

L_{fh} o comprimento do filtro horizontal;

B_V a espessura do filtro vertical;

B_H a espessura do filtro horizontal.

Na prática, o filtro vertical opera com gradiente hidráulico em torno de 1, ao passo que o horizontal possui gradiente hidráulico em torno de B_H/L_{fh}. O filtro horizontal deve ser executado com materiais de alta permeabilidade, como pedregulhos ou britas, envoltos com mantas geotêxteis para impedir a colmatação dos filtros pelo carreamento do solo do maciço da barragem.

Esses valores devem ser considerados com cautela, pois precisam ser adotados fatores de segurança elevados no dimensionamento final dos filtros. Massad (2003) considera fatores de segurança para filtros de barragens na ordem de 10.

7.1.7 Largura da crista de coroamento em barragens de terra

A largura da crista B (Figura 7.12) pode ser determinada por várias fórmulas, sendo:

- Fórmula de Preece: $B = 1,1.H + 1$
- Fórmula de Knappen: $B = 1,65.\sqrt{H}$
- U. S. Bureau of Reclamation: $B = 3,63.\sqrt[3]{H} - 1,5$

O Departamento Nacional de Obras contra a Seca (DENOCS) recomenda que para:

$$H < 10 \Rightarrow B = 4 \text{ m}$$

ou

$$B = \frac{H}{5} + 3$$

Sendo H a altura da barragem em metros e B a largura da crista em metros.

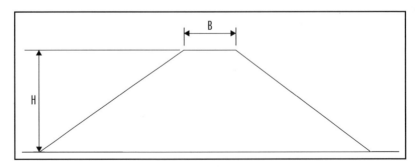

Figura 7.12. Largura da crista de coroamento em barragens de terra.

Noções sobre barragens

Se a crista da barragem for trafegável, a largura deve também adaptar-se aos veículos, considerando-a como pista de rolamento dentro das normas de estradas, com ou sem pavimentação e com sistemas laterais de proteção e sinalização.

7.1.8 Medição do nível d'água no maciço

A medição do nível da água no interior de barragens é de vital importância, pois comprova *in loco* se o fluxo da água está ocorrendo de acordo com o previsto no projeto. Essas medições devem ser feitas periodicamente, de forma preventiva, para que sejam tomadas as providências necessárias à segurança do maciço.

Os medidores de nível de água são constituídos de um tubo perfurado, envolvido por material granular de preenchimento do espaço entre o tubo e a parede do furo. A medida é feita introduzindo dentro do tubo um cabo elétrico com uma pequena sonda que, ao entrar em contato com a água, fecha um circuito e dispara um alarme na superfície. O cabo é retirado e verifica-se a profundidade do nível d'água a partir da superfície.

Os equipamentos utilizados para a medição do nível d'água e da pressão no interior do maciço são os piezômetros. Esses instrumentos são instalados em furos executados através do maciço e detectam a posição do nível e a pressão da água. Os tipos de piezômetros mais utilizados são os elétricos, os pneumáticos e os de corda vibrante.

Nos piezômetros elétricos, a pressão intersticial é transmitida através de pedra porosa a uma célula (*strain gauge*), calibrada em função da variação de uma resistência elétrica em pressão. Nos piezômetros pneumáticos, o fluido utilizado é um gás que equilibra a pressão hidráulica provocada pela água sobre um diafragma, abrindo uma válvula. A pressão do gás é aumentada até se igualar à da água, obtendo-se, assim, a pressão da água no nível desejado. Já o piezômetro de corda vibrante é um aparelho elétrico no qual a pressão da água transmitida através da pedra porosa provoca uma deformação em uma membrana. A deformação é medida por um transdutor de corda vibrante, fornecendo a pressão da água.

7.1.9 Enchimento do lago e rebaixamento rápido do nível d'água em barragens

Quando uma barragem é concluída e começa o enchimento do lago, a água passa a percolar através do maciço de montante para jusante. Nessas condições, o maciço começa a ser saturado diferenciadamente, aumentando o peso da barragem a montante e, consequentemente, provocando deformações verticais nessa direção (Figura 7.13).

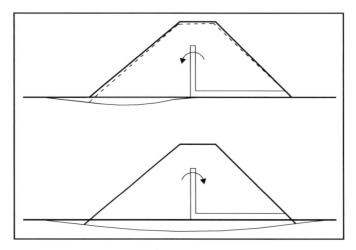

Figura 7.13. Movimentos sofridos na seção do maciço de barragens com o enchimento do lago.

Conforme o fluxo penetra pelo maciço, até atingir a parte de jusante e o filtro, a barragem sofre nova deflexão no sentido de jusante. Nessas condições, o talude de montante passa a desenvolver pressões neutras nos interstícios do solo, interferindo no fator de segurança do talude. A partir do momento em que o lago atinge o nível d'água especificado, o maciço volta a condições de estabilidade predeterminadas.

Caso ocorra um rebaixamento repentino do nível d'água do lago, o maciço da barragem permanece por algum tempo saturado, com peso morto relativamente alto, e inicia um fluxo da água na direção de montante. A velocidade de escoamento é relativamente baixa e uma subpressão é aplicada ao longo das superfícies potenciais de ruptura, diminuindo a resistência ao cisalhamento em decorrência do alívio das tensões efetivas. Nessas condições, o talude de montante pode sofrer grande queda no fator de segurança, podendo até ocorrer escorregamentos (Figura 7.14). Essa condição pode ser simulada no ensaio de compressão triaxial, como sendo de ruptura rápida saturada não drenada – ensaio não drenado e não adensado/*unconsolidated undrained* (UU). Devem ser considerados os parâmetros de resistência obtidos no cálculo da estabilidade do talude pelos métodos analíticos ou numéricos adotados.

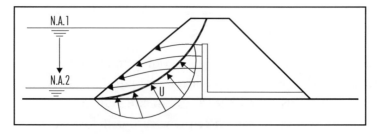

Figura 7.14. Rebaixamento rápido no nível d'água do lago e reflexos na estabilidade do talude de montante.

Noções sobre barragens

Para a avaliação do comportamento do maciço de uma barragem de grande ou de médio porte, é necessário instalar uma série de instrumentos que fornecem informações importantes sobre o comportamento geotécnico e estrutural do maciço. Além do maciço da barragem, também são instalados equipamentos nas fundações. Os principais tipos de instrumentos instalados em uma barragem, além dos medidores do nível d'água e piezômetros, são, em regra gerais:

- Células de pressão total: instaladas nas estruturas de concreto armado, consistindo em uma almofada plana circular que pode ser pneumática ou elétrica.
- Medidores de recalques: também denominados tassômetros, consistem em uma haste metálica instalada dentro de um tubo vertical no maciço da barragem. Na extremidade inferior, possui uma placa de aço ligada à haste. Ao sofrer deslocamentos verticais, estas podem ser medidas na superfície por nivelamento de precisão.
- Inclinômetros: são instrumentos destinados a medir a inclinação de um furo executado inicialmente na vertical. São constituídos de um tubo vertical formado por ranhuras, instalado em um furo pré-executado. No interior do tubo, é introduzido um torpedo dotado de um pêndulo que detecta a inclinação por um sistema de resistências elétricas.

As medições são realizadas desde a instalação, durante a construção da barragem, e são feitas periodicamente conforme a variação dos valores de cada instrumento. Essa periodicidade pode ser reduzida a partir do momento em que os valores das leituras se tornem constantes.

É preciso sempre ter em mente que uma barragem de solo compactado está continuamente sujeita aos esforços da água represada a montante e à percolação através do maciço. Qualquer variação na instrumentação deve ser analisada com cuidado e devem ser tomadas as medidas preventivas para cada caso.

Vale lembrar também que o coeficiente de permeabilidade no maciço de uma barragem não é exatamente igual na horizontal e na vertical. A construção em camadas compactadas na horizontal provoca uma diferenciação entre o coeficiente de permeabilidade horizontal e vertical.

O talude de montante das barragens de terra deve ser protegido contra o impacto de ondas com a construção de uma camada de enrocamento (*rip-rap*) ou sistemas de pré-moldados para essa finalidade. Para cálculo e dimensionamento dos diâmetros dos blocos e da espessura da camada, devem ser estudadas as condições de vento e altura das ondas, ao longo do maior comprimento do lago, que possam atingir o talude (*fetch*).

Para mais informações sobre o assunto, o leitor deve reportar-se às referências bibliográficas listada no final do livro.

CAPÍTULO

8

Noções sobre túneis

Túneis são considerados as obras mais complexas da engenharia civil. São aberturas executadas em maciços rochosos e/ou terrosos que têm como finalidade o transporte, como rodovias e ferrovias; a condução de água ou tubulações; a mineração; entre outras. Os túneis são obras que existem desde a Antiguidade. Há informações arqueológicas de túneis construídos por volta de 2200 a.C. no Egito e na Babilônia.

Atualmente, são verdadeiras maravilhas da engenharia civil. Alguns exemplos são: o túnel submarino sob o Canal da Mancha, com 49 km, ligando Inglaterra e França; o túnel ferroviário de Seikan ligando Honshu e Hokkaido, no Japão, com 54 km de extensão, que atravessa maciços rochosos incluindo um trecho de 23 km sob o mar no estreito de Tsugaru; e o túnel de San Gotardo, nos Alpes Suíços, construído no final do século XIX e em uso até hoje. Nos Estados Unidos, pode-se citar o túnel da Great Northern Railroad, em Washington, com 12,5 km. No Brasil, existem os túneis da Rodovia dos Imigrantes, na Serra do Mar, entre São Paulo e Santos; os túneis rodoviários e ferroviários espalhados pelo país e os urbanos, como os no Rio de Janeiro e em São Paulo. Outros tipos de túneis são os de sistemas de metrô, normalmente construídos em solos ou rochas brandas e com profundidades relativamente pequenas.

Os túneis podem ser escavados em maciços acima do nível do mar ou sob cursos d'água e trechos marinhos, como os túneis submarinos. Podem ser escavados diretamente com ferramentas manuais (túneis de pequenas dimensões em solos), com equipamentos mecanizados em solos ou rochas, ou através de desmonte.

8.1 GEOLOGIA E GEOTECNIA DE TÚNEIS

Para estudo e planejamento de túneis, deve-se proceder, além do estudo topográfico e do projeto geométrico, um estudo detalhado da geologia e da geotecnia dos maciços atravessados. Esses estudos iniciam-se normalmente com pesquisa geofísica; em seguida, são realizadas sondagens com amostragens das rochas, contendo informações litológicas, estruturais e das condições de pressão de água subterrânea.

Mesmo considerando todos os estudos geológicos e geotécnicos para o projeto de um túnel, esse tipo de obra é o que mais traz surpresas na execução, sendo muitas vezes necessário reavaliar e redimensionar o projeto inicial, bem como as técnicas executivas. Portanto, o estudo da geologia e da geotecnia para projeto e construção de túneis envolve equipes multidisciplinares de engenheiros civis especializados em projetos de túneis, geotecnia, estruturas, hidráulica, projeto geométrico de estradas, equipamentos de escavação e transporte, planejamento, gerenciamento e logística desse tipo de obra.

Geólogos especializados em geologia estrutural e geologia de engenharia e engenheiros de minas especializados na área de explosivos podem auxiliar os engenheiros civis, dando suporte durante as fases de planejamento, projeto e execução. A pesquisa geológica e geotécnica traz informações para que se tomem decisões quanto às técnicas a serem utilizadas nas escavações, bem como os equipamentos necessários, considerando-se os aspectos de segurança e economia.

Pode-se citar alguns trabalhos sobre métodos de investigação geológica de túneis, como Mangolim Filho e Ojima (1995), Dourado (1995), Nilsen (1994), Nilsen et al. (1988), entre outros.

Os túneis de grandes dimensões geralmente são escavados em rochas que, em virtude da profundidade, estão confinadas sob elevadas tensões. Essas tensões, aliadas à estruturação do maciço e à água subterrânea, podem mudar drasticamente os esforços considerados na seção do túnel ao longo da sua escavação.

A influência da estratificação, das foliações e das fraturas em maciços rochosos sobre revestimentos de túneis, se não for considerada na fase de projeto, pode trazer sérias consequências durante a execução da obra. Essas estruturas, dependendo da atitude (direção e mergulho) e das feições litológicas, podem aplicar esforços elevados em uma determinada posição do revestimento estrutural do túnel.

Quando um túnel é escavado atravessando maciços formados por dobramentos anticlinais e sinclinais, dependendo das atitudes das camadas em relação ao eixo do túnel, podem desenvolver-se esforços que se alteram dependendo da região atravessada. Nas posições mostradas na Figura 8.1, um anticlinal ou um sinclinal cortado transversalmente por um túnel pode levar esforços diferenciados ao longo da escavação. Verifica-se na parte central da Figura 8.1 que, mesmo sendo a cobertura acima do túnel relativamente pequena, os esforços permanecem elevados em virtude das camadas inclinadas com grande extensão. Nas regiões centrais dos anticlinais, os esforços apresentam-se relativamente baixos em decorrência do efeito do arqueamento e consequente distribuição lateral dos esforços, que vão aumentado até as extremidades. Deve-se considerar também que as dobras podem mudar de atitude ao longo do perfil do túnel, alterando as condições apresentadas no esquema da Figura 8.1.

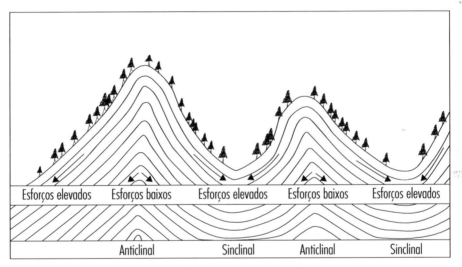

Figura 8.1. Túnel atravessando perpendicularmente dobras anticlinais e sinclinais com variações dos esforços aplicados sobre o revestimento.

As falhas associadas a dobramentos também devem ser consideradas, pois, além de induzirem esforços adicionais, são caminhos preferenciais de percolação da água sob pressão, fazendo com que o túnel se torne um dreno, dificultando a execução e colocando em risco a obra. Outros aspectos importantes são as condições de sanidade das rochas, que podem variar em virtude das descontinuidades e das condições de percolação da água subterrânea.

A documentação geológica deve possuir no mínimo seções ao longo do perfil longitudinal e transversal do túnel planejado, indicando diferentes litologias, contatos entre elas, planos de falhas, juntas, diáclases, níveis hidrostáticos com estimativas das pressões da água etc. Esse tipo de pesquisa deve ser conduzido por geólogo experiente ou engenheiro de minas, auxiliando a equipe de engenheiros civis projetistas do túnel.

Feições litológicas como xistosidades e estratificações podem influenciar bastante o dimensionamento do revestimento. Há na natureza uma série de possibilidades estruturais dos maciços que afeta diretamente os esforços em túneis, considerando estratificações, intrusões, xistosidades, dobramentos, falhamentos e condições de túneis próximos a encostas escarpadas (Figuras 8.2, 8.3, 8.4 e 8.5).

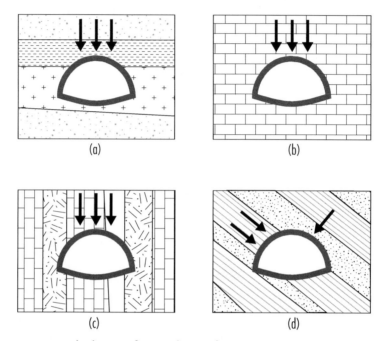

Figura 8.2. Esquemas mostrando algumas influências de estratificações, intrusões ou xistosidades sobre o revestimento de túneis.

A Figura 8.2 apresenta (a) formações aproximadamente horizontais transversalmente e paralelas ao eixo do túnel; (b) formações horizontais transversalmente e com inclinação na direção longitudinal ao eixo do túnel; (c) formações aproximadamente verticais e longitudinais ou diagonais ao eixo do túnel; e (d) formações com inclinações transversais e paralelas ou diagonais ao eixo do túnel.

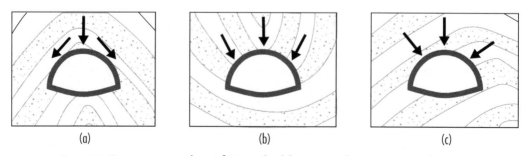

Figura 8.3. Esquemas mostrando as influências dos dobramentos sobre o revestimento de túneis.

A Figura 8.3 mostra (a) dobras anticlinais perpendiculares ao eixo do túnel, que tendem a aliviar as tensões sobre o revestimento pelo efeito do arqueamento; (b) dobras sinclinais perpendiculares ao eixo do túnel, que tendem a aumentar os esforços na parte superior do revestimento pelo efeito do encunhamento; e (c) dobras anticlinais, que também podem ser sinclinais, com a capa na direção perpendicular ao eixo do túnel, com esforços maiores nas laterais da direção das inclinações.

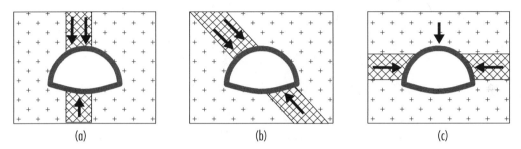

Figura 8.4. Esquemas mostrando as influências de falhamentos sobre o revestimento de túneis.

A Figura 8.4 destaca, em (a), plano de falha cortando na vertical, podendo estar alinhado ou diagonal ao eixo do túnel. Normalmente, os planos de falha são preenchidos pela rocha esmagada e milonitizada, favorecendo percolação da água e alteração química dos minerais, podendo fazer o lençol subterrâneo fluir sob pressão para o interior da escavação através do teto e da base do túnel. Em (b), tem-se a seção do túnel que corta o plano de falha inclinado, podendo estar alinhado ou diagonal ao eixo longitudinal; como no caso anterior, é uma região de baixa resistência mecânica e sujeita a percolação da água sob pressão. Em (c), o plano de falha encontra-se na horizontal, pode estar alinhado ou mergulhado em relação ao eixo longitudinal do túnel; nas laterais podem-se desenvolver esforços mais elevados e ocorrer a penetração de água sob pressão para o interior da escavação.

Como foi explicado, os planos de falha são regiões dos maciços em que a rocha normalmente encontra-se toda fragmentada e estriada, com a presença de milonitos, em virtude das movimentações sofridas. Essas regiões devem ser bem estudadas pela geologia estrutural para a verificação de possíveis movimentos que poderão ocorrer durante a utilização da obra, isto é, se a falha ainda está ativa.

Prevendo-se esses planos por meio de estudos geofísicos ou sondagens diretas, deve-se antes da escavação atingir o plano e, dependendo do caso, aplicar injeções de argamassas especiais para impedir a infiltração de água e favorecer a escavação.

Na Figura 8.5, (a) representa túneis relativamente estáveis, pois as atitudes das camadas favorecem a estabilidade dos maciços; podem ocorrer camadas verticais alinhadas ou diagonais ao eixo do túnel. Em (b), representam-se condições de distribuição dos esforços variáveis, mas relativamente estáveis; as camadas também podem estar alinhadas na horizontal ou atravessar o eixo longitudinal do túnel formando um mergulho. Em (c), mostram-se as camadas inclinadas na direção da encosta, constituindo situações de menor estabilidade e podendo ocorrer a ruptura do maciço em virtude do alívio de tensões provocado pela escavação; e (d) mostra túnel próximo de encosta com camadas de rochas inclinadas para o interior do maciço, favorecendo a estabilidade; nesse caso, os esforços podem ser variáveis na lateral interna do túnel.

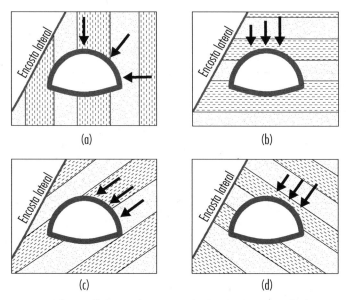

Figura 8.5. Esquemas mostrando as influências de encostas íngremes e estruturas litológicas sobre o revestimento de túneis.

Outra possibilidade é o túnel atravessando formações geológicas fraturadas em várias direções e com regiões de diferentes estados de alteração das rochas.

Foram apresentadas somente algumas condições, devendo ser estudadas outras possibilidades reais que podem ocorrer, como problemas relativos à pressão da água e também à complexidade e à falta de homogeneidade dos maciços rochosos. Deve-se considerar também que, em maciços dobrados, normalmente ocorrem fraturas transversais, induzindo tensões variáveis sobre o revestimento do túnel. Há ainda os contatos entre litologias diferentes que podem ser regiões de transição ou de diferentes comportamentos mecânicos.

As escavações dos túneis em maciços podem atingir grandes profundidades e, nessas condições, a temperatura aumenta. A temperatura elevada pode dificultar os trabalhos de escavação, bem como a segurança dos operários envolvidos na obra. Para amenizar o problema da temperatura e dos gases que se acumulam em virtude dos equipamentos em operação, deve-se insuflar ar através de tubulações especialmente construídas ao longo da perfuração, de forma que o ar viciado e poluído flua para fora do túnel e o ar puro mantenha o ambiente em boas condições de trabalho. Em alguns túneis, são construídos poços verticais de ventilação para a saída dos gases.

8.2 SEÇÕES DOS TÚNEIS

A seção de um túnel é condicionada à finalidade da obra, como, por exemplo, túneis rodoviários, túneis ferroviários, túneis para a condução de água etc.

Ao longo da História diversas seções foram utilizadas. No passado, a mais usual era composta de duas paredes laterais verticais, uma superfície em arco de circunferência na parte superior e base plana e suporte em alvenaria de pedra ou tijolos. Modernamente, os túneis são executados em concreto armado ou elementos pré-moldados em concreto armado ou protendido encaixados em elementos estruturais de aço (Figura 8.6).

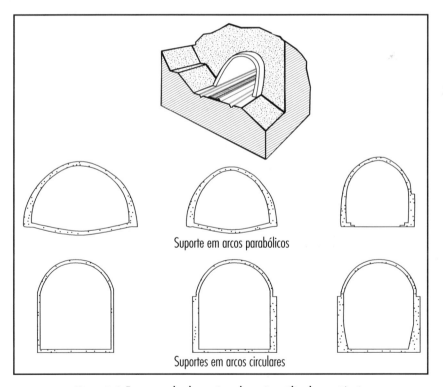

Figura 8.6. Esquemas de alguns tipos de seções utilizadas em túneis.

Além desses, existem outros perfis, como seções circulares para conduto de líquidos ou para tubulações enterradas ou outras seções dependendo da finalidade e dos esforços resultantes do solo ou rocha sobre o sistema de suporte.

8.3 TENSÕES NOS TÚNEIS

Para o dimensionamento das estruturas de suporte e para a verificação do comprimento do trecho que pode ser escavado sem o revestimento, é preciso calcular, com base nos parâmetros geotécnicos, as tensões que o maciço aplica sobre a estrutura de suporte e revestimento.

Adiante, apresentam-se alguns métodos para a estimativa de tensões sobre estruturas de revestimentos de túneis em solos homogêneos. Esses métodos são clássicos em mecânica dos solos e apresentam estimativas com base nos parâmetros geotécnicos do maciço. Além desses métodos, existem na bibliografia especializada vários outros considerando diversos aspectos dos maciços e metodologias de escavação. São utilizadas também ferramentas com base em métodos numéricos, como elementos finitos ou elementos de contorno.

É preciso ter em mente que, em se tratando de solos ou rochas, os valores obtidos são aproximados, principalmente em virtude dos dados de entrada e das limitações dos modelos, que não representam de forma perfeita o comportamento da natureza. Portanto, há vários métodos teórico-empíricos para estimativa de tensões nesse tipo de problema, que resultam muitas vezes em valores diferentes uns dos outros.

8.3.1 Método de Caquot-Kerisel (1956) para solos não coesivos

Considerando-se uma escavação circular de raio r_0, a uma profundidade axial H (Figura 8.7), Caquot-Kerisel (1956) fornece a seguinte expressão geral:

$$\sigma_r = \gamma.r_o(1 - \cos\vartheta) + \frac{\gamma.H}{k_p - 2}\left[\frac{r_o}{H} - \left(\frac{r_o}{H}\right)^{k_p-1}\right]$$

$$\sigma_t = k_p.\sigma_r$$

Sendo:

σ_r a tensão normal no solo na lateral da escavação;

σ_t a tensão tangencial no solo na lateral da escavação;

k_p o coeficiente de empuxo passivo.

$$k_p = tg^2\left(45° + \frac{\phi}{2}\right)$$

Noções sobre túneis

Sendo:

ϕ o ângulo de atrito interno;

γ o peso específico aparente do solo.

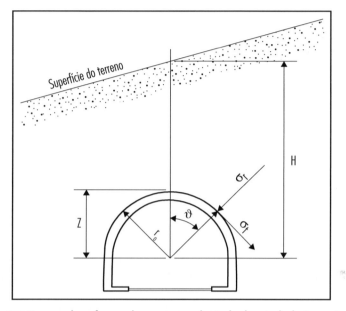

Figura 8.7. Esquema dos esforços sobre a estrutura de túnel pelo método de Caquot-Kerisel.

Para $\vartheta = 0$, a tensão vertical assume a expressão:

$$\sigma_r = \frac{\gamma.H}{k_p - 2}\left[\frac{r_o}{H} - \left(\frac{r_o}{H}\right)^{k_p - 1}\right]$$

Considerando uma situação em que a altura do solo de recobrimento é muito maior que o raio do túnel, (r_0/H) torna-se um valor muito pequeno, sendo desprezível.

Nessas condições, tem-se:

$$\sigma_r = \frac{\gamma.r_o}{k_p - 2}$$

Portanto, segundo Caquot-Kerisel, as tensões sobre a superfície de um túnel em solo não coesivo e com altura H de recobrimento relativamente elevada são praticamente independentes da altura da coluna de solo.

Considerando a condição do túnel abaixo do nível d'água, deve-se considerar a poro-pressão $\gamma_a h_a = \mu$. Nessas condições, tem-se:

$$\sigma_r = \frac{\gamma_{sub}.H}{k_p - 2}\left[\frac{r_o}{H} - \left(\frac{r_o}{H}\right)^{k_p-1}\right] + \mu$$

Sendo:

γ_a o peso específico da água;

γ_{sub} o peso específico do solo submerso;

h_a a altura da coluna d'água, isto é, do nível d'água até a superfície do túnel;

μ a poro-pressão.

Portanto, para uma altura de recobrimento H muito grande e abaixo do nível d'água, tem-se:

$$\sigma_r = \frac{\gamma_{sub}.r_o}{k_p - 2} + \mu$$

8.3.2 Método de Terzaghi (1951) para solos não coesivos

Terzaghi (1951) apresenta duas expressões diferentes para a estimativa das tensões sobre o revestimento de túneis, considerando recobrimentos relativamente pequenos ou relativamente grandes (Figura 8.8 e 8.9).

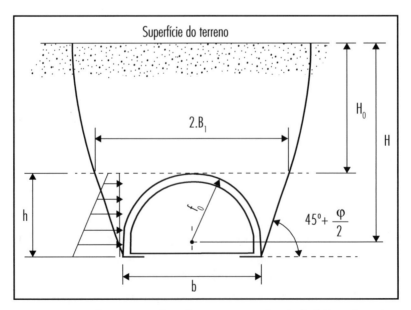

Figura 8.8. *Esquema considerando o primeiro caso do método de Terzaghi.*

Noções sobre túneis

Tendo $H_0 \leq 5.B_1$:

$$\sigma_r = \frac{\gamma.B_1}{K.tg\phi}\left[1 - e^{-K\frac{H_0}{B_1}tg\phi}\right]$$

K é um coeficiente experimental que, segundo Terzaghi (1951), é aproximadamente igual a 1.

Sendo:

$$B_1 = \frac{b}{2} + h.tg\left(45° - \frac{\phi}{2}\right)$$

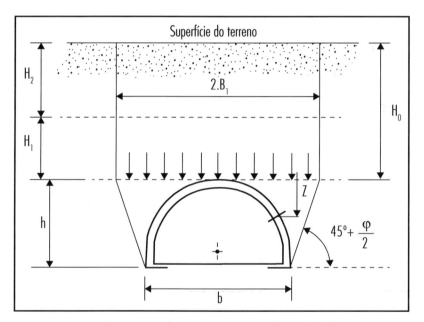

Figura 8.9. Esquema considerando o segundo caso do método de Terzaghi.

No caso de escavação circular, em que $b/2 = r_0$ e em profundidade relativamente grande, com $H_0 > 5.B_1$, tem-se:

$$\sigma_v = \frac{\gamma.B_1}{K.tg\phi}\left(1 - e^{-K\frac{H_1}{B_1}tg\phi}\right) + \gamma.H_2.e^{-K\frac{H_1}{B_1}tg\phi}$$

Sendo H_1 a distância medida a partir do plano horizontal sobre o qual atua σ_v e H_2 a distância restante até o nível do terreno (Figura 8.9).

8.3.3 Método de Caquot-Kerisel para solos coesivos

Para a estimativa das tensões verticais sobre estruturas de túneis em solos coesivos, Caquot-Kerisel (1956) apresenta a expressão:

$$\sigma_v = \frac{\gamma.H}{k_p - 2}\left[\frac{r_o}{H} - \left(\frac{r_o}{H}\right)^{k_p-1}\right] - \frac{c}{tg\phi}\left[1 - \left(\frac{r_o}{H}\right)^{k_p-1}\right]$$

Sendo c a coesão do solo.

Para recobrimento muito grande, essa expressão pode ser simplificada:

$$\sigma_v = \frac{\gamma.r_o}{k_p - 2} - \frac{c}{tg\phi}$$

8.3.4 Método de Terzaghi para solos coesivos

Para a estimativa das tensões verticais em solos coesivos e túneis em pequena profundidade, mantendo-se K > 1, Terzaghi propõe a seguinte expressão:

$$\sigma_v = \frac{\gamma.B_1 - c}{K.tg\phi}\left(1 - e^{K\frac{H_o}{B_1}tg\phi}\right)$$

Para túneis em grandes profundidades, com $H_0 > 2,5B_1$, a expressão pode ser simplificada:

$$\sigma_v = \frac{\gamma.B_1 - c}{K.tg\phi}$$

Para as tensões verticais, Terzaghi propõe:

$$\sigma_h = \left(\gamma.z + \sigma_v\right).k_a - \frac{2.c}{k_p}$$

Sendo z a distância vertical da superfície de atuação das tensões verticais na tangente superior do túnel até o ponto considerado sobre o revestimento nas laterais, conforme mostrado na Figura 8.9.

Noções sobre túneis

Como apresentado, pode-se verificar que a tensão vertical sobre o revestimento de um túnel, a certa profundidade relativamente grande, é menor que o peso da coluna de recobrimento. Isso se deve às tensões de cisalhamento do solo no entorno do túnel.

Outro aspecto importante é que os revestimentos dos túneis devem ser pouco flexíveis, para que possam impedir que ocorram as mobilizações das tensões de cisalhamento no maciço. Se a flexibilidade for elevada, a estrutura pode perder a integridade.

Esses aspectos, além de outros de ordem geotécnica e estrutural, devem ser considerados durante o dimensionamento desses tipos de estruturas.

8.3.5 Métodos de escavação de túneis

Os primeiros túneis construídos pelo homem eram escavados manualmente com ferramentas primitivas, limitadas e com baixo desempenho. A partir do século XIX, teve início a escavação mecanizada, que foi continuada e aperfeiçoada durante o século XX. Segundo Nieble (1995), a escavação mecanizada teve grande aplicação nos anos 1950 e 1960 e seu maior desenvolvimento foi nos anos 1970. Atualmente, há equipamentos para escavação mecanizada com operação direta ou à distância para solos ou rochas, para túneis de pequenos a grandes diâmetros.

Um tipo de escavação que concorre com a mecanizada é o desmonte por explosivo ou materiais expansivos, que oferece facilidades e custo relativamente baixo, mas que não oferece precisão quanto à regularidade da superfície das paredes da escavação. Nesse caso, é preciso prever custos adicionais com a regularização da superfície, tanto com a retirada de material excessivo quanto com o preenchimento de vazios deixados pela fragmentação ou queda de blocos. Também são utilizados sistemas conjugados, com parte da seção escavada por equipamento mecanizado e parte por desmonte.

Há diversos tipos de equipamentos mecanizados para escavação em solos ou rochas, compostos de conjuntos de brocas que trituram o material e o lançam sobre esteiras para transporte.

Em solo, um método de escavação muito utilizado é o *New Austrian Tunnelling Method* (NATM), que consiste em escavar de forma manual (túneis de pequenos diâmetros) ou mecanicamente as partes lateral e superior, deixando uma parte central como suporte da frente de escavação. Em seguida, deve-se aplicar o revestimento no trecho escavado, retirando-se a parte central e dando início à nova frente de escavação (Figura 8.10).

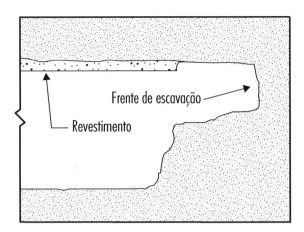 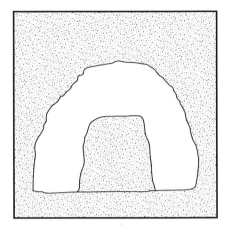

Figura 8.10. Esquema de perfil de escavação de túnel em solo pelo método NATM.

Esse método é vantajoso na escavação de túneis urbanos em solos, pois não é necessário adquirir equipamentos pesados e permite a execução de diversos tipos de seções.

Após as escavações parciais, são executados os revestimentos em concreto projetado associados a cambotas ou telas soldadas metálicas. De acordo com Teixeira (1995), muito recentemente iniciou-se o emprego de concreto projetado com fibras metálicas para a melhoria da resistência à tração do revestimento.

Para túneis de pequenos diâmetros variando de 3 cm a 1 m, principalmente para passagem de tubulações em locais construídos ou áreas urbanas, há equipamentos operados a distância, denominados não tripulados. Esses sistemas são classificados em dirigíveis e não dirigíveis. Os dirigíveis permitem a execução de perfuração subterrânea em curva e os não dirigíveis permitem perfuração somente em traçados retos.

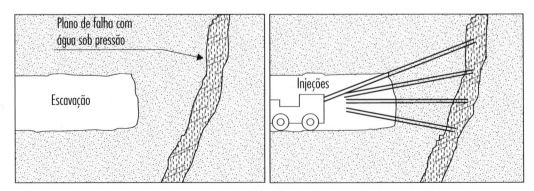

Figura 8.11. Esquema de tratamento de maciços com planos de falhas ou fraturas.

Noções sobre túneis

A escolha dos métodos utilizados depende do tipo e da seção do túnel, da geologia atravessada, da segurança operacional e da economia.

Quando forem previstas descontinuidades estruturais no maciço, como planos de falhas ou fraturas com dimensões e materiais alterados preenchidos com água sob pressão, deve-se proceder o tratamento do maciço através de injeções de argamassas antes da perfuração final.

Nessas condições, deve-se parar a escavação a determinada distância de segurança, realizar a vedação e a estruturação das rochas e, em seguida, continuar a escavação no maciço tratado (Figura 8.11).

Para túneis rasos em solos, pode-se escavar o terreno da superfície até a cota desejada em forma de vala escorada; em seguida, é preciso concretar as paredes, a base e o teto e reaterrar (Figura 8.12). Esse processo é denominado método de Milão, em que as laterais também podem ser executadas em estacas pranchas. Esse método foi utilizado em alguns trechos do metrô de São Paulo sob vias públicas.

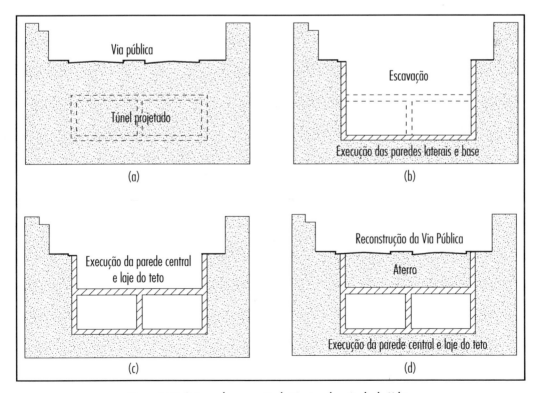

Figura 8.12. Sistema de escavação de túneis pelo método de Milão.

Como mostra a Figura 8.12, realizado o projeto do túnel com dimensões e cotas (a), escava-se a via pública escorando as laterais da vala com estroncas de aço ou concreto e executam-se as paredes laterais (b). Em seguida, constrem-se a parede interna e a laje de sustentação do teto do túnel (c). A última etapa é o reaterro e a execução da via pública (d). Na etapa (b), a execução das paredes laterais pode ser feita com estacas-pranchas ou paredes diafragmas para depois a vala ser escavada.

CAPÍTULO 9

Características tecnológicas de rochas para a construção civil

Na indústria da construção civil, materiais naturais como rochas, areias, siltes e argilas são utilizados em grande escala. A pedra britada possui inúmeras aplicações, como, por exemplo, agregados graúdos em concretos de cimento Portland ou asfálticos, lastros ferroviários, enrocamentos, revestimentos, preenchimentos dos blocos de gabiões, alvenarias, drenos etc. A resistência característica de um concreto (f_{ck}) não depende somente do traço ou da composição dos seus componentes, mas também da qualidade dos materiais empregados, entre eles os agregados graúdos e miúdos.

O engenheiro civil é o profissional diretamente ligado à utilização desses materiais e deve, portanto, conhecer as características tecnológicas, as técnicas de aplicação e o comportamento físico e químico durante a aplicação e ao longo do tempo de utilização dos materiais naturais na obra.

Quando responsável pela produção de concretos, pela aquisição de materiais ou por uma obra de qualquer natureza que envolva materiais naturais, como agregados ou rochas para revestimentos, o engenheiro civil deve certificar-se da qualidade dos materiais empregados, pois o não cumprimento dos requisitos das normas técnicas pode prejudicar a qualidade do produto final ou, dependendo do caso, a segurança da obra.

As principais propriedades tecnológicas que uma rocha deve possuir dependem do tipo de utilização e do meio a que é submetida, e normalmente são: resistência mecânica, peso específico das partículas, peso específico unitário, material pulverulento, forma das partículas, absorção de água, resistência à abrasão, resistência ao impacto, resistência ao esmagamento, resistência a flexão e tração, estado de alteração, variação volumétrica em decorrência das temperaturas e granulometria.

Dependendo da aplicação, as rochas devem possuir certas características de modo a atingir seu objetivo como material constituinte ou diretamente aplicado. Os agregados graúdos para concreto, por exemplo, devem possuir resistência mecânica, resistência ao impacto e à abrasão, baixa absorção de água, boa aderência com a pasta e não devem reagir com os álcalis do cimento. Uma rocha utilizada diretamente como piso tem de apresentar alta resistência à abrasão e ao desgaste, não reagir com produtos utilizados na limpeza e ter boa estabilidade química ao meio.

A seguir, são apresentados, resumidamente, os principais ensaios que devem ser realizados nas rochas, dependendo de sua aplicação. Esses ensaios são normalizados internacionalmente por diferentes órgãos, e no Brasil devem ser realizados de acordo com as normas da Associação Brasileira de Normas Técnicas (ABNT), nas quais as metodologias de ensaios e os equipamentos utilizados estão descritos de forma detalhada e padronizada.

Os limites de utilização de cada ensaio dependem do tipo de aplicação dos materiais e normalmente estão contidos nas normas técnicas ou nas especificações definidas em cada projeto.

9.1 RESISTÊNCIA MECÂNICA

A resistência mecânica de uma amostra de rocha serve para uma estimativa do comportamento da rocha quando solicitada a esforços, principalmente de cisalhamento. Essa resistência é obtida no ensaio de compressão normal simples, em que podem também ser determinados o módulo de elasticidade e o coeficiente de Poisson, desde que medidas as deformações axiais e diametrais. Nesse ensaio, um corpo de prova cilíndrico, com dimensões padronizadas, é extraído diretamente do furo de sondagem ou de um bloco, preparado, colocado em uma prensa e solicitado com velocidade baixa de aplicação de carga até atingir a ruptura (Figura 9.1).

Para a distribuição uniforme das tensões nas superfícies dos corpos de prova em contato com a prensa, necessita-se que estas estejam perfeitamente paralelas e sem ondulações. Para isso, existem equipamentos especiais para corte e preparação dos corpos de prova em laboratório.

Características tecnológicas de rochas para a construção civil 371

Figura 9.1. Corpo de prova de rocha na prensa pronto para ser ensaiado.

Com a carga de ruptura (P) e a área da seção transversal média (A) do corpo de prova, tem-se a tensão de ruptura (σ_{rup}):

$$\sigma_{rup} = \frac{P}{A}$$

Esse ensaio deve ser realizado de acordo com as prescrições da norma ABNT NBR 12767.

Os resultados desse ensaio devem ser usados com cautela quando se deseja estimar o comportamento mecânico de maciços rochosos, pois, ele fornece valores pontuais da rocha, uma vez que o comportamento estrutural de maciços rochosos está relacionado a vários outros fatores, como compartimentação geológica, descontinuidades, estado de alteração das rochas, pressão da água, materiais de preenchimento das fraturas, entre outros.

Verifica-se que rochas fortemente anisotrópicas, como a maioria das rochas metamórficas e sedimentares, apresentam resistências diferentes em diferentes direções de aplicação de carga. Rochas cristalinas como granitos apresentam maiores resistências quanto menores os diâmetros das partículas, considerando o mesmo estado de sanidade das amostras.

9.2 RESISTÊNCIA PONTUAL

A resistência pontual foi inicialmente proposta por Protodiakonov (1959 apud GUIDICINI; NIEBLE; CORNIDES, 1972), com o objetivo de classificação de rochas para fins de mineração. A partir daí, vários autores estudaram o método de resistência pontual correlacionando com a resistência à compressão normal em corpos de prova padronizados. Entre esses estudos, citam-se o de Wittke e Louis (1969) e o desenvolvido no Instituto de Pesquisas Tecnológicas do Estado de São Paulo (IPT) por Guidicini, Nieble e Cornides (1972), que apresentaram um ábaco para a estimativa da resistência à compressão utilizando esse tipo de ensaio.

Nesse ensaio, um fragmento de rocha com dimensões variando entre 25 mm e 100 mm é colocado em uma prensa com dois aplicadores de carga pontuais (Figura 9.2). Aplica-se a força no cilindro hidráulico até a ruptura. Na ruptura mede-se o valor da carga e, utilizando métodos propostos para esses ensaios, estima-se a resistência à ruptura da rocha.

Figura 9.2. Equipamento portátil para ensaio de ruptura com carga pontual.

9.3 MASSA ESPECÍFICA DAS PARTÍCULAS E MASSA ESPECÍFICA UNITÁRIA

A determinação da massa específica das partículas das rochas é necessária para verificar a estabilidade de algumas estruturas, como enrocamentos, gabiões, lastros ferroviários etc. Serve também para diferenciar macroscopicamente em laboratório alguns tipos de rochas.

Características tecnológicas de rochas para a construção civil **373**

Esse ensaio é realizado utilizando-se uma balança hidrostática. Inicialmente, pesa-se o fragmento de rocha seco em estufa a 107 ºC durante 24 horas, determinando-se a massa no ar (M_{ar}). Em seguida, pesa-se o fragmento imerso em água na balança hidrostática, determinando a massa úmida (M_w).

A massa específica da partícula é:

$$\rho = \frac{M_{ar} - M_w}{M_{ar}}$$

A obtenção da massa específica unitária é importante para o cálculo de volume de material britado transportado em estado solto e após a compactação. É importante também para a definição do traço do concreto e do volume de brita para gabiões e para o cálculo do volume por metro linear de lastro ferroviário, pois nesse caso parte do material permanece no estado natural e parte é compactada.

A massa específica unitária pode ser obtida com a amostra em estado fofo e em estado compacto, sendo os ensaios realizados de acordo com as normas ABNT NBR 7251 e ABNT NBR 7810.

A amostra é colocada em um recipiente de peso e volume conhecidos e padronizados (no estado fofo ou compacto) até a altura final. Em seguida, é pesada obtendo-se a massa do corpo de prova que, dividida pelo volume, resulta na massa específica unitária.

9.4 MATERIAL PULVERULENTO

O material pulverulento, ou pó contido nos agregados graúdos, dependendo de quantidade, tipo e origem, pode prejudicar a adesividade do cimento ou do asfalto à partícula de rocha. O pó pode originar-se do processo de britagem da rocha, da mistura da brita com argilas ou outros materiais ou da decomposição da própria rocha.

Rochas que apresentam alteração química na superfície normalmente desprendem material fino, o que pode prejudicar a adesividade com a pasta de cimento em concretos de cimento Portland ou em contato com o asfalto em pavimentos asfálticos.

O ensaio para a determinação do material pulverulento é feito seguindo as prescrições da norma ABNT NBR 7219.

9.5 RESISTÊNCIA AO IMPACTO

A resistência ao impacto em partículas de rocha serve como ensaio complementar ao de abrasão, medindo a resistência oferecida pela rocha ao impacto de um cilindro de aço caindo de uma altura padronizada na máquina de ensaio. O método mais utilizado no Brasil é o ensaio Treton, que deve ser executado de acordo com a ABNT NBR 9938 ou a DNER-ME 399/99.

Esse ensaio tem uma importância muito grande, principalmente quando a rocha britada sofre impactos em decorrência de ações externas, como em lastro ferroviário ou na preparação do concreto na betoneira. Se a rocha possuir baixa resistência ao impacto, pode fragmentar-se e alterar a granulometria, provocando deformações, como no caso de lastro ferroviário.

A máquina de ensaio Treton (Figura 9.3) consiste em um cilindro metálico com um soquete interno de massa padrão que é golpeado determinado número de vezes, através da queda livre com altura constante. O ensaio é realizado com certo número-padrão de fragmentos de rocha previamente lavados e secos em estufa, com a granulometria-padrão, de acordo com as normas.

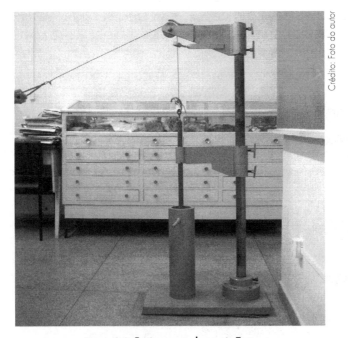

Figura 9.3. Equipamento de ensaio Treton.

Medindo-se a massa inicial seca dos fragmentos (M_1), após os impactos, eles são lavados em peneira de malha padrão e secos em estufa. Então, é determinada a massa final retida (M_2), sendo o valor da perda por impacto (T) em porcentagem obtido pela fórmula:

$$T = \frac{M_1 - M_2}{M_1} \, 100 \; (\%)$$

Sendo M_1 a massa inicial dos fragmentos e M_2 a massa final dos fragmentos retidos após lavagem em peneira de malha padrão.

9.6 RESISTÊNCIA À ABRASÃO

O conhecimento da perda por abrasão tem grande importância quando se utiliza rocha britada em atividades da construção civil, como agregados para concretos, lastros ferroviários e pavimentos. Isso se dá principalmente quando a brita é solicitada por esforços dinâmicos com as partículas em contato entre si, como no processo de produção dos concretos e na solicitação do lastro ferroviário quando da passagem das composições.

Rochas com baixa resistência à abrasão sofrem desgastes e fragmentação, modificando a granulometria, alterando a qualidade dos concretos e, quando utilizadas como lastro ferroviário, produzem deformações.

Para a quantificação da perda por abrasão, utiliza-se o método de ensaio Los Angeles, de acordo com as normas ABNT NBR 6465, ASTM C535 ou DNER-ME 035/98. O ensaio pode ser realizado em diversas frações granulométricas especificadas pelas normas, utilizando-se determinadas massas iniciais de material previamente seco em estufa, dependendo da graduação. As graduações são em múltiplos de sete, e para cada graduação há uma quantidade de esferas padronizadas.

A amostra é colocada na máquina de ensaios (Figura 9.4) com as esferas de aço padronizadas, variando de acordo com a fração granulométrica estabelecida, e solicitada a determinado número de rotações na velocidade de 30 rpm a 33 rpm já padronizada pela máquina. Após o ensaio, retira-se o material, que é lavado em peneira de malha padrão, seco em estufa e pesado.

Figura 9.4. Máquina de ensaio de abrasão Los Angeles.

Obtendo-se a massa inicial e a massa final após o ensaio, determina-se a perda por abrasão em porcentagem:

$$A_{la} = \frac{M_i - M_f}{M_i} \; 100 \; (\%)$$

Sendo M_i a massa inicial, M_f a massa final e A_{la} a perda por abrasão.

Quanto menor a porcentagem de perda, maior é a resistência da rocha à abrasão. Esse ensaio também pode determinar indiretamente a qualidade da rocha quanto à sanidade. Uma rocha sã apresenta menor perda que a mesma rocha alterada.

Tanto o ensaio de impacto Treton quanto o ensaio de abrasão Los Angeles devem ser realizados com no mínimo três amostras, obtendo-se as médias aritméticas.

9.7 ABSORÇÃO DE ÁGUA

A determinação da absorção de água pelos poros da rocha é importante para determinadas aplicações, como, por exemplo, rocha com elevada porosidade que, além de apresentar resistência mecânica baixa, pode, quando utilizada como agregado de concreto de cimento Portland, absorver parte da água de amassamento e de hidratação do cimento. A água que penetra nos poros da rocha aumenta o peso específico e pode, em determinadas condições, diminuir a resistência mecânica por tensões de sucção ou ação direta sobre argilominerais expansivos.

Outro problema relativo à absorção de água são as manchas produzidas nas extremidades de placas de rochas assentadas, como piso ou revestimento, em decorrência da penetração de água nas juntas e absorção pelas laterais das placas. Isso ocorre principalmente em locais sujeitos a umidade, como pisos externos ou revestimentos de banheiros, com perda da qualidade estética da rocha e do revestimento.

Para determinação da absorção de água em amostras de rocha em laboratório, deve-se secar em estufa determinada quantidade de fragmentos da rocha. Em seguida, as amostras são pesadas, obtendo-se a massa seca (M_s). As amostras são colocadas em recipiente com água, onde devem permanecer durante determinado período-padrão de tempo. Em seguida, são retiradas e o excesso de água na superfície é eliminado e pesado, obtendo-se a massa úmida (M_w). Com esses resultados, obtém-se a porcentagem de água que penetrou os vazios da rocha (A_{abs}) por meio da seguinte fórmula:

$$A_{abs} = \frac{M_s - M_w}{M_s} \; 100 \; (\%)$$

Características tecnológicas de rochas para a construção civil

Esse ensaio é realizado em laboratório seguindo as prescrições das normas ABNT NBR 6458 e ABNT NBR 12766.

Quando se determina a quantidade de água absorvida por amostras de rocha, deve-se considerar que os vazios existentes não foram preenchidos totalmente, pois podem ocorrer pequenas bolhas de ar ou a água pode encontrar dificuldade em virtude da viscosidade e da inacessibilidade em alguns poros muito pequenos.

Rochas que já sofreram alteração química por intemperismo tendem a absorver mais água que a mesma rocha no estado são, pois a ação química sobre alguns minerais pode produzir novos compostos, principalmente argilominerais, que permanecem internamente e absorvem maior quantidade de água. Portanto, a absorção de água pode, em alguns casos, servir como indicativo do estado comparativo de alteração da rocha.

9.8 FORMA DAS PARTÍCULAS

A forma das partículas é particularmente importante na qualidade de concretos e lastros ferroviários. Os ensaios devem ser realizados de acordo com as prescrições da norma ABNT NBR 7809.

Em concretos de cimento Portland, partículas do agregado graúdo com forma muito lamelar diminuem a plasticidade do concreto em razão do alinhamento das partículas e interferem na resistência mecânica, pois as resistências da partícula lamelar alongada são diferentes em diferentes direções.

Quando utilizada em lastro ferroviário, a rocha britada com excesso de partículas com forma lamelar pode sofrer fragmentação, alterando a granulometria e provocando deformações na camada de lastro, refletindo na grade da via.

9.9 RESISTÊNCIA AO ESMAGAMENTO

A resistência ao esmagamento tem importância principalmente quando a rocha britada é solicitada a cargas estáticas ou dinâmicas. Nessas condições, as tensões nos contatos entre as partículas podem romper por esmagamento, alterando a granulometria e prejudicando o comportamento da camada de material granular. Como exemplo, pode-se citar a camada de lastro ferroviário ou quando se apoiam grandes cargas estáticas sobre elementos de suporte descarregados sobre camada de rocha britada.

No Brasil, o ensaio de resistência ao esmagamento deve ser realizado de acordo com as prescrições das normas ABNT NBR 9938 e DNER-ME 197/97.

A amostra é submetida à compressão com carga-padrão e baixa velocidade, dentro de um cilindro com dimensões padronizadas, através de um êmbolo de aço, até atingir determinada carga. Após o esmagamento, o material é retirado e passado em peneira de malha padronizada, obtendo-se a massa M_2.

A porcentagem de esmagamento (E) é calculada pela fórmula:

$$E = \frac{M_1 - M_2}{M_1} \; 100 \; (\%)$$

9.10 RESISTÊNCIA À FLEXÃO

A resistência à flexão das rochas utilizadas como pavimentos ou revestimentos na construção civil pode ser considerada em alguns casos em que a placa ou viga de rocha é submetida à ação de esforços, solicitando as peças a momentos fletores. O ensaio à flexão fornece resultados indiretos para a estimativa da resistência à tração das rochas. O ensaio deve obedecer às prescrições da norma ABNT NBR 12763.

Nesse ensaio, um corpo de prova em forma de uma pequena viga com comprimento L, largura a e espessura e é colocado sobre dois apoios de forma isostática (Figura 9.5).

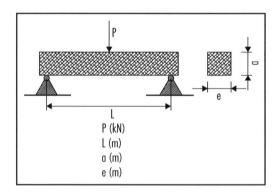

Figura 9.5. Esquema do ensaio à flexão.

Da resistência dos materiais, tem-se:

$$\sigma_t = \frac{M}{w} \tag{9.1}$$

Sendo M o momento fletor máximo e w o módulo de resistência da seção transversal do corpo de prova.

Tem-se:

$$M = \frac{P.L}{4} \tag{9.2}$$

Características tecnológicas de rochas para a construção civil **379**

$w = \dfrac{e.a^2}{6}$ (módulo de resistência para seção retangular ou quadrada) (9.3)

Substituindo (9.2) e (9.3) em (9.1), tem-se:

$$\sigma_t = \frac{3.P.L}{2.e.a^2}$$

9.11 RESISTÊNCIA AO DESGASTE

A obtenção da resistência ao desgaste tem por objetivo a durabilidade e a manutenção do aspecto estético e de polimento de uma rocha utilizada como piso ou pavimento.

Determinados tipos de rocha, como os mármores, quando polidos possuem aspecto estético excelente, mas em decorrência da dureza relativamente baixa, em torno de 5 na escala de Mohs, com o passar do tempo e o tráfego de pessoas, perdem o brilho e desgastam. Isso é observado em escadas antigas de mármore, desgastadas nas bordas dos degraus em virtude do pisoteamento mais intenso nessa região. Já os granitos e gnaisses, por possuírem minerais de dureza elevada como o quartzo e os feldspatos, apresentam maior resistência ao desgaste, mantendo o aspecto estético e o polimento, mesmo em locais de intenso tráfego de pessoas, como em saguões de entrada de hotéis, corredores de *shopping centers*, supermercados etc.

O desgaste é a propriedade que uma rocha possui de resistir à perda de partículas da superfície, tendo a superfície diminuída de altura.

Para determinação da resistência ao desgaste de uma rocha em laboratório, utiliza-se a máquina Amsler, na qual são fixados dois corpos de prova quadrados com dimensões padronizadas, medidos inicialmente. Os corpos de prova são comprimidos com um peso-padrão sobre uma superfície de aço de forma circular de alta dureza, onde é despejada de forma contínua areia quartzosa. Os resultados são obtidos após a aplicação de determinado número de rotações sobre a superfície de aço.

Após essas solicitações, são medidas as alturas e as massas dos corpos de prova:

$$D = h_i - h_f \left(mm\right)$$

Sendo:

D o desgaste;

h_i a altura inicial do corpo de prova;

h_f a altura final do corpo de prova.

O desgaste pode também ser medido pela perda de massa em porcentagem:

$$D = \frac{M_i - M_f}{M_i} \ 100 \ (\%)$$

Sendo M_i a massa inicial e M_f a massa final.

9.12 VARIAÇÃO VOLUMÉTRICA EM DECORRÊNCIA DA TEMPERATURA

As rochas utilizadas como revestimentos ou pisos em edificações ou pavimentos, quando expostas externamente, sofrem variações de temperatura que podem afetar a qualidade da rocha ou acarretar problemas na utilização.

Quando sujeitas a variações de temperatura, as rochas expandem ou retraem. Quando placas de rocha são instaladas em ambientes que vão sofrer os efeitos da temperatura, ao ser aquecidas aumentam de volume. Se as juntas de assentamento entre as placas forem inadequadas, as placas se comprimirão, podendo desprender e romper o piso ou revestimento. Outro problema ligado à temperatura é o desconforto que os usuários sentem ao tocar pisos de rocha expostos ao sol, principalmente próximos de piscinas. Para esses ambientes, deve-se considerar um tipo de rocha com baixo coeficiente de condutibilidade térmica, como, por exemplo, rochas que contêm micas, como quartzitos micáceos e rochas de cores claras.

Para determinar as aberturas das juntas entre as placas de rocha, deve-se calcular previamente a variação máxima de temperatura a que o material vai ser submetido no local, isto é, a temperatura da rocha, que é diferente da temperatura ambiente. Com a variação de temperatura local, dimensões das placas e coeficiente de dilatação térmica linear da rocha, é possível calcular a variação de dimensões que as placas vão sofrer.

O coeficiente de dilatação térmica linear é obtido em laboratório por meio do ensaio preconizado pela norma ABNT NBR 12765, em que um corpo de prova de rocha é submetido a variações de temperatura e são medidas as variações de dimensões.

Nessas condições, tem-se:

$$\Delta l = \alpha . L . \Delta t$$

Sendo:

Δl a variação na dimensão da placa;

α o coeficiente de dilatação térmica linear da rocha;

Δt a variação de temperatura da rocha.

Características tecnológicas de rochas para a construção civil **381**

Teoricamente, devem-se estudar as temperaturas mínima e máxima da rocha no local e a temperatura de assentamento, para determinação da abertura entre as placas para que não se toquem. Na prática isso é difícil, podendo-se adotar, de acordo com vários autores, como junta mínima, duas vezes a variação na dimensão da placa de rocha, considerando, para efeito de segurança, a maior placa se forem de dimensões diferentes.

9.13 EQUIVALENTE DE AREIA

Para a exploração de areias e cascalhos utilizados na construção civil, principalmente como agregados miúdos e graúdos em concretos ou como agregados de argamassas, devem-se verificar a qualidade dos materiais, a granulometria e a forma das partículas para as finalidades desejadas.

Os depósitos de areias e/ou pedregulhos geralmente possuem origem fluvial ou lacustre, sendo no Brasil muito explorados em dragagem de cursos d'água ou diretamente em depósitos sedimentares em vales abertos, que formam grandes bancos deposicionais. A exploração desses tipos de materiais deve ser muito bem avaliada e estudada, pois pode causar grandes danos ambientais.

As investigações desses tipos de materiais de construção devem ser conduzidas por engenheiros civis, engenheiros de minas ou geólogos especializados. Nas investigações de campo, devem ser considerados os seguintes itens:

- Situação geográfica e finalidade de aplicação dos materiais.
- Situação da formação geológica, cobertura vegetal, informações sobre os volumes, impactos ambientais, tipos de transportes utilizados e distâncias dos centros consumidores.
- Topografia da região onde se encontram os sedimentos, acompanhada de mapas topográficos georreferenciados.
- Geologia do depósito e tipos litológicos vizinhos, mineralogia dos materiais, granulometria, formas das partículas e ocorrência.
- Condições hidrológicas superficiais e subterrâneas, cotas dos níveis hidrostáticos nas diferentes estações do ano e qualidade da água.
- Determinação dos volumes das jazidas, estimando separadamente os volumes das frações granulométricas.
- Métodos e equipamentos utilizados para a exploração.
- Registro e aprovação perante os órgãos competentes e de meio ambiente.

Os ensaios para determinação da granulometria completa são realizados em laboratório pelos métodos e procedimentos normalizados pela ABNT.

No campo, um modo rápido e barato de avaliação da granulometria de forma expedita é o método do equivalente de areia. Esse método é muito utilizado também para a exploração dos materiais constituintes ao longo do traçado de uma estrada, objetivando verificar a adequação das jazidas e dos agregados miúdos para os pavimentos.

Para a realização desse ensaio, devem-se seguir as prescrições da norma DNER-ME 054/97.

O ensaio é realizado promovendo a separação entre a argila e a areia contidas no solo utilizando defloculantes, pistão com haste metálica e provetas graduadas (Figura 9.6). Após a realização do ensaio, medem-se na proveta os valores d_2 (altura no topo da areia) e d_1 (altura no topo da argila). O equivalente de areia (E_a) representa a quantidade de areia contida no solo em porcentagem.

$$E_A = \frac{d_2}{d_1} \, 100(\%)$$

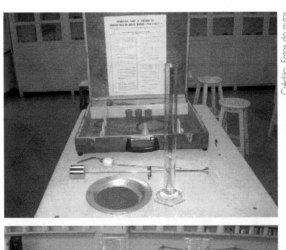

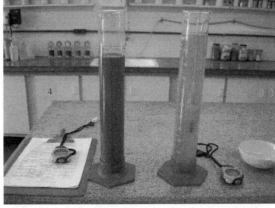

Figura 9.6. Equipamento para o ensaio do equivalente de areia.

Características tecnológicas de rochas para a construção civil **383**

9.14 APRESENTAÇÃO DOS RESULTADOS DOS ENSAIOS

Na realização de ensaios em laboratório, devem ser apresentados relatórios técnicos contendo as principais informações sobre os ensaios e os resultados finais com uma pequena conclusão. O relatório é muito importante, pois é por meio dele que os profissionais vão utilizar os resultados para os projetos ou as execuções das obras.

Os principais itens que um relatório deve conter são:

- Página de rosto, com o logotipo e o nome da empresa executante, títulos dos ensaios, nome do cliente, endereços e data dos ensaios.
- Introdução sobre os ensaios, citando as normas e metodologias utilizadas.
- Resultados dos ensaios realizados.
- Análise sintética dos resultados.
- Conclusões.
- Referências bibliográficas.
- Anexos.

Todas as páginas devem ser vistadas e assinadas. Na última página, além do nome e da assinatura do profissional responsável pelos ensaios, deve constar o título profissional e os números do Conselho Regional de Engenharia e Agronomia (CREA) e da Anotação de Responsabilidade Técnica (ART).

CAPÍTULO 10

Noções sobre geossintéticos na Engenharia Civil

De forma geral, os geossintéticos se constituem em uma série de produtos poliméricos utilizados para a solução de problemas de engenharia civil nas áreas de geotecnia, estradas, estrutura, hidráulica e saneamento. Em virtude da origem sintética, esses produtos possuem estabilidade química, sendo, portanto, aplicados em obras que necessitam de durabilidade. Produtos de origem vegetal também têm sido utilizados quando a decomposição e a interação com o meio ambiente são condições favoráveis ao comportamento da obra.

Segundo Aguiar e Vertematti (2004), historicamente, materiais para reforçar, estabilizar e drenar os solos são utilizados desde alguns milênios. Até meados do século XX, no Brasil e no mundo, muitos aterros de estradas sobre solos moles foram executados sobre estivas compostas de varas de madeira assentadas em camadas perpendiculares. Vale considerar que a madeira em ambiente com baixo teor de oxigênio permanece estável por longo período de tempo, sem se biodegradar.

Logo depois da Segunda Guerra Mundial e na década de 1950, com o desenvolvimento da indústria petroquímica mundial, foi possível a produção de materiais geossintéticos a partir de polímeros para a aplicação na engenharia civil. Surgiu a partir daí grande variedade de produtos para determinadas finalidades nas áreas de geotecnia, hidráulica e estradas.

A seguir, apresenta-se um resumo histórico da evolução mundial dos geossintéticos ao longo das últimas décadas.

Nos anos de 1950, foram desenvolvidos os primeiros geotêxteis para aplicação na engenharia civil, que naquela época ainda não tinham essa denominação. Sua aplicação foi, principalmente, como elemento separador em filtros granulométricos, trazendo as vantagens de fácil execução e funcionalidade. Vale lembrar que a preparação dos filtros granulométricos com transições é de difícil execução.

Ao longo da década de 1960, ocorreram as primeiras aplicações na área de estradas, principalmente como elementos de reforço entre o pavimento e o subleito rodoviário. Fato importante nessa década foi o início da utilização dos geotêxteis não tecidos na Europa.

A década de 1970 apresentou aplicações de geossintéticos em reforço de grandes aterros e barragens. Também foram utilizados em camadas múltiplas em taludes e muros de contenção e introduzidos como elemento prolongador da vida útil de recapeamentos asfálticos e superestruturas ferroviárias.

Nos anos de 1980, teve início a utilização dos geossintéticos na recuperação de áreas poluídas e na construção de obras de contenção e proteção ambiental. Em 1982, ocorreu a Second International Conference on Geotextiles, nos Estados Unidos. Em 1983, foi fundada a International Geosynthetics Society (IGS) e, em 1986, deu-se a Third International Conference on Geotextiles, na Áustria.

Foi na década 1990 que os produtos geossintéticos tiveram grande utilização e expansão na construção civil. O uso foi incentivado, principalmente, pelo desenvolvimento de novos produtos e aplicações, em função da necessidade do mercado. Foram realizados vários eventos internacionais sobre geossintéticos em diversas partes do mundo, reunindo universidades, empresas e profissionais especializados, o que impulsionou o desenvolvimento de pesquisas e novos produtos e aplicações.

Em 2004, foi instalada a primeira fábrica de geogrelhas no Brasil. E pode-se considerar que o início do século XXI trouxe grandes perspectivas para essa área de especialização na engenharia civil geotécnica, abrindo campo para muitos profissionais, pesquisadores e empresas especializadas.

Foram eventos de destaque nos últimos anos:

- First Pan American Geosynthetics Conference and Exhibition, em 2008, em Cancun, no México.
- Second Pan American Geosynthetics Conference and Exhibition, em 2012, em Lima, no Peru.
- 10th International Conference on Geosynthetics, em 2014, em Berlim, na Alemanha.
- 3rd Pan American Conference on Geosynthetics, em abril de 2016, em Miami, Estados Unidos; entre outros.

Noções sobre geossintéticos na Engenharia Civil

10.1 PRINCIPAIS TIPOS E DEFINIÇÕES

Em termos de aplicações, os principais tipos de geossintéticos existentes no mercado e empregados em obras civis podem ser resumidos em: geotêxteis tecido ou não tecido, geogrelhas, geocompostos, geomantas, geomembranas, georredes, geotubos e geofibras.

Além dos geossintéticos tradicionais, estão sendo desenvolvidos novos tipos de produtos fabricados com fibras naturais, denominados bioprodutos. Esses materiais encontram aplicações quando, após determinado período de tempo, passam a sofrer decomposição, integrando-se ao meio ambiente sem afetar a qualidade nem o objetivo da obra.

Para o controle da qualidade dos geossintéticos, são realizados ensaios laboratoriais, que visam a obter uma série de propriedades para que possam atender à aplicabilidade e à qualidade dos produtos.

10.2 INSTALAÇÃO

Os geotêxteis, de um modo geral, já vêm prontos para ser instalados na obra, caracterizando maior rapidez executiva. A maior parte é constituída de elementos bidimensionais, fabricados em painéis de largura constante e enrolados em bobinas. Quando chegam ao local de instalação, as bobinas são desenroladas sobre a superfície do terreno ou do elemento que vai receber o produto, devendo estar sempre regularizada e limpa de impurezas.

Para que possam cumprir adequadamente sua finalidade, normalmente os painéis formam uma superfície contínua. Na interligação entre um painel e outro, dependendo do geossintético, é realizada costura, solda ou outro tipo de ligação. Na execução das ligações, deve haver controle de qualidade para que não ocorra a descontinuidade nem a perda da função do produto específico.

10.3 GEOTÊXTEIS

São praticamente os primeiros produtos que surgiram na área de geossintéticos. Os geotêxteis são constituídos de mantas fabricadas em polímeros de grande estabilidade química em contato com o meio. São permeáveis e filtrantes, utilizados predominantemente em engenharia civil geotécnica e hidráulica, onde ocorre a associação da água com os solos. São fabricados em polipropileno (PP) e poliéster (PET), divididos em tecidos e não tecidos.

Esses produtos podem ser utilizados na construção de aterros em solo reforçado de pequenas dimensões e como reforço sobre solos de baixa capacidade de suporte (solos moles), na execução de aterros, sem que seja realizada a troca do solo original da base.

A aplicação fundamental do geotêxtil é atuar como filtro drenante para os casos de obras onde ocorre percolação de água no solo, principalmente na separação entre o solo de base e o material granular do dreno. Essas aplicações filtrantes e drenantes vão ao encontro do projeto e da execução de drenos subterrâneos em estradas e obras viárias, como em filtros de barragens de terra. Os geotêxteis não tecidos são mais usados nos casos de drenagem e filtração, enquanto os tecidos são comumente usados como reforço (Figura 10.1).

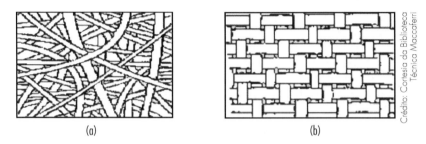

Figura 10.1. Tipos principais de geotêxteis: (a) geotêxtil não tecido, composto de fibras cortadas ou filamentos contínuos distribuídos aleatoriamente e ligados por agulhagem, aquecimento ou produtos químicos; e (b) geotêxtil tecido, produzido pelo entrelaçamento de fios, filamentos ou fitas, com direções preferenciais segundo a fabricação.

10.3.1 Principais aplicações

Como dito anteriormente, o geotêxtil foi o primeiro produto desenvolvido para a aplicação na engenharia civil geotécnica. Atualmente, o geotêxtil já não possui uma larga faixa de aplicações como no início, em decorrência do surgimento de outros produtos que têm maior desempenho. Apesar da diminuição da aplicabilidade, ainda desempenha com eficiência algumas funções no meio geotécnico. A Figura 10.2 mostra algumas de suas aplicações em obras de drenagem em estradas.

Figura 10.2. Algumas aplicações dos geotêxteis como filtro em obras de drenagem subterrânea de estradas – trincheiras laterais.

Noções sobre geossintéticos na Engenharia Civil **389**

Conforme mostrado na Figura 10.2, a principal função dos geotêxteis é filtrar e drenar. Isso torna-o, atualmente, um geossintético direcionado para obras que necessitam de elemento filtrante e/ou drenante eficiente.

Outras aplicações mais específicas para os geotêxteis são, resumidamente:

- Separação em bases de estradas, principalmente na construção de aterros sobre solos moles, ou na base das camadas de sublastro ferroviário, impedindo a interpenetração de finos pelo efeito do bombeamento do solo na presença de água e esforços dinâmicos.
- Elemento que melhora a estrutura geotêxtil/asfalto, atuando como uma malha retardadora de trincas, principalmente por conferir características viscoelásticas mesmo sob o efeito das temperaturas.
- Elemento com função estrutural em maciços de solo compactado, principalmente em taludes íngremes de solo reforçado.
- Quando impregnado com asfalto, pode ser utilizado como camada impermeável em revestimento de canais ou no tardoz de montante de muros de arrimo. Dentro dessa função, pode também ser utilizado em alguns casos de impermeabilização de lajes em concreto armado.
- Em sua função original de filtro e dreno, o geotêxtil, quando utilizado em construção de drenos subterrâneos ou em barragens, oferece facilidade na execução, não necessitando de fôrmas que dificultam e encarecem a obra.

10.4 GEOGRELHAS

São geossintéticos constituídos de uma série de elementos lineares interligados de forma perpendicular, compostos geralmente de tiras de material sintético (filamentos de poliéster), com alta resistência à tração, formando uma grelha. Em virtude de sua forma geométrica, quando interligado a solo e/ou rocha, proporciona intertravamento, oferecendo resistência ao cisalhamento ao conjunto.

As geogrelhas são muito utilizadas para o reforço na base de aterros apoiados sobre solos moles. São também utilizadas para a construção de aterros com taludes próximos da vertical em maciço de solo reforçado, ou em combinação com sistemas de arrimo, estruturando o solo e dando estabilidade ao conjunto.

No mercado existem basicamente três tipos de geogrelhas, classificadas de acordo com o processo de fabricação: tecidas, não tecidas (soldadas) e extrudadas (Figura 10.3).

Figura 10.3. (a) Geogrelha tecida e (b) geogrelha soldada.

10.4.1 Principais aplicações

Este tipo de produto encontra aplicações em obras geotécnicas que têm que ser estabilizadas com a estruturação do solo e/ou rocha. A seguir, apresentam-se algumas das principais aplicações desse tipo de geossintético.

10.4.1.1 Aterro reforçado sobre solos moles

Solos moles são encontrados, normalmente, em regiões de sedimentos argilosos e/ou orgânicos que apresentam água. Podem formar depósitos de alguns centímetros a dezenas de metros de espessura. Geologicamente, esses solos podem ter origem em ambientes lacustre-fluviais, deltaicos ou marinhos, com depósitos de materiais finos de baixa capacidade portante e deformáveis.

Por ser material inconsolidado, abaixo do nível d'água, dependendo da espessura, torna-se inviável economicamente sua remoção para a execução de aterros. Nessas condições, as camadas do solo compactado do aterro sobrejacente devem ser estruturadas com materiais que permitam interconexão e resistência estrutural com relação a deformações. Na execução desses aterros, a geogrelha é inserida entre as primeiras camadas do aterro compactado, redistribuindo as tensões e fornecendo um aumento da resistência ao cisalhamento, de forma a proporcionar uma melhora nas condições estruturais e de suporte do maciço (Figura 10.4).

Outra aplicação, ainda dentro do reforço de maciços terrosos, é na estruturação interna do maciço, fazendo a conexão entre o conjunto solo-geogrelha e o paramento de contenção (Figura 10.5).

Para que a geogrelha possa trabalhar de forma harmônica com o solo, devem ser executadas camadas compactadas alternadas com esse produto e interligadas à estrutura de contenção da face do aterro. Nessas condições, é possível executar aterros com maciços terrosos com taludes próximos da vertical. Deve-se atentar

Noções sobre geossintéticos na Engenharia Civil

para o fato de que esses aterros com contenções na face do talude possuem limitações de altura, devendo ser calculados e projetados de acordo com os princípios da geotecnia e de estrutura.

Figura 10.4. (a) Esquema de aterro sobre solo mole e (b) geogrelha apoiada no terreno para a construção de aterro sobre solo de baixa capacidade portante.

Figura 10.5. Utilização de geogrelha na construção de maciços com solos reforçados.

10.4.1.2 Reforço de base de pavimento

Os esforços provocados pelos pneus dos veículos sobre o pavimento provocam a chamada trilha de roda, ou deformações nas regiões de maior intensidade de rolamento. Para amenizar esse tipo de problema, podem ser inseridas camadas de geossintéticos, como geogrelhas em conjunto com geotêxteis, que proporcionam a filtragem e melhoram a capacidade estrutural do subleito e da capa do pavimento, reduzindo a formação de trincas em razão das deformações (Figura 10.6).

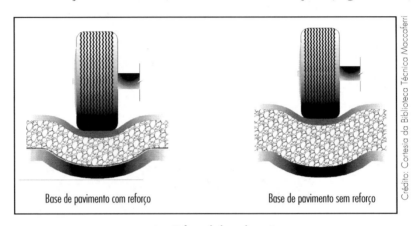

Figura 10.6. Reforço de base de pavimento.

10.5 GEOSSINTÉTICOS EM FERROVIAS

A infraestrutura ferroviária é composta de camadas de lastro, sublastro, e camadas finais de terraplenagem, além de cortes, aterros e demais elementos que se encontram abaixo da camada de lastro. As camadas finais de terraplenagem também podem ser denominadas plataforma ou subgrade.

O lastro é composto de pedra britada com granulometria-padrão e características tecnológicas adequadas, definidas por normas técnicas. As principais funções do lastro são: (a) distribuir convenientemente sobre a plataforma (camadas finais de terraplenagem) os esforços resultantes das cargas dinâmicas e estáticas dos veículos; (b) formar um suporte com determinado limite elástico, atenuando as vibrações; (c) facilitar a drenagem da seção da via; (d) oferecer resistência longitudinal e transversal à grade da via, com os dormentes embutidos no lastro; (e) impedir a produção de poeira; (f) facilitar a manutenção da grade da via; (g) atenuar os ruídos; e (h) oferecer resiliência mecânica em toda a seção da via.

Para cumprir essas funções, o lastro deve manter a estabilidade geotécnica na interface lastro-plataforma. Uma das soluções para impedir a interpenetração do solo na base do lastro é a execução da camada de sublastro, formada por material intermediário entre a pedra britada (lastro-padrão) e o solo compactado (Figura 10.7).

Noções sobre geossintéticos na Engenharia Civil

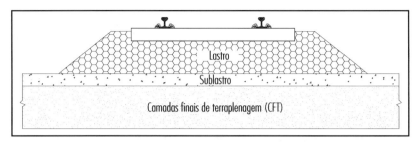

Figura 10.7. Seção esquemática de via permanente ferroviária mostrando lastro, sublastro e camadas finais de terraplenagem.

Com o advento dos geossintéticos, a camada de sublastro, normalmente constituída de pedra britada bem graduada ou mistura de areia e brita, passou a ser reforçada por esses elementos, com filtragem, reforço, separação e estabilidade na interface lastro-sublastro e sublastro-camadas finais de terraplenagem (Figura 10.8).

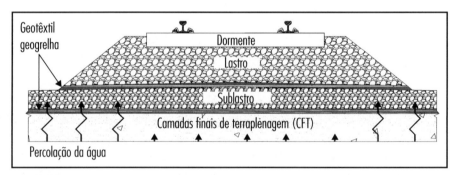

Figura 10.8. Seção esquemática mostrando o posicionamento dos geossintéticos nas diversas camadas da infraestrutura ferroviária.

- Filtragem: o fluxo da água vindo das camadas finais de terraplenagem, sob a ação dinâmica, carrega finos do solo para a camada de sublastro, podendo atingir o lastro. Esse efeito de bombeamento das partículas para sublastro e lastro causa deformações verticais na via. Nesse caso, os geotêxteis podem atuar como elemento filtrante da água, retendo as partículas do solo. Para isso, o geotêxtil deve possuir permeabilidade, propriedades de filtro e resistência à ruptura.
- Reforço: os geossintéticos, como geotêxteis, geogrelhas e geocélulas, instalados entre as camadas de lastro, sublastro e solo podem oferecer drenagem, filtragem e estabilidade estrutural entre as diversas camadas, principalmente quando apoiadas em plataformas constituídas de solos moles. A filtragem e a estruturação das camadas minimizam as deformações verticais prejudiciais à via.

- Separação: os geotêxteis podem ser usados para prover a separação entre as diversas camadas de suporte da via, compostas de partículas de diferentes dimensões e propriedades. Como filtro, impede a troca de partículas entre as diversas camadas, fornecendo estabilidade e aumento da vida útil da via e melhorando estabilidade, segurança e economia na manutenção.

Várias pesquisas têm sido desenvolvidas sobre a aplicação de geossintéticos em ferrovias, demonstrando uma melhora na qualidade da seção da via quanto aos esforços aplicados, podendo-se citar as de Sharpe, Brough e Dixon (2006), Zanzinger, Hangen, Alexiew e Kuske (2006), Das, Penman e Anderson (2006), Brown, Thom e Kwan (2006) e Burns e Sharley (2006).

Queiroz (2008) utilizou elementos de geotêxtil preenchidos com brita, fixados na base de dormentes de madeira, no reforço longitudinal e transversal de via permanente ferroviária. Os resultados obtidos mostraram uma considerável melhoria nas resistências longitudinais e transversais da grade da via.

10.6 ESTRUTURAS DE CONTENÇÃO EM SOLO REFORÇADO

Uma estrutura de contenção em solo reforçado é composta basicamente de três elementos: maciço de solo, reforços e face (gabiões, blocos de concreto, painéis de concreto, face envolta etc.). O processo construtivo consiste no lançamento e na compactação do solo em camadas, na colocação da face e no assentamento dos reforços em planos horizontais, em cotas previamente determinadas, conectados ou não à face.

No capítulo 6, foram apresentados os tipos de estruturas de contenção mais usuais. Atuando como estrutura de arrimo, admite-se que a ação de contenção ocorre exclusivamente por conta da gravidade, ou seja, funciona como um muro de peso. Sendo assim, o solo é predominante nesse tipo de estrutura e deve ser selecionado de maneira correta, para que permita uma boa compactação e apresente, consequentemente, resistência adequada para interagir bem com os reforços inseridos.

10.7 GEOMANTAS

As geomantas são elementos que, interligados ao solo, próximos da superfície, oferecem entrelaçamento e melhoria da resistência, evitando a erosão e promovendo a fixação da vegetação arbustiva e de pequeno porte. Internacionalmente, são denominadas *Permanent Erosion and Revegetation Materials* (PERM). Normalmente os PERMs são subdivididos em duas categorias: *Turf Reinforcement Mats* (TRM) e *Erosion Control and Revegetation Mats* (ECRM) (Figuras 10.9 e 10.10).

Noções sobre geossintéticos na Engenharia Civil

Figura 10.9. *Turf reinforcement mats* (TRM).

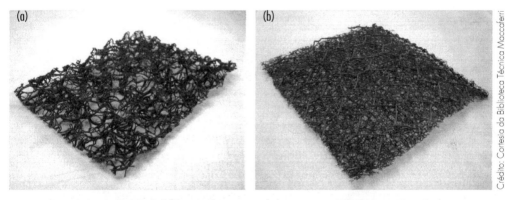

Figura 10.10. Geomantas MacMat®: (a) MacMat® L, recomendada para uso em taludes casuais com inclinação até 1:1,5 (vertical por horizontal, respectivamente); e (b) MacMat® R, recomendada para uso em taludes de maior inclinação por apresentar uma rede em malha hexagonal de dupla torção em sua composição (maior resistência à tração).

De acordo com a Maccaferri América Latina (2005, p. 21) esse tipo de geossintético "é uma geomanta tridimensional constituída por filamentos grossos dispostos aleatoriamente e soldados nos pontos de contato, apresentando índices de vazios superior a 90%".

Existem no mercado vários tipos de geomantas e cada um atende a determinadas situações. Os PERMs têm como função básica reforçar as raízes da vegetação em locais com oscilações do nível d'água, como nos taludes de canais, que podem estar sujeitos à erosão pelo fluxo da água. Inicialmente, as raízes crescem penetrando na estrutura filamentosa, estruturando o solo e promovendo interligação com a manta, uma estrutura contínua e de certa forma estável.

10.8 GEOMEMBRANAS

São mantas poliméricas de baixa condutividade hidráulica, utilizadas para impedir a migração de líquidos ou gases, reservar água e diferentes efluentes e conter material rechaçado de diversas origens. As geomembranas mais usuais em obras ambientais são as fabricadas em polietileno de alta densidade (PEAD), ou HDPE, na sigla em inglês. Esse tipo de produto geossintético apresenta baixíssimo coeficiente de permeabilidade e tem alta resistência às deformações e aos raios solares.

São utilizadas como revestimento em aterros de resíduos sólidos domésticos e industriais (Figura 10.11); lagoas de retenção e de tratamento de resíduos líquidos domésticos ou industriais (Figura 10.12); lagoas artificiais para armazenamento de água para irrigação; confinamento de áreas contaminadas; canais de irrigação e/ou adução (Figura 10.13); piscinas, entre outros.

Figura 10.11. Instalação de geomembranas em aterros sanitários de resíduos sólidos.

Figura 10.12. Lagoa de tratamento de resíduos líquidos.

Noções sobre geossintéticos na Engenharia Civil

Figura 10.13. Revestimento de canais de irrigação e/ou adução.

Ao utilizar geomembranas, devem ser tomados cuidados especiais, pois em determinados locais e situações de aplicação podem sofrer danos, como em superfície com blocos de rocha pontiagudos e confinada em aterros. Outra situação que pode causar danos é o impacto de elementos perfurantes, ou materiais abrasivos transportados pela água.

As emendas nas geomembranas devem ser realizadas de acordo com o tipo de material. Normalmente, são realizadas com solda especial que interliga os elementos, dando estanqueidade e resistência ao conjunto.

10.9 GEOCOMPOSTOS PARA DRENAGEM

Os geocompostos são constituídos de dois ou mais geossintéticos, sendo os mais usuais os formados por geotextil e manta drenante, compondo um sistema de filtros e dreno (Figuras 10.4 e 10.5).

No tardoz de montante de muros de arrimo, podem ser utilizados os geocompostos formados por uma camada de geotêxtil, uma geomanta drenante interna e uma geomembrana que fica em contato com a parede do muro, fazendo com que o conjunto permita a filtragem e a drenagem e impedindo a ação da água na deterioração da estrutura.

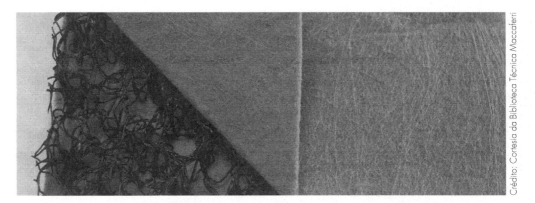

Figura 10.14. Geocomposto drenante.

Sistema Tradicional   Solução em Geossintético

Figura 10.15. Comparação entre um sistema de drenagem tradicional e um de drenagem usando um geocomposto.

10.10 BIOMANTAS

As biomantas são produtos à base de materiais naturais, como fibras naturais de origem vegetal, que tenham resistência à tração relativamente alta quando interligados ao solo. Uma das características desses materiais é serem biodegradáveis, mas até a decomposição final cumprem as finalidades de fixar a vegetação e evitar a erosão (Figura 10.16). Normalmente, podem ser utilizadas na superfície de taludes artificiais sujeitos a escoamento da água e com dificuldade de fixação da vegetação protetora.

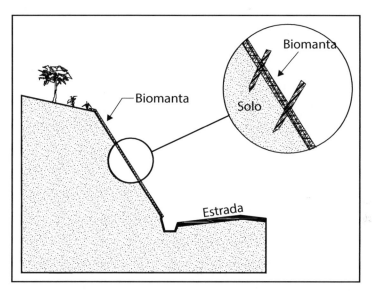

Figura 10.16. Esquema de aplicação de biomanta para proteção de taludes em solos, visando à fixação e ao desenvolvimento de vegetação.

A biomanta, em alguns casos, pode ser confeccionada com fibras vegetais existentes na própria região da obra, desde que atenda aos requisitos do projeto e às características técnicas de proteção e degradação lenta.

Para um maior aprofundamento sobre geossintéticos, o leitor pode consultar as referências bibliográficas deste livro.

Referências

AGOSTINI, R.; BIZZARRI, A.; MASETTI, M. *Estruturas flexíveis para obras fluviais:* primeira parte – obras transversais para sistematizações e derivações hidráulicas. Bologna: Officine Maccaferri S.p.A. Bologna; Jundiaí: Maccaferri Gabiões do Brasil, 1981.

AGOSTINI, R.; CONTE, A.; MALAGUTI, G.; PAPETTI, A. *Revestimentos flexíveis em colchões Reno e gabiões nos canais e cursos de água canalizados.* Bologna: Officine Maccaferri S.p.A. Bologna; Jundiaí: Maccaferri Gabiões do Brasil, 1995.

AGUIAR, P. R.; VERTEMATTI, J. C. Introdução. In: VERTEMATTI, J. C. (Coord.) *Manual brasileiro de geossintéticos.* São Paulo: Blucher, 2004. p. 1-12.

ALPAN, I. The empirical evaluation of the coefficient k_0 and k_{0r}. *Soils and Foundations, Jap. Soc. Soil Mech. Found. Eng.*, [S.l.], vol. 7, n. 1, p. 31-40, 1967.

AMERICAN ASSOCIATION OF STATE HIGHWAY AND TRANSPORTATION OFFICIALS. Recommended practice for the classification of soils and soil--aggregate mixtures for highway construction purposes, Designation M 145-91. *Standards specifications for transportation materials and methods of sampling and testing.* Washington, D.C.: AASHTO, 1993.

_____. Part I. *Specifications*. Washington, D.C.: AASHTO, 1982.

AMERICAN SOCIETY FOR TESTING AND MATERIALS. *ASTM C535:* resistance to degradation of large-size coarse aggregate by abrasion and impact in the Los Angeles machine. West Conshohocken: ASTM, 2003.

AMSLER, P. Railway track maintenance using geotextile. In: INTERNATIONAL CONFERENCE ON GEOTEXTILES, 3., 1986, Vienna. *Proceedings...* Vienna. p. 1037-1041.

ASSOCIAÇÃO BRASILEIRA DE GEOLOGIA DE ENGENHARIA E AMBIENTAL. *Diretrizes para execução de sondagens:* 2ª tentativa. São Paulo, n. Boletim 3, ago. 1977.

ASSOCIAÇÃO BRASILEIRA DE NORMAS TÉCNICAS. *NBR 7809:* agregado graúdo: determinação do índice de forma. Rio de Janeiro, 1983.

_____. *NBR 12007 e MB 3336:* solo: adensamento unidirecional. Rio de Janeiro, 1990.

_____. *NBR 12212:* projeto de poço para captação de água subterrânea. Rio de Janeiro, 2006.

_____. *NBR 12244:* construção de poço para captação de água subterrânea. Rio de Janeiro, 2006.

_____. *NBR 8964:* arame de aço de baixo teor de carbono zincado, para gabiões. Rio de Janeiro, 1985.

_____. *NBR 10514:* redes de aço com malha hexagonal de dupla torção, para confecção de gabiões. Rio de Janeiro, 1988.

_____. *NBR 10838:* solo: determinação da massa específica aparente de amostras indeformadas, com emprego da balança hidrostática. Rio de Janeiro, 1988.

_____. *NBR 11682:* estabilidade de encostas. Rio de Janeiro, 2009.

_____. *NBR 12553:* geossintéticos: terminologia. Rio de Janeiro, 2003.

_____. *NBR 12765:* rochas para revestimento: determinação do coeficiente de dilatação térmica linear. Rio de Janeiro, 1992.

_____. *NBR 12766:* rochas para revestimento: determinação da massa específica aparente, porosidade aparente e absorção d'água aparente, método de ensaio. Rio de Janeiro, 1992.

_____. *NBR 12767:* rochas para revestimento: determinação da massa específica aparente, porosidade aparente e absorção de água. Rio de Janeiro, 1992.

_____. *NBR 6465:* agregados: determinação da abrasão "Los Angeles". Rio de Janeiro, 2001.

_____. *NBR 6502:* rochas e solos. Rio de Janeiro, 1995.

Referências

_____. *NBR 7219:* agregados: determinação do teor de materiais pulverulentos. Rio de Janeiro, 1987.

_____. *NBR 7250:* identificação e descrição de amostras de solos obtidas em sondagens de simples reconhecimento dos solos. Rio de Janeiro, 1982.

_____. *NBR 7251:* agregado em estado solto: determinação da massa unitária. Rio de Janeiro, 1982.

_____. *NBR 7810:* agregado em estado compacto: determinação da massa unitária. Rio de Janeiro, 1982.

_____. *NBR 9603:* sondagem a trado. Rio de Janeiro, 1986.

_____. *NBR 9604:* abertura de poço e trincheira de inspeção em solo com retirada de amostras deformadas e indeformadas. Rio de Janeiro, 1986.

_____. *NBR 9938:* agregados: determinação da resistência ao esmagamento de agregados graúdos. Rio de Janeiro, 1987.

_____. *NBR 12763:* rochas para revestimento: determinação da resistência à flexão. Rio de Janeiro, 1992.

_____. *NBR 12764:* rochas para revestimento: determinação da resistência ao impacto de corpo duro. Rio de Janeiro, 1992.

_____. *NBR 5734:* peneiras de malhas quadradas para análise granulométrica de solos. Rio de Janeiro, 1972.

_____. *NBR 6458:* grãos de pedregulho retidos na peneira de 4,8 mm: determinação da massa específica, da massa específica aparente e da absorção de água. Rio de Janeiro, 1988.

_____. *NBR 6484:* solo: sondagens de simples reconhecimento com SPT: método de ensaio. Rio de Janeiro, 2001.

_____. *NBR 7180:* solo: determinação do limite de plasticidade. Rio de Janeiro, 1984.

_____. *NBR 7181:* solos: análise granulométrica. Rio de Janeiro, 1984.

_____. *NBR 7182:* ensaio normal de compactação. Rio de Janeiro, 1982.

BARROS, P. L. de A. et al. *Manual Técnico Maccaferri:* obras de contenção. [S.l.]: Maccaferri América Latina, 2005.

BARTON, N. R. Shear strength of rockfill, interfaces and rock joints and their points of contact in rock dump design. *Rock Dumps 2008* [A. Fourie (Ed.)], Australian Centre for Geomechanics, Perth, 2008.

BARTON, N. R.; CHOUBEY, V. The shear strength of rock joints in theory and practice. *Rock Mech.*, [S.l.], v. 10, n. 1-2, p. 1-54, 1977.

BASCOM, W. *Um buraco no fundo do mar:* a história do Projeto Mohole. Rio de Janeiro: Ao Livro Técnico,1964.

BATTALHA, B. L.; PARLATORE. A. C. *Controle da qualidade da água para consumo humano:* bases conceituais e operacionais. CETESB: São Paulo, 1977.

BEGEMANN, H. K. P. The friction jacket cone as an aid in determining the soil profile. In: INTERNATIONAL CONFERENCE ON SOIL MECHANICS AND FOUNDATION ENGINEERING, 6., 1965, Montreal. *Proceedings...* Montreal: Montreal University Press, 1965.

BIENIAWSKI, Z. T. *Engineering rock mass classifications.* New York: Wiley, 1989.

_____. Geomechanics classification of rock masses and its application in tunneling. In: INTERNATIONAL CONGRESS OF ROCK MECHANICS, 3., 1974, Denver. *Proceedings...* Denver: ISRM, v. 11A, 1974. p. 27-32.

_____. The geomechanics classification in rock engineering applications. In: CONGRESS OF THE INSTITUTION SOCIETY FOR ROCK MECHANICS, 4., 1979, Montreaux. *Proceedings...* Montreaux: ISRM, v. 3, 2-8 set. 1979.

BISHOP, A. W. The use of the slip circle in the stability analysis of slopes. *Géotechnique*, [S.l.], v. 5, n. 1, 1955.

BISHOP, A. W. Some factors controlling the pore pressure set up during construction of Earth dams. INTERNATIONAL CONFERENCE ON SOIL MECHANICS AND FOUNDATION ENGINEERING, 4., 1957, London. *Proceedings...* London: [s.n.], 1957. V. 2.

BRASIL. Código Civil. Lei n. 10.406, de 10 de janeiro de 2002. *Diário Oficial da União*, Brasília, DF, 11 jan. 2002.

_____. Decreto n. 5.440, de 4 de maio de 2005. Estabelece definições e procedimentos sobre o controle de qualidade da água de sistemas de abastecimento e institui mecanismos e instrumentos para divulgação de informação ao consumidor sobre a qualidade da água para consumo humano. Casa Civil. *Diário Oficial da União*, Brasília, DF, 5 jun. 2005.

_____. Ministério da Saúde. Portaria 2.914, de 12 de dezembro de 2011. Dispõe sobre os procedimentos de controle e de vigilância da qualidade da água para consumo humano e seu padrão de potabilidade. *Diário Oficial da União*, Brasília, DF, 14 dez. 2011.

BROWN, S. F.; THOM, N. H.; KWAN, J. Optimising the geogrid reinforcement of rail track ballast. In: GHATAORA, G. S.; BURROW, M. P. (Ed.) *RailFound 06:* railway foundations. Birminghan: University of Birminghan, 2006. p. 346-366.

BUCKINGHAM, E. *Studies on the movement of soil moisture:* bulletin 38. Washington, D.C.: USDA Bureau of Soils, 1907.

BUENO, B. de S.; VILAR, O. M. Propriedades, ensaios e normas. In: AGUIAR, P. R.; VERTEMATTI, J. C. Introdução. In: VERTEMATTI, J. C. (Coord.) *Manual brasileiro de geossintéticos.* São Paulo: Blucher, 2004. p. 27-62.

Referências

BURNS, B.; GHATAORA, G. S.; SHARLEY, P. Development and testing of geosand composite layers using a pumping index test. In: GHATAORA, G. S.; BURROW, M. P. (Ed.) *RailFound 06:* railway foundations. Birminghan: University of Birminghan, 2006. p. 385-393.

CACHAPUZ, F. G. M. Estabelecimento de parâmetros geotécnicos para análise de estabilidade de taludes de cortes a serem executados em terrenos virgens. In: CONGRESSO BRASILEIRO DE GEOLOGIA DE ENGENHARIA, 2., 1978, São Paulo. *Anais...* São Paulo: ABGE, 1978, v. 1, p. 157-172.

CADLING, L.; ODENSTADT, S. The Vane borer. In: ROYAL SWEDISH GEOTE-CHNICAL INSTITUTE, 2., 1950, Stockholm. *Proceedings...* Stockholm: Royal Swedish Geotechnical Institute, 1950.

CAPUTO, H. P. *Mecânica dos solos e suas aplicações.* 4. ed. Rio de Janeiro: Livros Técnicos e Científicos, 1981. 4 v.

CAQUOT, A.; KERISEL, J. *Traité de mecanique des sols.* 3. ed. Paris: Gauthier--Villars, 1956.

CARLSTRON FILHO, C.; SALOMÃO, F. X. de T. Experiência acumulada em estudos geológico-geotécnicos de estabilidade de taludes em dois trechos ferroviários no Rio Grande do Sul. In: CONGRESSO BRASILEIRO DE GEO-LOGIA DE ENGENHARIA, 1., 1976, Rio de Janeiro. *Anais...* Rio de Janeiro: ABGE, 1976, v. 1, p. 293-305.

CARVALHO, P. A. S. de (Coord.). *Manual de geotecnia:* taludes de rodovias, orientação para diagnóstico e soluções de seus problemas. São Paulo: Instituto de Pesquisas Tecnológicas do Estado de São Paulo, 1991.

CASAGRANDE, A. Classification and identification of soils. *Transactions of the American Society of Civil Engineers,* [S.l.], v. 113, p. 901-930, 1948.

_____. Seepage through dams. *New England Water Works Association,* [S.l.], v. 51, n. 2, p. 131-172, 1937.

CAVAGUTI, N. *Identificação simplificada de rochas:* apostila. Bauru: Unesp (Laboratório de Geologia Aplicada, Departamento de Engenharia Civil), 1992.

CEDERGREN, H. R. *Seepage, drainage, and flow nets.* Nova York: John Wiley & Sons, 1988.

CHIOSSI, N. J. *Geologia aplicada à engenharia.* São Paulo: Grêmio Politécnico da USP, 1975.

CHORLEY, R. J.; SCHUMM, S. A.; SUDGEN, D. E. *Geomorphology.* Nova York: John Wiley and Sons, 1984.

COATES, D. F. *Fundamentos de mecánica de rocas:* monografía 874. Ottawa. Dirección de Minas. Ministerio de Energía, Minas y Recursos Naturales, 1973.

COATES, D. F.; MCRORIE, K. L.; STUBBINS, J. B. Analysis of pit slides in some incompetent rocks. *Transactions of the American Society of Civil Engineers*, [S.l.], v. 226, p. 94-101, 1983.

CODUTO, D. P. *Geotechnical engineering:* principles and practices. Nova Jersey: Prentice Hall, 1998.

CORNFORTH, D. H. *Landslides in practice:* investigation, analysis, and remedial/ preventative options in soils. Nova York: John Wiley & Sons, 2005.

CRAIG, R. F. *Mecânica dos solos.* 7. ed. Rio de Janeiro: LTC, 2007.

CRUZ, P. T. da. *100 barragens brasileiras:* casos históricos, materiais de construção e projeto. São Paulo: Oficina de Textos, 1996.

CULMANN, K. *Die Graphische Statik.* Zurich: Von Meyer & Zeller, 1866.

DANZIGER, F. A. B.; VELLOSO, D. Correlation between CPT and SPT for some Brazilian soils. In: INTERNATIONAL SYMPOSIUM PENETRATION TEST, 1995, Linkoping. *CPT95 Proceedings.* Linkoping, 1995, v. 1, p. 155-160.

DAS, B. M.; PENMAN, J.; ANDERSON, R. P. Use of geogrid in railroad beds and ballast construction. In: GHATAORA, G. S.; BURROW, M. P. (Ed.) *RailFound 06:* railway foundation. Birminghan: University of Birminghan, 2006. p. 328-345.

DAS, M. B. *Fundamentos de engenharia geotécnica.* São Paulo: CENGAGE Learning, 2013.

DE LIMA, D. C.; TUMAY, M. T. Scale effects in cone penetration tests. In: GEOTECHNICAL ENGINEERING CONGRESS, 1991, Boulder. *Proceedings...* Boulder: GT Div/ASCE, 1991, Special Publication, n. 27, p. 38-51.

DE RUITER, J. Electric penetrometer for site investigation. *Journal of Soil Mechanical Foundations Engineering*, Saint Louis, p. 457-473, 1971.

_____. The static cone penetration test state-of-the-art report. In: EUROPEAN SYMPOSIUM PENETRATION TESTING, 2., 1982, Amsterdam. *Proceedings...* Amsterdam: ESOPT, 1982. p. 389-405.

DEERE, D. U. Rock quality designation (RQD) after twenty years. *U. S. Army Corps of Engineers Contract Report GL-89-1.* Viksburg: Waterways Experiment Station, 1989.

DEERE, D. U.; HENDRON, A. J.; PATTON, F. D.; CORDING, E. J. Failure and breakage of rock. In: SYMPOSIUM ON ROCK MECHANICS, 8., 1988, Nova York. *Proceedings...* Nova York: American Institute of Mining and Metallurgical Engineers, 1988, p. 273-303.

_____. Design of surface and near surface construction in rock. In: Failure and breakage of rock. Proc. 8th U.S. Symposium Rock Mechanics. 1967. (Ed. C. Fairhurst), 237-302. Nova York: Soc. Min. Engrs., Am. Inst. Min. Metall. Petrolm Engrs, 1967.

Referências

407

DEPARTAMENTO NACIONAL DE ESTRADAS DE RODAGEM. *DNER-ME 035:* agregados, determinação da abrasão "Los Angeles". Brasília, DF, 1998.

_____. *DNER-ME 054:* equivalente de areia. Brasília, DF, 1997.

_____. *DNER-ME 197/97:* agregados, determinação da resistência ao esmagamento de agregados graúdos. Brasília, DF, 1997.

_____. *DNER-ME 399/99:* agregados, determinação da perda ao choque no aparelho Treton. Brasília, DF, 1999.

DESIO, A. *Geologia applicatta all'ingegneria.* Milão: Editore Ulrico Hoelpi, 1949.

DOURADO, J. C. Métodos geofísicos aplicáveis a túneis urbanos. In: TURB – SIMPÓSIO SOBRE TÚNEIS URBANOS, 1995, São Paulo. *Anais...* São Paulo: ABGE/Comitê Brasileiro de Túneis, 1995, p. 33-41.

ESQUÍVEL, E. R. *Piezocone testing:* centrifuge modeling and interpretation. 1995. 260 f. Dissertação (Ph.D.), University of Colorado, Boulder, 1995.

FARJALLAT, J. E. S.; BARROS, F. P. de; YOSHIDA, R.; OLIVEIRA, J. A. N. de. Alguns problemas de desagregação dos basaltos da barragem de Capivara, Rio Paranapanema. In: SEMANA PAULISTA DE GEOLOGIA APLICADA, 5., 1972, São Paulo. *Anais...* São Paulo: APGA, 1972, p. 73-122.

FELLENIUS, W. *Erdstatische berechnungen mitreimbung and kohaesion.* Berlin: Ernest, 1927.

_____. Calculation of stability of Earth dams. INTERNATIONAL CONGRESS ON LARGE DAMS, 2., 1936, Washington, DC. *Proceedings...* Washington, DC: Transactions, 1936. p. 445-462.

FERREIRA, A. A.; NEGRO JR., A.; ALBIERO, J. H.; CINTRA, J. C. A. (Org.) *Solos do interior de São Paulo.* São Carlos: Associação Brasileira de Mecânica dos Solos e Engenharia Geotécnica/Departamento de Geotecnia da EESC--USP, 1993.

FIORI, A. P.; CARMIGNANI, L. *Fundamentos de mecânica dos solos e das rochas:* aplicações na estabilidade de taludes. Curitiba: Editora da UFPR, 2001. n. 53 (Série Pesquisa).

FRANKLIN, J. A. *A auscultação de estruturas em rocha.* São Paulo: ABGE, 1979.

FRAZÃO, E. B. *Tecnologia de rochas na construção civil.* São Paulo: Associação Brasileira de Geologia de Engenharia e Ambiental, 2002.

FRAZÃO, E. B.; PARAGUASSU, A. B. Materiais rochosos para construção. In: OLIVEIRA, A. M. S.; BRITO, S. N. A. *Geologia de engenharia.* São Paulo: ABGE, 1998. p. 331-342.

FREDLUND, D. G.; RAHARDJO, H. *Soil mechanics for unsaturated soils.* Nova York: John Wiley & Sons, 1993.

GAIOTO, N. *Barragens de terra e de enrocamento*: apostila. São Carlos: EESC-USP (Seção de Publicações), 2002.

_____. *Estabilidade de taludes*: apostila. Publicação 075/92 da EESC-USP. São Carlos: EESC-USP, 1979.

GAIOTO, N.; QUEIROZ, R. C. Taludes naturais em solos. In: _____. *Solos do interior de São Paulo*. São Paulo: ABMS/EESC, 1993. p. 209-242.

GAMA, C. D. *Métodos computacionais de projetos de taludes em mineração*. 1984. 171 f. Tese (Livre Docência). Escola de Engenharia de São Carlos, Universidade de São Paulo, São Carlos, 1984.

GANDOLFI, N. et al. *Ensaios de laboratório em geologia*: apostila. Publicação 008/96. Reimpressão. São Carlos: EESC-USP, 1983.

GUIDICINI, G.; NIEBLE, C. M. *Estabilidade de taludes naturais e de escavação*. São Paulo: Blucher, 1976.

GUIDICINI, G.; NIEBLE, C. M.; CORNIDES, A. T. de. Análise do método de compressão puntiforme em fragmentos irregulares, na caracterização geotécnica preliminar de rochas. In: SEMANA PAULISTA DE GEOLOGIA APLICADA, 4., 1972, São Paulo. *Anais...* São Paulo: APGA, 1972, p. 237-264.

HACHICH, W. et al. *Fundações*: teoria e prática. São Paulo: Pini/ABMS, 1996.

HENDRON JR., A. J. Propiedades mecánicas de las rocas. In: STAGG, K. G.; ZIENKIEWICZ, O. C. *Mecánica de rocas en la ingeniería práctica*. Madri: Editorial Blume, 1970. p. 34-63.

HENDRON JR., A. J.; CORDING, E. J.; AIYER, A. K. Analytical and graphical methods for the analysis of slopes in rock masses. *U. S. Army Engineering Nuclear Cratering Group*, Livermore, Technical Report n. 36, 1971.

HOEK, E. *Estimando a estabilidade de taludes escavados em minas a céu aberto*. São Paulo: Associação Paulista de Geologia Aplicada, 1972.

_____. Rock mass properties for underground mines. In: HUSTRULID, W. A.; BULLOCK, R. L. *Underground mining methods*: engineering fundamentals and international case studies. Litleton: Society for Mining, Metallurgy, and Exploration, 2001.

_____. Rock mechanics: an introduction for the practical engineer. Parts I, II and III. *Mining Magazine*, Londres, abr., jun., jul. 1966.

_____. Strength of jointed rock masses. *Géotechnique*, [S.l.], v. 23, n. 3, p. 187-223, 1983.

_____. Strength of rock and rock masses. *ISRM News Journal*, [S.l.], v. 2, n. 2, p. 4-16, 1994.

HOEK, E.; BRAY, J. W. *Rock slope engineering*. Londres: Institution of Mining and Metallurgy, 1977.

Referências

HUNT, R. E. *Geotechnical engineering investigation handbook*. Boca Raton: Taylor & Francis Group, 2005.

IAMAGUTI, A. P. S. *Manual de rochas ornamentais para arquitetos*. 2001, 318 p. Dissertação (Mestrado), Instituto de Geociências e Ciências Exatas da Universidade Estadual Paulista, Rio Claro, 2001.

INDRARATNA. B.; SALIM, W. *Mechanics of ballasted rail tracks:* a geotechnical perspective. Londres: Taylor & Francis Group, 2005.

INSTITUTO DE PESQUISAS TECNOLÓGICAS DO ESTADO DE SÃO PAULO. *Mapa geológico do estado de São Paulo*. IPT/Divisão de Minas e Geologia Aplicada: São Paulo, Monografia n. 6, v. I, 1981.

INTERNATIONAL ASSOCIATION FOR ENGINEERING GEOLOGY AND THE ENVIRONMENT. *Article II:* The definition of engineering geology. 1992. Disponível em: <www.iaeg.info>. Acesso em: 7 out. 2015.

JÁKY, J. The coefficient of earth pressure at rest. *Journal for Society of Hungarian Architects and Engineers*, Budapest, p. 355-358, 1944.

JOHNSON, E. E. *Água subterrânea e poços tubulares*. CETESB: São Paulo, 1974.

JOPPERT JR., I. *Fundações e contenções de edifícios:* qualidade total na gestão do projeto e execução. São Paulo: Pini, 2008.

KANJI, M. A.; INFANTI JR., N.; PINÇA, R. L.; RESENDE, M. A. Um exemplo de aplicação de ábacos de projeto no estudo da estabilidade de taludes. In: CONGRESSO BRASILEIRO DE GEOLOGIA DE ENGENHARIA, 1976, Rio de Janeiro. *Anais...* Rio de Janeiro: ABGE, v. 1, p. 281-292, 1976.

KOZENY, J. Grundwasserbewegung bei freiem Spiegel. Fluss und Kanalversickerung, *Wasserkraft und Wasserwirtschaft*, [S.l.], n. 3, 1931.

KRYNINE, D. P.; JUDD, W. R. *Principios de geología y geotecnia para ingenieros:* geología, mecánica del suelo y de las rocas, y otras ciencias geológicas empleadas en ingeniería civil. Barcelona: Ediciones Omega S.A., 1961.

KULHAWY, F. H. Geomechanical model for rock foundation settlement. *Journal of Geotechnical Engineering Division* (ASCE) , [S.l.], v. 104, n. GT2, p. 211-227, 1978.

LAMBE, T. W.; WHITMAN, R. V. *Soil mechanics*. Nova York: John Wiley & Sons, 1969.

LAUFFER, H. Classification for tunnel construction. *German Geologie und Bauwesen*, [S.l.], v. 24, n. 1, p. 46-51, 1958.

LEGGET, R. F.; KARROW, P. F. *Handbook of geology in civil engineering*. Montreal: McGraw-Hill, 1983.

_____. *Handbook of geology in civil engineering*. Nova York: McGraw-Hill, 1982.

LEINZ, V.; AMARAL, S. S. do. *Geologia geral*. São Paulo: Editora Nacional, 1989.

LEINZ, V.; CAMPOS, J. E. de S. *Guia para determinação de minerais*. 7. ed. São Paulo: Editora Nacional, 1977.

LEONARDS, G. A. *Foundation engineering*: international student edition. Nova York: McGraw-Hill, 1962.

LONGWELL, C. R.; FLINT, R. F. *Geología física*. Cidade do México: Editorial Limusa, 1974.

LUNNE, T.; ROBERTSON, P. K.; POWELL, J. J. M. *Cone penetration testing in geotechnical practice*. Londres: Blackie Academic & Professional, 1997.

LUTTON, R. J. Rock slope chart from empirical slope data. *Transactions of the Society of Mining Engineers of AIME*, [S.l.], v. 247, p. 160-162, 1970.

MACCAFERRI AMÉRICA LATINA. *Canais em colchão Reno® e gabiões revestidos com argamassa – necessidades e soluções*: catálogo MM08 0098-10/08. Jundiaí: Maccaferri do Brasil, 2008.

_____. *Sistema Terramesh®, uma solução para o reforço dos terrenos*: catálogo. Jundiaí: Maccaferri do Brasil, 1995.

_____. *Gabiões e outras soluções em malha hexagonal de dupla torção – necessidades e soluções*: catálogo MM08 0096-10/08. Jundiaí: Maccaferri do Brasil, 2008.

_____. *Obras de contenção – necessidades e soluções*: catálogo MM09-006. Jundiaí: Maccaferri do Brasil, 2008.

_____. *Reforço e estabilização de solos – necessidades e soluções*: catálogo MM08 0052-10/08. Jundiaí: Maccaferri do Brasil, 2008.

_____. *Revestimentos de canais e cursos de água*: manual técnico CO13P-08/05. Jundiaí: Maccaferri do Brasil, 2005.

_____. *Revestimentos de taludes – necessidades e soluções*: catálogo MM09 0043-05/09. Jundiaí: Maccaferri do Brasil, 2009. 15 p.

MANGOLIM FILHO, A.; OJIMA, L. M. Planejamento de investigações. In: SIMPÓSIO SOBRE TÚNEIS URBANOS, 1., 1995, São Paulo. *Anais...* São Paulo: ABGE/CBT, 1995, p. 11-20.

MASSAD, F. *Obras de terra*: curso básico de geotecnia. São Paulo: Oficina de Textos, 2003.

MCCLELLAND, B.; HOWLAND, W. E.; SCHLICK, W. J. Large-scale model studies of highway subdrainage. In: ANNUAL MEETING OF THE HIGHWAY RESEARCH BOARD, 33., 1943, Chicago. *Proceedings...* Chicago: Highway Research Board, v. 23, 1943, p. 469-487.

MELLO MENDES, F. *Mecânica das rochas*: seção de folhas. Lisboa: Instituto Superior Técnico, 1968.

Referências

MELLO, V. F. B. de. *Apreciações sobre a engenharia de solos aplicável a solos residuais* (Tradução número 9). São Paulo: ABGE, 1979.

NIEBLE, C. M. Túneis em rocha. In: TURB – SIMPÓSIO SOBRE TÚNEIS URBANOS, 1995, São Paulo. *Anais...* São Paulo: ABGE/CBT, 1995, p. 69-80.

NILSEN, B. Analysis of potential cave-in from fault zones in hard rock subsea tunnels. *Rock Mechanics Engineering*, [S.l.], v. 27, n. 2, p. 63-75,1994.

NILSEN, B. et al. Undersea tunnels in Norway: a state-of-the-art. Tunneling. *International Journal Under Works*, p. 18-22, set. 1988.

NOGUEIRA, J. B. *Mecânica dos solos:* publicação 036. São Carlos: Departamento de Geotecnia da EESC-USP, 1988.

OJEA, D. M.; ROCHA, P. E. O. da; SANTOS JR., P. J. dos; CHIARI, V. G. *Critérios gerais para o projeto, especificação e aplicação de geossintéticos:* manual Técnico Maccaferri, MM09 0029-07/09. Jundiaí: Maccaferri do Brasil, 2009.

OLIVEIRA, A. M. dos S.; BRITO, S. N. A. de. *Geologia de engenharia*. São Paulo: ABGE, 1998.

PALMEIRA, E. M. Geotextile in filtration: a state of the art review and remaining challenges. *State of the art report*. International Symposium on Geosynthetics – GeoEng 2000: Melbourne, 2000, v. 1, p. 85-100.

PALMSTRÖM, A. A general practical method for identification of rock masses to be applied in evaluation of rock mass stability conditions and TBM boring progress. In: CONFERENCE ON FJELLSPRENGNINGSTEKNIKK. BERGMEKANIKK. GEOTEKNIKK, 1986, Oslo. *Proceedings...*Oslo: Norwegian Geotechnical Institute, 1986, p. 31.1-31.31.

PARAGUASSU, A. B. *A Formação Botucatu:* sedimentos aquosos, estruturas sedimentares e silificação. 1968. Tese (Doutorado), Escola de Engenharia de São Carlos, Universidade de São Paulo, São Carlos, 1968.

PATTON, F. D.; HENDRON JR., A. J. General report on mass movements. In: INTERNATIONAL CONGRESS OF THE INTERNATIONAL ASSOCIATION OF ENGINEERING GEOLOGY, 2., 1974, São Paulo. *Proceedings...* São Paulo: ABGE, 1974, v. 2, tema 5, p. 1-57.

PINTO, C. de S. *Curso básico de mecânica dos solos*. 3. ed. São Paulo: Oficina de Textos, 2006.

PINTO, C. de S.; GOBARA, W.; PERES, J. E. E.; NADER, J. J. Propriedades dos solos residuais. In: FERREIRA et al. (Org.) *Solos do interior de São Paulo*. São Carlos: IPT/EESCUSP, 1993. p. 95-142.

PIUCCI, J.; MACHADO FILHO, J. G.; FEITOSA, L. A. G. Observação de comportamento como base para o projeto de taludes de cortes. In: CONGRESSO BRASILEIRO DE GEOLOGIA DE ENGENHARIA, 3., 1981, Itapema. *Anais...* Itapema: ABGE, 1981, v. 2, p. 313-330.

POPP, J. H. *Geologia geral*. 5. ed. Rio de Janeiro: LTC, 2002.

PRESS, F.; GROTZINGER, J.; SIEVER, R.; JORDAN, T. H. *Para entender a Terra*. 4. ed. São Paulo: Bookman, 2006.

QUARESMA, A. R. et al. Investigações geotécnicas. In: HACHICH, W. et al. (Ed.) *Fundações*: teoria e prática. São Paulo: ABMS/ABEF. 1996. p. 119-162.

QUEIROZ, R. C. *Aplicação do método de retroanálise no estudo da estabilidade de taludes de estradas situadas em solos oriundos da Formação Adamantina*. 1986. 143 f. Dissertação (Mestrado), Departamento de Geotecnia da Escola de Engenharia de São Carlos, Universidade de São Paulo, São Carlos, 1986.

_____. Improvement of the behavior of railroad track with geosynthetic elements in wood ties. In: PAN-AMERICAN GEOSYNTHETICS CONFERENCE AND EXHIBITION, 6., 2008, Cancún. *Proceedings...* Cancún: Geosynthetics Research Institute, 2008, v. CD, p. 1174-1179.

QUEIROZ, R. C.; GAIOTO, N. Study of slope stability on tropical regions utilising back analysis. In: INTERNATIONAL SYMPOSIUM ON LANDSLIDES, 6., 1992, Christchurch. *Proceedings...* Christchurch, 1992, p. 1399-1403.

RAHN, P. H. *Engineering geology*: an environmental approach. 2. ed. Nova Jersey: Prentice Hall, 1996.

RANA, M. H.; BULLOCK, W. D. The design of open pit mine slopes. *Canadian Mining Journal*, [S.l.], p. 58-62, 1969.

RANZINI, S. M. SPTF. *Revista Solos e Rochas*, São Paulo, v. 11, p. 29-30, 1988.

_____. SPTF 2ª parte. *Revista Solos e Rochas*, São Paulo, v. 17, n. 3, p. 189-190, 1994.

REIFFSTECK, Ph. et al. Measurement of soil deformation by means of cone penetrometer. *Soils and Foundations*, v. 49, n. 3, p. 397-408, 2009.

RITCHIE, A. M. The evaluation of rockfall and its control. *Highway Research Record*, Washington D.C., v. 17, p. 13-28, 1963.

ROBERTSON, P. K.; CAMPANELLA, R. G. *Guidelines for geotechnical design using CPT and CPTU*. Vancouver: University of British Columbia/Department of Civil Engineering, 1988. (Soil Mechanics Series.)

_____. Interpretation of cone penetration test. *Canadian Geotechnical Journal*, Part I: Sand, [S.l.], v. 20, n. 4, p. 718-733, 1983.

RODRIGUES, J. C. *Geologia para engenheiros civis*. São Paulo: McGraw-Hill do Brasil, 1977.

RODRIGUES, J. E. *Estudos de fenômenos erosivos acelerados*: Boçorocas. 1982. 162 f. Tese (Doutorado), Departamento de Geotecnia da Escola de Engenharia de São Carlos, Universidade de São Paulo, São Carlos, 1982.

Referências

ROSA FILHO, E. F. da. et al. Sistema aquífero Guarani: considerações preliminares sobre a influência do Arco de Ponta Grossa no fluxo das águas subterrâneas. *Revista Águas Subterrâneas*, [S.l.], n. 17, p. 91-112, maio. 2003.

RUIZ, M. D.; CAMARGO, F. P.; MIDEA, N. F.; NIEBLE, C. M. Some considerations regarding the shear strength of rock masses. In: INTERNATIONAL ROCK MECHANICS SYMPOSIUM, 1968, Madri. *Proceedings...* Madri: International Society for Rock Mechanics (ISRM) e Sociedad Española de Mecânica de Rocas (SEMR), 1968, p. 159-169.

SALLES, J. C. *Determinação de módulos de deformabilidade através de provas de carga no cone elétrico*. 2013. 99 p. Dissertação (Mestrado), Departamento de Geotecnia da Escola de Engenharia de São Carlos, Universidade de São Paulo, São Carlos, 2013.

SANGLERAT, G. *The penetrometer and soil exploration*. Amsterdam: Elsevier, 1972.

SANTOS, A. R. dos. Por menos ensaios e instrumentações e por uma maior observação da natureza. In: CONGRESSO BRASILEIRO DE GEOLOGIA DE ENGENHARIA, 1., 1976, Rio de Janeiro. *Anais...* Rio de Janeiro: ABGE, 1976, v. 1, p. 177-185.

SCHNAID, F. *Ensaios de campo e suas aplicações à engenharia de fundações*. São Paulo: Oficina de Textos, 2000.

SELBY, M. J. Controls on the stability and inclinations of hillslopes formed on hard rock. *Earth Surface Processes and Landforms*, [S.l.], v. 7, n. 5, p. 449-467, 1982.

SEMANA PAULISTA DE GEOLOGIA APLICADA, 4., 1972, São Paulo. *Anais...* São Paulo: Associação Paulista de Geologia Aplicada, nov. 1972.

SERRA JR., E.; OJIMA, L. M. Caracterização e classificação de maciços rochosos. In: OLIVEIRA, A. M. S.; BRITO, S. N. A. de. *Geologia de engenharia*. São Paulo: ABGE/Oficina de Textos, 1998. p. 211-226.

SHARPE, P.; BROUGH, M. J.; DIXON, J. Geogrif Trial at Coppull Moor on the West Coast Main Line. In: GHATAORA, G. S.; BURROW, M. P. (Ed.) *Rail-Found 06:* railway foundations. Birminghan: University of Birminghan, 2006. p. 367-375.

SHUK, T. Contribution to discussion of Langejan A: some aspects of the safety factor in soil mechanics, considered a problem of probability. In: INTERNATIONAL CONFERENCE ON SOIL MECHANICS AND FOUNDATION ENGINEERING, 6., 1975, Montreal. *Proceedings...* Montreal: University Press, 1965, v. 2, p. 500-502; v. 3, p. 576-577.

SILVA, E. L. da. *A influência das estruturas reliquiares e do intemperismo na instabilidade de taludes de corte rodoviários na região de Jundiaí (SP)*. 2000. 179 f. Tese (Doutorado), Instituto de Geociências e Ciências Exatas, Universidade Estadual Paulista, Rio Claro, 2000.

SINGH, B.; GOEL, R. K. *Rock mass classification:* a practical approach in civil engineering. Oxford: Elsevier Science, 1999.

SKEMPTON, A. W. Residual strength of clay in landslide, folded strata and the laboratory. *Géotechnique*, [S.l.], v. 35, n. 1, p. 13-18, 1985.

SKINNER, B. J.; PORTER, S. C. *The dynamic Earth:* an introduction to physical geology. Nova York: John Willey & Sons, 2000.

STAGG, K. G.; ZIENKIEWICZ, O. C. *Mecánica de rocas en la ingeniería práctica*. Madri: Editorial Blume, 1970.

STANCATI, G. *Redes de fluxo:* apostila. São Carlos: Departamento de Geotecnia da EESC-USP (Seção de publicações), 1998.

STANLEY, S. M. *Exploring Earth and life through time*. 2. ed. Nova York: W. H. Freeman and Company, 1998.

TEIXEIRA, A. H. Tratamento de maciços de solos. In: TURB – SIMPÓSIO SOBRE TUNEIS URBANOS, 1995, São Paulo. *Anais...* São Paulo: ABGE/CBT, 1995, p. 163-193.

TEIXEIRA, A. H.; GODOY, N. S. de. Análise, projeto e execução de fundações rasas. In: HACHICH, W. et al. *Fundações:* teoria e prática. São Paulo: Pini/ABMS/ABEF, 1996. p. 227-264.

TEIXEIRA, W.; TOLEDO, M. C. M. de; FAIRCHILD, T. R.; RAIOLI, F. *Decifrando a Terra*. São Paulo: Oficina de Textos, 2000.

TERZAGHI, K. Rock defects and loads on tunnel supports. In: PROCTOR, R. V.; TERZAGHI, K.; WHITE, T. L. *Rock tunneling with steel supports*. Youngstown: The Commercial Shearing and Stamping Co., 1946. p. 15-99.

THE NEW ENCYCLOPAEDIA BRITANNICA. [S.l.]: Helen Hemingway Benton, 1980. 30 v.

THIEL, R. *O romance da Terra*. São Paulo: Melhoramentos, 1964.

TSATANIFOS, C.; PANDIS, K. Estimating the geomechanical characteristics of a reactivated landslide. In: INTERNATIONAL CONFERENCE ON SOIL MECHANICS AND GEOTECHNICAL EINGINEERING, 16., 2005, Osaka. *Proceedings...* Osaka: ISSMGE; Millpress Rotterdam Netherlands, 2005. p. 2599-2602.

TSCHEBOTARIOFF, G. P. *Fundações, estruturas de arrimo e obras de terra*. São Paulo: McCraw-Hill, 1978.

TUMAY, M. T.; KURUP, P.; BOGGESS, R. L. A continuous intrusion electronic miniature cone penetration tests systems for site characterization. INTERNATIONAL CONFERENCE ON SITE CHARACTERIZATION, 98., 1998, Atlanta. *Proceedings...* Atlanta: [s.n.], 1998. p. 19-22.

Referências

TUMAY, M. T.; KURUP, P. U. *A continuous intrusion miniature cone penetration test system for transportation applications*. Baton Rouge: Louisiana Transportation Research Center, 1999.

UNITED STATES DEPARTMENT OF AGRICULTURE. Engineering classification of rock materials. In: _____. *National Engineering Handbook:* part 631, geology. Washington D.C.: USDA/NRCS, 2012.

URROZ LOPES, J. Algumas considerações sobre a estabilidade de taludes em solos residuais e rochas sedimentares sub-horizontais. In: CONGRESSO BRASILEIRO DE GEOLOGIA DE ENGENHARIA, 3., 1981, Itapema. *Anais...* Itapema: ABGE, 1981, v. 3, p. 167-186.

VARGAS, M. *Introdução à mecânica dos solos*. São Paulo: McGraw-Hill, 1977.

_____. *Os solos da cidade de São Paulo:* histórico das pesquisas. São Paulo: ABGE, 2002.

VERTEMATTI, J. C. (Coord.) *Manual brasileiro de geossintéticos*. São Paulo: Blucher, 2004.

VILAR, O. M.; BUENO, B. de S. *Mecânica dos solos*. São Carlos: EESC-USP, 1996. v. 2.

WIKANDER, R.; MONROE, J. S. *Fundamentos de geologia*. São Paulo: Cengage Learning, 2009.

WITTKE, W.; LOUIS, C. L. Quelques essais rapides pour determiner les caractères mécaniques des matériaux rocheux. In: COLLOQUE DES GEOTÉCNIQUE (Question 2). 1969, Toulouse. *Proceedings...* Toulouse: Comité Français de Mécaniques des Sols, mar. 1969.

ZANZINGER, H.; DAS, H. D. Geogrids under dynamic loading in railway structures: where are the limits? In: GHATAORA, G. S.; BURROW, M. P. (Ed.) *RailFound 06:* railway foundations. Birminghan: University of Birminghan, 2006. p. 376-384.

ZÁRUBA, Q.; MENCL, V. *Engineering geology*. Praga: Elsevier Scientific Publishing Company, 1976.